Mirjam Merz

Entwicklung einer indikatorenbasierten Methodik zur Vulnerabilitätsanalyse für die Bewertung von Risiken in der industriellen Produktion

Entwicklung einer indikatorenbasierten Methodik zur Vulnerabilitätsanalyse für die Bewertung von Risiken in der industriellen Produktion

von
Mirjam Merz

Scientific Publishing

Dissertation, Karlsruher Institut für Technologie (KIT)
Fakultät für Wirtschaftswissenschaften
Tag der mündlichen Prüfung: 05. Juli 2011
Referenten: Prof. Dr. rer. nat. O. Rentz
Prof. Dr. rer. pol. U. Werner
Prof Dr. rer. pol. J. Geldermann

Impressum

Karlsruher Institut für Technologie (KIT)
KIT Scientific Publishing
Straße am Forum 2
D-76131 Karlsruhe
www.ksp.kit.edu

KIT – Universität des Landes Baden-Württemberg und nationales
Forschungszentrum in der Helmholtz-Gemeinschaft

KIT Scientific Publishing 2011
Print on Demand

ISBN 978-3-86644-713-4

Entwicklung einer indikatorenbasierten Methodik zur Vulnerabilitätsanalyse für die Bewertung von Risiken in der industriellen Produktion

Zur Erlangung des akademischen Grades eines
Doktors der Wirtschaftswissenschaften
(Dr. rer. pol.)

von der Fakultät für Wirtschaftswissenschaften
des Karlsruher Instituts für Technologie (KIT)
genehmigte

DISSERTATION

von

Dipl. Geoökol. Mirjam Merz

Referent:

Prof. Dr. rer. nat. O. Rentz

Korreferenten:

Prof. Dr. rer. pol. U. Werner

Prof Dr. rer. pol. J. Geldermann

Eingereicht am: 21. Dezember 2010
Tag der mündlichen Prüfung: 5. Juli 2011

Vorwort

Die vorliegende Arbeit entstand während meiner Tätigkeit am Institut für Industriebetriebslehre und Industrielle Produktion des Karlsruher Instituts für Technologie (KIT). Die Grundlage der Arbeit lieferten unter anderem ein Projekt des Centers for Disaster Management and Risk Reduction Technology (CEDIM) zur Vulnerabilitätsanalyse bei Naturgefahren sowie ein Forschungsprojekt zum Krisenmanagement bei großflächigen Unterbrechungen der Stromversorgung, das von der EnBW AG gefördert wurde.

Mit Freude nutze ich an dieser Stelle die Gelegenheit, all denen zu danken, die mich bei der Erstellung dieser Arbeit unterstützt haben. Besonderer Dank gilt meinem Doktorvater Prof. Dr. Otto Rentz für die Betreuung der Arbeit. Des Weiteren bedanke ich mich bei Prof. Dr. Jutta Geldermann und Prof. Dr. Ute Werner für die Übernahme der Korreferate sowie für die wertvollen Hinweise und fachlichen Anregungen. Beim ehemaligen Leiter der Arbeitsgruppe „Risikomanagement und Technikbewertung" Dr. Michael Hiete möchte ich mich ganz herzlich für die persönliche und fachliche Unterstützung, die eingeräumten Freiheiten sowie für die umfassende Durchsicht der Arbeit bedanken. Schließlich danke ich Prof. Dr. Frank Schultmann für seine Unterstützung und das entgegengebrachte Vertrauen.

Weiterhin haben die sehr gute Arbeitsatmosphäre sowie die fachlichen und nichtfachlichen Diskussionen im Kaffeeraum und in den Mittagspausen zum Gelingen dieser Arbeit beigetragen. Insbesondere möchte ich mich hier bei meinem ehemaligen Kollegen Dr. Valentin Bertsch und meinen Kollegen Dr. Tina Comes, Christian Trinks und Jens Ludwig für die freundschaftliche Zusammenarbeit und die konstruktiven Diskussionen bedanken. Weiterhin gilt mein Dank allen anderen – auch den ehemaligen – Kolleginnen und Kollegen des Instituts.

Im Rahmen von Kooperationen innerhalb des Centers for Disaster Management and Risk Reduction Technology (CEDIM) sind zahlreiche berufliche, aber auch persönliche Kontakte entstanden. Dabei möchte ich besonders Prof. Dr. Friedemann Wenzel, Dr. Bijan Khazai und Carola Schulz für Ihre Unterstützung, die gute Zusammenarbeit und die wertvollen Anregungen danken.

Nicht zuletzt danke ich meinen Freunden, meinen Eltern, meinen Großeltern und meiner Schwester für ihre tatkräftige und vorbehaltlose Unterstützung. Ein ganz besonderes Dankeschön geht an Daniel, der mich während der Erstellung dieser Arbeit stets mit Verständnis, Geduld und viel Engagement unterstützt hat.

Karlsruhe, im Juli 2011 Mirjam Merz

Inhalt

Abbildungsverzeichnis

Tabellenverzeichnis

Kapitel 1

Einleitung

Industrieunternehmen und vernetzte Produktionssysteme sind einer Vielzahl von Risiken ausgesetzt, die sich sowohl in den Ursachen als auch in den Auswirkungen unterscheiden (Geldermann et al., 2008). In der Industrie können beispielsweise technische Störungen an den Produktionsanlagen und menschliches Versagen zu Störungen des Betriebsablaufs führen und so negative ökonomische, ökologische und gesellschaftliche Konsequenzen hervorrufen (Wybo, 2006). Ereignisse wie das Elbe-Hochwasser 2001, die Angriffe auf das World Trade Center 2001, der witterungsbedingte Stromausfall im Münsterland 2005 und der Ausbruch des Vulkans Eyjafjallajökull im Frühjahr 2010 haben deutlich gemacht, dass in der Industrie auch externe Risiken, deren Ursachen ausserhalb des Einflussbereichs der betroffenen Unternehmen liegen, schwerwiegende Folgen nach sich ziehen können.

Externe und in geringerem Maße auch interne Risiken sind in der industriellen Produktion dadurch gekennzeichnet, dass es sich um seltene aber plötzlich eintretende und schwer vorhersagbare Ereignisse handelt. Während Risiken, die durch unternehmensinterne Ereignisse verursacht werden, durch eine Beseitigung der Risikoursache bewältigt werden können, können Ursache und Eintrittwahrscheinlichkeit externer Risiken meist nur in sehr begrenztem Umfang beeinflusst werden. Bei der Bewältigung externer Risiken muss daher die Reduzierung der Risikoauswirkung über geeignete Vorsorge- und Notfallmaßnahmen im Mittelpunkt stehen (Wolke, 2008).

Risiken werden in der industriellen Produktion durch physische Schäden an Anlagen und Gebäuden, Beeinträchtigungen von Mitarbeitern, Umweltschäden sowie durch die Unterbrechung von Produktions- oder Serviceprozessen wirksam. Infolge der Störung der leistungswirtschaftlichen Prozesse führen industrielle Risiken so zu Betriebsunterbrechungen, welche negative ökonomische Folgen sowie Imageverluste nach sich ziehen können. Des Weiteren können Zusatzkosten, die durch die Durchführung von Notfallmaßnahmen, Reparaturmaßnahmen oder die Beschaffung von Ersatzanlagen entstehen, sowie soziale oder ökologische Konsequenzen die Folge industrieller Risiken sein (Merz et al., 2010; Cash und Moser, 2000).

Da Industrieunternehmen über komplexe Wertschöpfungsnetze (im Folgenden als *Supply Chains* bezeichnet) mit einer Vielzahl anderer Unternehmen vernetzt sind, können sich die Risiken über sogenannte Kaskadeneffekte auf andere, ursprünglich nicht betroffene Unternehmen auswirken. Kaskadeneffekte in Supply Chains führen so sowohl zu einer räumlichen als auch zeitlichen Ausdehnung der industriellen Risikoauswirkungen (Rose und Lim, 2002).

1.1 Motivation und Problemstellung

Die Risikosituation von Unternehmen hat sich in der Vergangenheit immer mehr verändert, und es ist davon auszugehen, dass in Zukunft gerade externe Risiken in der Industrie weiter zunehmen werden (SwissRe, 2009; Flaherty, 2007; Cutter und Emrich, 2005; Werner und Lechtenbörger, 2004; Steffen et al., 1999). Zu den Ursachen hierfür zählen beispielsweise die zunehmende Internationalisierung der Märkte, die Einführung von Rationalisierungsmaßnahmen in Unternehmen, die schnelle technologische Entwicklung von Produktionssystemen und der Klimawandel (Oh et al., 2010; Kleindorfer und Saad, 2005; Kremers, 2002). Während die technologische Entwicklung, die im Allgemeinen mit einer zunehmenden Komplexität und Infrastrukturabhängigkeit der Produktionssysteme verbunden ist, sowie die Umsetzung von Rationalisierungsmaßnahmen (z. B. Outsourcing, Single-Sourcing, Abbau von Lagerbeständen) zu einer erhöhten Anfälligkeit (Vulnerabilität) der Unternehmen führen, werden durch den Klimawandel und die steigende Globalisierung vor allem Art, Ausmaß und Häufigkeit der Risikoursachen verändert (Kleindorfer, 2002).

Um dieser veränderten Risikosituation Rechnung tragen zu können, wird auch das industrielle Risikomanagement, das sowohl die Reduzierung der auf die Industrie einwirkenden Risiken als auch die Verringerung der von den Industrieunternehmen ausgehenden Risiken zum Ziel hat, weiter an Bedeutung gewinnen (Kremers, 2002). Das industrielle Risikomanagement ist, wie jeder Managementprozess, von einer Vielzahl von Entscheidungen geprägt. Hierzu zählen vor allem Entscheidungen bezüglich der Auswahl und der Implementierung von Risikopräventions- und Risikominderungsmaßnahmen (Leitch, 2010; Geldermann et al., 2009).

Aufgrund der weitreichenden Auswirkungen von industriellen Risiken sowie aufgrund der vielfältigen Wechselwirkungen der Industrie mit Gesellschaft, Umwelt und technischen Systemen (z. B. Infrastruktursystemen) ist es zur Bewältigung von industriellen Risiken notwendig, zusätzlich zum Risikomanagement auf Unternehmensebene auch Präventions- und Bewältigungsmaßnahmen auf übergeordneter (administrativer) Ebene zu implementieren (Webb et al., 1999; Tierney und Nigg, 1995). Das industrielle Risikomanagement auf verschiedenen Ebenen erfordert hierbei die Einbindung zahlreicher Akteure und Experten (NRC, 1996). Dies setzt im Rahmen der Entscheidungsprozesse häufig sowohl die Berücksichtigung divergierender Präferenzen als auch die Integration unterschiedlicher technischer, ökonomischer, ökologischer und sozialer Bewertungskriterien voraus (Geldermann et al., 2005; French et al., 2000).

Das industrielle Risikomanagement kann in die vier iterativen Phasen *Risikoidentifizierung, Risikobewertung, Risikobewältigung* und *Risikoüberwachung* untergliedert werden (Purdy, 2010). Da die Risikobewertung, die der Quantifizierung potenzieller Risikoauswirkungen und der Bestimmung der Eintrittswahrscheinlichkeit von Risiken dient, die Informationsgrundlage für Entscheidungen bezüglich der Implementierung von Risikominderungsmaßnahmen liefert (z. B. als Grundlage für Kosten-Nutzen-Analysen), kommt dieser Phase des industriellen Risikomanagements eine zentrale Bedeutung zu (Purdy, 2010). Zur Bewertung industrieller Risiken existiert eine Vielzahl unterschiedlicher Methoden (Tixier et al., 2002).

Um eine angemessene und umfassende Bewertung der Risiken als Ausgangsbasis für die Entscheidungsprozesse im industriellen Risikomanagement generieren zu können, ist es wichtig, die Bewertungsmethoden sowohl in Anpassung an die Ebene des Risikomanagements (Unternehmensebene/übergeordnete Ebene) als auch entsprechend der Art der betrachteten Risiken (intern/extern) auszuwählen bzw. zu entwickeln (Leitch, 2010; UN/ISDR, 2002).

In bislang vorliegenden Arbeiten zum industriellen Risikomanagement werden die verschiedenen Risikoarten meist getrennt voneinander betrachtet. Während in einigen Arbeiten der Umgang mit Prozessrisiken im Mittelpunkt steht (Wang et al., 2010; Hawley, 2004; Tixier et al., 2002; Zografos et al., 2000), konzentrieren sich andere Autoren auf die Analyse und Bewältigung von Supply Chain Risiken (Trkman und McCormack, 2009; Schoenherr et al., 2008; Wu et al., 2006; Peck, 2005; Jüttner, 2005; Kleindorfer und Saad, 2005; Zsidisin et al., 2005b; Norrman und Jansson, 2004) oder die Bewertung von Naturrisiken (Runyan, 2006; Yoshida und Deyle, 2005; Chang und Falit-Baiamonte, 2003; Webb et al., 2002; Rose und Lim, 2002; Webb et al., 1999; Long, 1997; Tierney, 1997; Tierney und Dahlhamer, 1997). In einigen Arbeiten liegt der Fokus zudem auf der Analyse der Auswirkungen von Infrastrukturausfällen in der Industrie (Oh et al., 2010; Chang et al., 2007; Rose et al., 2007; de Nooij et al., 2003; Chang et al., 2002; Chang et al., 2001; Rose et al., 1997). Eine Berücksichtigung der zwischen den verschiedenen Risiken existierenden Wechselwirkungen z. B. im Rahmen eines integrierten Ansatzes zur Risikoanalyse findet in den existierenden Ansätzen derzeit nicht statt.

Unabhängig von der Betrachtungsebene ist im industriellen Risikomanagement eine prozessorientierte Bewertung der Risiken von Vorteil, da dies die Berücksichtigung von Auswirkungsmechanismen und industriespezifischen Einflussfaktoren ermöglicht. Eine solche Vorgehensweise erleichtert zum einen die direkte Ableitung potenzieller Risikopräventions- und Risikominderungsmaßnahmen und erhöht zum anderen das Risikoverständnis sowie die Transparenz der getroffenen Entscheidungen (Burke, 2009).

Aufgrund der zunehmenden Komplexität der industriellen Produktion kann es im Rahmen der Risikobewertung schwierig sein, die Eintrittswahrscheinlichkeit verschiedener Risiken zu bestimmen und die potenziellen Konsequenzen in monetärer Form abzuschätzen (Kleindorfer, 2002). Für die Entscheidung, ob und in welcher Form Risikominderungsmaßnahmen überhaupt notwendig sind, ist häufig jedoch auch eine relative Quantifizierung und der Vergleich verschiedener Risiken sinnvoll (Linkov und Ramadan, 2004; Kates und Kasperson, 1983).

Da bei externen Risiken die Intensität und Eintrittswahrscheinlichkeit der auslösenden Ereignisse nur in begrenztem Umfang verändert werden können, hat sich im Bereich der Naturrisiken das Konzept der Vulnerabilität, die die Anfälligkeit eines Systems gegenüber einer Gefährdung darstellt und so einen wichtigen Teil des Schadenspotenzials widerspiegelt, als geeignet erwiesen (Bogardi und Birkmann, 2004a). Auf Basis der Vulnerabilitätsanalyse werden im Rahmen des Managements von Naturrisiken Entscheidungen über potenzielle Anpassungsmaßnahmen oder die Durchführung tiefergehender Analysen abgeleitet (Wisner et al., 2004). Da die Vulnerabilität eines Systems (z. B. Objekt, Region) meist von vielen multi-dimensionalen Faktoren beeinflusst wird, handelt es sich hierbei um keine direkt messbare Größe.

Indikatorenbasierte Methoden (z. B. Einzelindikatoren, Indikatorensysteme, Indikatorenmodelle) werden in verschiedenen Disziplinen zur Operationalisierung von komplexen und nicht direkt messbaren Größen eingesetzt (z. B. Innovationsindikatoren, Umweltindikatoren, Nachhaltigkeitsindikatoren) (Bell und Morse, 2008; Birkmann, 2006a; Esty et al., 2005; Grupp und Mogee, 2004; Huggins, 2003; Kleinknecht et al., 2002). Indikatorenbasierte Methoden ermöglichen aufgrund der transparenten und prozessorientierten Vorgehensweise ein verbessertes Verständnis der zu analysierenden Größe und stellen ein wichtiges Informations- und Kommunikationstool dar.

Aufgrund der komplexitätsreduzierenden Eigenschaften von Indikatorenmodellen werden diese häufig auch zur Risiko- und Vulnerabilitätsanalyse eingesetzt (Cutter et al., 2010b; Gall, 2007; Birkmann, 2007; Cardona, 2005; Adger et al., 2004; Cutter et al., 2003). Die transparente Vorgehensweise bei der Entwicklung von Indikatorenmodellen ermöglicht eine prozessorientierte Darstellung von komplexen Risiken sowie die Berücksichtigung der zwischen verschiedenen Risiken existierenden Interdependenzen (Nardo et al., 2005b). Im Allgemeinen werden Indikatorenmodelle zum Vergleich verschiedener Objekte oder Regionen, zur Trendanalyse, zur Frühwarnung sowie zum Vergleich mit Zielvorgaben und Standards (*Benchmarking*) herangezogen (Saisana und Tarantola, 2002).

Im Bereich des Risikomanagements werden indikatorenbasierte Ansätze derzeit hauptsächlich zur Quantifizierung der räumlichen Vulnerabilität gegenüber Naturgefahren und den Folgen des Klimawandels eingesetzt (Gall, 2007; Dilley et al., 2005; Cardona, 2005; Wei et al., 2004; Adger et al., 2004; Wisner et al., 2004; Cutter, 2003). Die meisten dieser Ansätze dienen der Analyse der sozialen Vulnerabilität auf regionaler Ebene; die Analyse der industriellen Vulnerabilität wird hingegen bislang kaum beschrieben (Villagrán de Léon, 2006a). Um den Einsatz von Indikatoren im Risikomanagement voranzutreiben, fordern die Vereinten Nationen (UN) in ihrem „Hyogo Framework for Action“ jedoch, die Entwicklung neuer Indikatoren zur Risiko- und Vulnerabilitätsanalyse zu verfolgen und auf weitere Risikodimensionen wie z. B. das industrielle Risiko gegenüber indirekten Schäden auszuweiten (UN/ISDR, 2005).

1.2 Zielsetzung, Vorgehensweise und Aufbau der Arbeit

Aufgrund der komplexen Vernetzung moderner Produktionssysteme und der Zunahme externer Gefährdungen (z. B. Infrastrukturausfälle, terroristische Anschläge, extreme Naturereignisse) hat die Bedeutung externer Risiken in der industriellen Produktion zugenommen. Externe Risiken können in betroffenen Unternehmen zu schwerwiegenden ökonomischen Schäden führen, die besonders durch die Unterbrechung von Material- und Informationsflüssen hervorgerufen werden. Im Rahmen eines umfassenden Managements externer Risiken sollte daher neben der Analyse von direkten physikalischen Schäden, insbesondere das Ausmaß der indirekten Risikoeffekte (z. B. durch Betriebsunterbrechungen) quantifiziert und bewertet werden. Um zudem eine Informationsgrundlage für Entscheidungen im Risikomanagement auf übergeordneter Ebene zu generieren, sollte bei der Risikobewertung nicht nur das Risiko einzelner Industrieunternehmen, sondern auch die räumliche Verteilung der industriellen Risiken erfasst werden.

Hauptziel dieser Arbeit ist es daher, eine Methode zur Bewertung von externen Risiken in der industriellen Produktion zu entwickeln, die die Erfassung von indirekten Risikoeffekten und die Bestimmung der räumlichen Verteilung der externen industriellen Risiken ermöglicht. Da bei externen Risiken die Risikoursache im Rahmen des Risikomanagements kaum zu beeinflussen ist und die Kenntnis der Vulnerabilität als intrinsische Seite des Risikos eine wichtige Informationsgrundlage für Entscheidungen im Risikomanagement darstellt, liegt der Fokus der entwickelten Bewertungsmethodik auf der Analyse der industriellen Vulnerabilität.

Um die industrielle Vulnerabilität auf räumlicher Ebene zu quantifizieren und dabei sowohl Wechselwirkungen zwischen verschiedenen externen Risiken als auch industriespezifische Auswirkungsmechanismen zu berücksichtigen, wird in der vorliegenden Arbeit eine zweistufige, indikatorenbasierte Methodik zur Vulnerabilitätsanalyse entwickelt. Hierbei wird in einem ersten Schritt die Vulnerabilität von Industriesektoren gegenüber indirekten Schäden über ein hierarchisches Indikatorenmodell operationalisiert und in relativer Form quantifiziert. Anschließend wird in einem zweiten Schritt eine Regionalisierungsmethode entwickelt, die es ermöglicht, die über das Indikatorenmodell bestimmten sektorspezifischen Vulnerabilitätsindizes auf die räumliche Ebene zu verteilen.

Der Schwerpunkt der Arbeit liegt hierbei auf der *Entwicklung* der indikatorenbasierten Methodik, die abschließend in einem Anwendungsbeispiel zur industriellen Vulnerabilitätsanalyse eingesetzt wird. Hierbei werden sowohl die Analyse der

Abhängigkeiten zwischen den Indikatoren als auch die Quantifizierung von Unsicherheiten in Indikatorenmodellen berücksichtigt.

Um die beschriebenen Ziele der Arbeit umzusetzen und eine indikatorenbasierte Methodik zur Analyse der regionalen industriellen Vulnerabilität gegenüber indirekten Schäden zu entwickeln, gliedert sich die Arbeit folgendermaßen:

Kapitel 2 dient der Beschreibung eines integrierten Risikokonzepts. Hierbei werden Risikokonzepte, die in verschiedenen Disziplinen zum Einsatz kommen, erläutert und als Ausgangsbasis für die Bewertung externer industrieller Risiken in einem integrierten Risikokonzept zusammengeführt. Um eine transparente Übertragung von Ansätzen aus anderen Bereichen der Risikoforschung auf das industrielle Risikomanagement zu ermöglichen, werden zentrale Begriffe definiert und gegeneinander abgegrenzt.

Im ersten Teil von Kapitel 3 wird die Entstehung industrieller Risiken erläutert und es wird eine Klassifizierung der verschiedenen industriellen Risiken vorgenommen. Als Ausgangsbasis für die Ableitung von industriespezifischen Vulnerabilitätsfaktoren werden anschließend die Auswirkungen von externen Risiken in der industriellen Produktion analysiert. Der zweite Teil dieses Kapitels widmet sich dem industriellen Risikomanagement. Hierbei werden insbesondere die Vor- und Nachteile von Methoden zur Risikobewertung erörtert. Darauf aufbauend wird erläutert, wie die Quantifizierung der Vulnerabilität zur Bewertung externer industrieller Risiken eingesetzt werden kann.

Als Basis für die Entwicklung eines hierarchischen Indikatorenmodells zur Analyse der Vulnerabilität verschiedener Industriesektoren gegenüber indirekten Risikoeffekten werden in Kapitel 4 die Ziele und Rahmenbedingungen der industriellen Vulnerabilitätsanalyse sowie allgemeine Grundlagen indikatorenbasierter Methoden beschrieben. Nach einer Erläuterung der Anforderungen an Indikatorenmodelle zur Vulnerabilitätsanalyse und der Vorstellung der in diesem Bereich bislang existierenden Methoden wird die methodische Vorgehensweise, die zur Entwicklung des hierarchischen Indikatorenmodells auf Sektorenebene eingesetzt wird, vorgestellt. Anschließend werden auf Basis des zuvor entwickelten Vulnerabilitätskonzepts Faktoren, die die Anfälligkeit von Industriesektoren gegenüber indirekten Schäden bei Naturkatastrophen beeinflussen, identifiziert und zum Aufbau des hierarchischen Indikatorenmodells zur Vulnerabilitätsanalyse herangezogen. Eine kritische Beleuchtung des Einsatzes von Indikatorenmodellen zur Vulnerabilitätsanalyse und das Aufzeigen von potenziellen inhaltlichen und methodischen Schwächen runden das Kapitel ab.

In Kapitel 5 werden sowohl Methoden, die eine Analyse der Abhängigkeiten zwischen den Indikatoren ermöglichen, als auch Ansätze zur Quantifizierung verschiedener Arten von Unsicherheiten in hierarchischen Indikatorenmodellen entwickelt. Im ersten Teil wird nach der Beschreibung verschiedener statistischer Methoden die expertenbasierte DEMATEL[1]-Analyse, die die Analyse kausaler Beziehungsstrukturen ermöglicht, vorgestellt. Des Weiteren wird die Fuzzy-DEMATEL-Analyse, die die DEMATEL-Analyse mit Ansätzen der Fuzzy-Logik kombiniert, weiterentwickelt und eingesetzt, um so der Unschärfe von Experteneinschätzungen Rechnung zu tragen. Um die Beziehungsstruktur der Indikatoren bei der Entwicklung von hierarchischen Indikatorenmodellen zu berücksichtigen und die existierenden Abhängigkeiten auszugleichen, werden Methoden entwickelt, über die sowohl statistische als auch kausale Abhängigkeiten in quantitativer Form in die indikatorenbasierte Vulnerabilitätsanalyse integriert werden können. Im zweiten Teil dieses Kapitels werden nach einer Klassifizierung verschiedener Arten von Unsicherheiten Methoden zur Quantifizierung und Darstellung von diesen aufgezeigt.

Entsprechend der in Kapitel 4 und 5 beschriebenen methodischen Vorgehensweise wird in Kapitel 6 das entwickelte Indikatorenmodell im Rahmen eines Anwendungsbeispiels zur Analyse der industriellen Vulnerabilität in Baden-Württemberg eingesetzt. Nach der Bestimmung der Indikatorenwerte auf Basis statistischer Daten wird die Integration der Ergebnisse der Abhängigkeitsanalyse sowie die Zusammenfassung der Indikatoren zu einem Gesamtindex erläutert. Anschließend werden die Ergebnisse der Vulnerabilitätsanalyse für die im Anwendungsbeispiel untersuchten Industriesektoren (auf Ebene von Wirtschaftsabteilungen gemäß der WZ 03, vgl. (Statistisches Bundesamt, 2003) beschrieben und diskutiert. Zur Quantifizierung der Unsicherheiten werden auf Ebene der Industriesektoren Sensitivitätsanalysen hinsichtlich der Variation verschiedener Modellparameter und -konfigurationen durchgeführt. Ausgehend von der für das Anwendungsbeispiel bestimmten sektorspezifischen Vulnerabilität wird im nachfolgenden Abschnitt dieses Kapitels die regionale Vulnerabilität auf Landkreisebene über einen neu entwickelten Regionalisierungsansatz bestimmt. Abschließend werden die Ergebnisse des Anwendungsbeispiels diskutiert und Implikationen für das industrielle Risikomanagement abgeleitet.

Kapitel 7 fasst die zentralen Aspekte der im Rahmen der Arbeit entwickelten Methoden sowie die wesentlichen inhaltlichen Erkenntnisse bezüglich der industriellen Vulnerabilität gegenüber indirekten Effekten durch externe Risiken zusam-

[1] **De**cision **Ma**king **T**rial and **E**valuation **L**aboratory Method (Fontela und Gabus, 1976)

men. Hierbei werden Vor- und Nachteile der entwickelten Methodik sowie der Beitrag der Arbeit zum betrachteten Forschungsgebiet aufgezeigt. Des Weiteren werden mögliche zukünftige Forschungsfragen im Bereich des industriellen Risikomanagements identifiziert, und es wird ein Ausblick auf potenzielle Weiterentwicklungen der Methodik gegeben.

Kapitel 2

Entwicklung eines integrierten Risikokonzeptes

Das Risiko ist Betrachtungsgegenstand diverser Wissenschaftsdisziplinen wie beispielsweise der Wirtschafts-, Natur- und Ingenieurswissenschaften (Werner, 2004; Kremers, 2002; Hölscher, 1987). In den verschiedenen Disziplinen werden der Risikobetrachtung unterschiedliche Risikokonzepte zu Grunde gelegt, und es kommen, je nach Art der untersuchten Risiken, voneinander abweichende Begriffsdefinitionen zum Einsatz (Imboden, 1983). Ebenso unterscheiden sich die betrachteten Komponenten des Risikos und deren inhaltliche Verknüpfung (Banse und Bechmann, 1998).

In der industriellen Produktion werden verschiedene Risikoarten (vgl. Kap 3.2) aus unterschiedlichen Blickwinkeln und meist getrennt voneinander betrachtet. Während sich eine Vielzahl wissenschaftlicher Arbeiten mit dem Management von operativen Prozessrisiken (z. B. Verfahrensrisiken, Umweltrisiken) oder Finanzrisiken befasst, stehen in anderen Arbeiten der Umgang mit Naturrisiken, die Analyse von Infrastrukturrisiken oder die Untersuchung von Supply Chain Risiken im Mittelpunkt. Industrielle Risiken können sowohl auf Unternehmensebene als auch räumlich verteilt (z. B. in Wertschöpfungsnetzen oder gesamtökonomisch) wirksam werden (vgl. Kap 3.3). Daher werden in den verschiedenen Fachgebieten zudem unterschiedliche Betrachtungsebenen gewählt.

Da zwischen verschiedenen Risiken jedoch ein enger Zusammenhang besteht und sich gerade in der Industrie Risiken aufgrund von Wechselwirkungen gegenseitig beeinflussen können, sollte zur Bewertung industrieller Risiken ein integrierter Ansatz herangezogen werden, in dem die Herangehensweisen verschiedener Fachbereiche einbezogen und miteinander verknüpft werden. Des Weiteren sollten bei räumlichen Risikoanalysen neben den übergeordneten Risikoauswirkungen (z. B. gesamtökonomischen Auswirkungen) auch die Prozesse, die auf Unternehmensebene wirksam werden, berücksichtigt werden, um so eine prozessorientierte Herangehensweise zu gewährleisten (Hossini, 2008).

Um im Rahmen der Arbeit verschiedene Ansätze des industriellen Risikomanagements mit Methoden der räumlichen Risikoanalyse (z. B. bei Naturrisiken, Terrorrisiken, Risiken des Klimawandels) sowie mit versicherungswissenschaftlichen Ansätzen kombinieren zu können, wird im Folgenden als Grundlage für die Bewertung von industriellen Risiken auf verschiedenen Ebenen ein interdisziplinäres Risikokonzept erarbeitet. Hierzu werden wesentliche Begriffsdefinitionen herausgearbeitet und zentrale Risikokomponenten identifiziert und zueinander in Beziehung gesetzt.

2.1 Risiko

Da der Risikobegriff sowohl von der Disziplin, in der er verwendet wird, als auch von der konkret zu Grunde liegenden Problemstellung bestimmt wird, existiert in der Literatur keine einheitliche Begriffsdefinition (Bertsch, 2008; Plapp, 2004; Banse und Bechmann, 1998). Vielmehr kommen in den verschiedenen Disziplinen verschiedenste Definitionen zum Einsatz, die selbst innerhalb der Forschungsbereiche nicht immer einheitlich gebraucht werden (Wolke, 2008).

Im Allgemeinen wird der Risikobegriff mit einer negativen Bedeutung assoziiert und kann als die Möglichkeit einer ungünstigen künftigen Entwicklung interpretiert werden (Eggemann und Konradt, 2000). Sowohl in den Wirtschafts- als auch in den Natur- und Ingenieurswissenschaften wird meist ein probabilistischer Risikobegriff verwendet, der das Risiko über eine Eintrittswahrscheinlichkeit eines (meist) negativen Ereignisses beschreibt.

In den Wirtschaftswissenschaften wird das Unternehmensrisiko als möglicher Verlust oder als Abweichung von den Unternehmenszielen, die durch das Misslingen von Leistungen aufgrund nicht beeinflussbarer oder erwarteter Ereignisse begründet ist, definiert (Wolke, 2008; Kremers, 2002; Imboden, 1983). Der Verlust kann hierbei das Vermögen, die Liquidität oder den Gewinn eines Unternehmens betreffen (Wolf, 2000). Die Zielabweichung kann neben monetären Aspekten aber auch noch andere Zielgrößen wie beispielsweise die Qualität der Produkte oder die Nachhaltigkeit der Unternehmensabläufe betreffen. In der industriellen Produktion spielen neben wirtschaftlichen Risiken besonders technische Risiken eine entscheidende Rolle (Bertsch, 2008). Unter technischen Risiken werden meist technische Störungen des Produktionsprozesses oder generell das Nicht-Vorhandensein von Prozesssicherheit verstanden (Hoffmann und Neumann, 2009; Hahn, 1987). Ursachen dieser Risiken können entweder intern im Produktionsprozess selbst zu finden sein oder von außen auf das Unternehmen einwirken (vgl. Risikoarten Kap. 3.2).

Da das Risikomanagement mit der Bewältigung und Steuerung negativer Risikoauswirkungen befasst ist, wird meist nur die negative Seite des Risikos, also das *Risiko im engeren Sinne* betrachtet (Lück et al., 2002). Der Chancenaspekt, der im *Risiko im weiteren Sinne* mit enthalten ist, ist dagegen bei den meisten externen Risiken nur sehr gering oder gar nicht vorhanden, so dass diese meist nicht berücksichtigt werden (Mikus, 2001). Die Betrachtung ausschließlich negativer Auswirkungen wird auch asymmetrisches Risiko genannt. Das Risiko, das die Chancen von Gewinnen mit einbezieht, bezeichnet man entsprechend auch als symmetrisches Risiko (Rogler, 2002).

Im Allgemeinen kann der Risikobegriff – ausgehend von zwei verschiedenen Ansatzpunkten – sowohl ursachen- als auch wirkungsbezogen interpretiert werden (Kaplan und Garrick, 2006). Der *ursachenbezogene Risikobegriff* stellt die Unsicherheit zukünftiger Entwicklungen aufgrund des Eintritts schwer vorhersagbarer Ereignisse in den Mittelpunkt der Betrachtung. Hierbei wird davon ausgegangen, dass eine Menge möglicher Ereignisse in der Zukunft existiert und jedes diese Ereignisse mit einer bestimmten, jedoch nicht immer bekannten Wahrscheinlichkeit eintreten kann (Kremers, 2002). Beim *wirkungsbezogenen Risikobegriff* stehen dagegen die Auswirkungen des Risikos im Zentrum der Betrachtung. Da auch hier meist die ungünstigen Entwicklungen berücksichtigt werden, wird die wirkungsbezogene Komponente eines Risikos über den Grad der negativen Abweichung von den gesetzten Zielen bewertet (Helten et al., 2000).

Die hier beschriebenen Interpretationsansätze schließen sich gegenseitig jedoch keinesfalls aus und können im allgemeinen Risikobegriff basierend auf einer Ursachen-Wirkungsbeziehung kombiniert werden. Dies spiegelt sich auch in der (versicherungs-) mathematischen Formulierung des Risikos R_n als Produkt der Eintrittswahrscheinlichkeit p_n eines Ereignisses n und dem Schadensausmaß (Ausmaß der Auswirkungen) S_n wieder (Gundel und Mülli, 2009; Hoffmann und Neumann, 2009; Kremers, 2002):

$$R_n = p_n * S_n \qquad [1]$$

Der so berechnete Erwartungswert eines Risikos kommt in vielen Disziplinen (zum Teil mit kleinen Veränderungen und Spezifizierungen) bei der Bewertung von Risiken zum Einsatz (Plate, 2001).

In den Risikowissenschaften hat die zukünftige Entwicklung, besonders als Ergebnis von getroffenen Entscheidungen, eine zentrale Bedeutung, daher besteht eine enge Verknüpfung zur Entscheidungstheorie (Mikus, 2001; Keitsch, 2000). In der Entscheidungstheorie wird der Risikobegriff explizit gegen den Begriff *Unsicherheit* abgegrenzt (Laux, 2005). Nach Knight ist sowohl bei Entscheidungen unter Risiko als auch bei Entscheidungen unter Unsicherheit die tatsächliche künftige Entwicklung ungewiss (Knight, 1921). Während bei Entscheidungen unter Risiko dem Entscheider die Wahrscheinlichkeitsverteilung möglicher Ausgänge vorliegt, ist diese bei Entscheidungen unter Unsicherheit nicht bekannt.

Auch im Bereich der raumbezogenen Risikoanalyse (z. B. Quantifizierung von Naturrisiken) wird meist ein probabilistischer Risikoansatz gewählt, in dem das Risikoausmaß durch die Eintrittswahrscheinlichkeit eines Extremereignisses und dem dadurch verursachten Schadensausmaß (negative Auswirkungen) bestimmt wird (Smith, 1996; Helm, 1996). Hierbei wird die Wahrscheinlichkeitskomponente über die Häufigkeit einer *Gefährdung (Hazard)* (einer bestimmten Intensität) und das Schadensausmaß meist über die *Vulnerabilität* des betrachteten Objektes beschrieben, so dass sich das Gesamtrisiko als Funktion dieser beiden Komponenten darstellen lässt (UNDP, 2004; Crichton, 1999):

$$R = f\,(\text{Gefährdung, Vulnerabilität}) \qquad [2]$$

Villagrán de Léon definiert eine *Gefährdung* als die Wahrscheinlichkeit oder Möglichkeit eines Extremereignisses mit einer bestimmten Intensität in einer bestimmten Region zu einer bestimmten Zeit (Villagrán de Léon, 2006b). Eine *Gefährdung* kann hierbei natürliche (z. B. Sturm, Hochwasser, Erdbeben), technologische (z. B. Explosionen, Brandereignisse, Gefahrstofffreisetzung), sozionatürliche (z. B. Klimawandel, Pandemie) und anthropogene (z. B. Terroranschläge, Sabotage) Ursachen haben.

Die Beschreibung des Schadenausmaßes hängt von der genauen Definition der Vulnerabilität ab. Während sich zum Beispiel gemäß der Definition des United Nations Development Programme (UNDP) das Katastrophenrisiko nur aus Gefährdung und Vulnerabilität zusammensetzt (vgl. Formel [2]) (UNDP, 2004), beziehen andere Autoren weitere Elemente wie beispielsweise die Exposition (*„exposure"*) (Dilley et al., 2005; Crichton, 1999) oder „die dem Risiko ausgesetzten Elemente" (*„elements at risk"*) (Alexander, 2000; Granger et al., 1999) in die Risikoabschätzung mit ein. Weitere Elemente, die in die Berechnung der Schadenskomponente des Risikos mit einfließen können, sind die Bewältigungskapazität *(„coping capacity")* oder die Resilienz *(„resiliency")* des betrachteten Systems (Villagrán de Léon, 2006b; Hahn, 2003). Diese Elemente sind in der Formulierung des ISDR jedoch nicht vernachlässigt, sondern per Definition bereits in der Vulnerabilität enthalten. Eine genaue Erläuterung der Vulnerabilität wird in Kap. 2.2 vorgenommen.

Trotz der verschiedenen Begriffsdefinition in den unterschiedlichen Disziplinen können in den Risikobetrachtungen viele Überschneidungen gefunden werden (z. B. die Wahrscheinlichkeits- und die Auswirkungskomponente). Zudem bietet es sich an, als Grundlage für die Quantifizierung von externen Risiken in der industriellen Produktion Spezifizierungen aus verschiedenen Fachdisziplinen (z. B. Quantifizierung von Naturrisiken auf räumlicher Ebene) miteinander zu verknüpfen. Im weiteren Verlauf der vorliegenden Arbeit wird daher zur Abschätzung von externen Risiken in der industriellen Produktion das Konzept der Vulnerabilität in die Risikodefinition integriert. Dies ermöglicht es beispielsweise zu berücksichtigen, inwiefern das Schadensausmaß von der Empfindlichkeit, Abhängigkeit und Widerstandsfähigkeit der Produktionsanlagen und -prozesse beeinflusst wird. Aussagen zur Vulnerabilität liefern hierbei also einen wichtigen Beitrag zur Bewertung von Risiken und unterstützen aufgrund der prozessorientierten Herangehensweise das Verständnis der zu Grunde liegenden Risikoauswirkungen sowie die Identifizierung von Schwachstellen. Um das Konzept der Vulnerabilität zur industriellen Risikoanalyse heranziehen zu können, werden im Folgenden die in der Literatur beschriebenen Begriffsdefinitionen erläutert und hinsichtlich der Anwendung in der industriellen Risikoanalyse modifiziert.

2.2 Vulnerabilität als Teil des Risikos

Die Vulnerabilität eines Elementes kann als die intrinsische Seite des Risikos verstanden werden (Thywissen, 2006; Birkmann, 2006c; Cardona, 2004). Ähnlich wie beim Risikobegriff existiert auch für den Begriff Vulnerabilität keine einheitliche Definition, da er in vielen verschiedenen Disziplinen Anwendung findet und stark durch die jeweiligen Anforderungen und Problemstellungen geprägt wird (Villagrán de Léon, 2006b; Bogardi und Birkmann, 2004b; Weichselgartner, 2001). Generell wird der Begriff in den meisten Disziplinen zur Beschreibung der *Anfälligkeit*, der *Verwundbarkeit* oder des möglichen *Schadenspotenzials* von Objekten verwendet (Gall, 2007; Mitchell, 1989).

Ursprünglich ist der Vulnerabilitätsbegriff in den Sozialwissenschaften entstanden (Birkmann, 2006c), wird aber seit den frühen 1970-er-Jahren besonders im Bereich der raumbezogenen und objektbezogenen Betrachtung von Naturrisiken (Schneiderbauer und Ehrlich, 2004) eingesetzt. In den vergangenen Jahren fand der Begriff zudem im Bereich der Nachhaltigkeitsforschung und bei der Abschätzung der Folgen des Klimawandels Eingang (Gallopín, 2006; Adger, 2006).

Im Rahmen des Risikomanagements kommt der Bestimmung der Vulnerabilität eine besondere Bedeutung zu, da sie als Teil der Risikoanalyse den Ausgangspunkt für eine effektive Risikoreduktion darstellt (Birkmann und Wisner, 2006). Die Vulnerabilitätsanalyse ermöglicht es, die dem Risiko zu Grunde liegenden Prozesse zu verstehen, Einflussfaktoren zu identifizieren und dadurch mögliche Schwachstellen zu ermitteln (Hossini, 2008).

Um eine strukturierte Vulnerabilitätsanalyse durchführen zu können, sind eine präzise Definition des Begriffes und die Entwicklung eines theoretischen Vulnerabilitätskonzepts (*conceptual framework*) eine grundlegende Voraussetzung (Birkmann, 2006c; Cutter, 2001). Die Beschreibung der Vulnerabilität im Rahmen eines theoretischen Konzeptes stellt aufgrund der Vielfältigkeit und Komplexität der der Vulnerabilität zu Grunde liegenden Prozesse eine große Herausforderung dar (Twigg, 2001). Bei der Entwicklung eines theoretischen Vulnerabilitätskonzepts sollten sowohl das Ziel der Analyse als auch die Betrachtungsebene berücksichtigt werden (Thywissen, 2006).

Im Folgenden wird aus den Ansätzen verschiedener Disziplinen ein abstraktes Vulnerabilitätskonzept abgeleitet, das zur Identifizierung von industriespezifischen Vulnerabilitätsfaktoren und damit zur Bewertung industrieller Risiken herangezogen werden kann. Einen geeigneten Ausgangspunkt stellen hierbei die Vulnerabilitätskonzepte aus dem Bereich der Naturrisiken dar.

In den in der Literatur beschriebenen Ansätzen findet derzeit keine einheitliche Definition des Vulnerabilitätsbegriffs Verwendung (Cutter, 2003). Im Bereich der Quantifizierung von Naturrisiken und anderen räumlich auftretenden Risiken (z. B. Klimawandel, Terrorismus) wird die Vulnerabilität als eine Funktion der

Empfindlichkeit (*sensitivity*) bzw. der (Schadens-)Anfälligkeit (*susceptibility*) eines Systems beschrieben (Thywissen, 2006). Die UN/ISDR definiert die Vulnerabilität in Bezug auf Naturrisiken als

> *„eine Menge von Rahmenbedingungen und Prozessen, die ausgehend von verschiedenen physikalischen, sozialen, ökonomischen und ökologischen Einflussfaktoren, die Anfälligkeit eines Systems bestimmen“* (eigene Übersetzung).

Ebenso kann die Vulnerabilität als die

> *„Prädisposition eines Elements oder eines Systems verletzlich/anfällig gegenüber einer Gefährdung zu sein“* (eigene Übersetzung)

beschrieben werden (Cardona et al., 2004; Cardona, 2004).

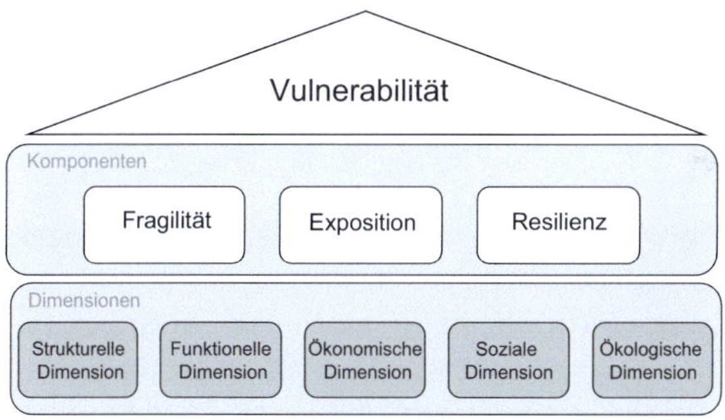

Abbildung 1: Komponenten und Dimensionen der (raumbezogenen) Vulnerabilität (nach Hossini, 2008)

Aufgrund der Vielschichtigkeit und Komplexität der Vulnerabilität und der ihr zu Grunde liegenden Einflussfaktoren müssen bei der Entwicklung eines Vulnerabilitätskonzepts sowohl verschiedene *Komponenten* und *Dimensionen* als auch die *Betrachtungsebene* berücksichtigt werden (vgl. Abbildung 1) (Villagrán de Léon, 2006b).

Zentrale *Komponenten* in nahezu allen in der Literatur verwendeten Vulnerabilitätsdefinitionen sind die *Fragilität (Anfälligkeit)* (*susceptibility/fragility*) oder *Empfindlichkeit* (*sensitivity*) eines betrachteten Systems (z. B. Objekt oder Region) (Thywissen, 2006). Während beispielsweise Dilley et al. und Hahn et al. die Exposition (*exposure*) der Elemente nicht zusätzlich mit in die Vulnerabilität einbeziehen (Dilley et al., 2005; Hahn, 2003), ist diese in den meisten anderen Begriffsdefinitionen enthalten (Hossini, 2008; Birkmann und Wisner, 2006; White et al., 2005; Turner et al., 2003; Alexander, 2000). Unter der *Exposition* (*exposure*) wird hierbei meist die Anzahl oder der Wert der vom Risiko betroffenen Elemente verstanden, so dass dies die räumliche Komponente der Vulnerabilität darstellt. Sowohl Chambers als auch Bohle bezeichnen die *Fragilität* und *Empfindlichkeit* als interne und die *Exposition* als externe Komponenten der Vulnerabilität (Bohle, 2001; Chambers, 1989). Während die Fragilität eines Systems zur Erhöhung der Vulnerabilität beiträgt, wird diese durch die Resilienzeigenschaften eines Systems reduziert (Paton et al., 2000). Zusätzlich zur *Fragilität* und *Exposition* können jedoch auch weitere Komponenten die Vulnerabilität eines Elements mitbestimmen. Da die tatsächlichen Schadensauswirkungen eines Risikos beispielsweise auch von der *Bewältigungskapazität* (*coping capacity*) und der *Resilienz* (*resilience*) beeinflusst werden (vgl. Kapitel 2.3), werden diese von einigen Autoren bereits in die Vulnerabilitätsdefinition mit einbezogen, so dass sich die Vulnerabilität eines Systems aus einer Funktion der *Fragilität, Resilienz* und *Exposition* ergibt und für den Verlauf der vorliegenden Arbeit über folgende Zusammenhänge definiert wird:

$$V = f\,(\text{Fragilität, Resilienz, Exposition}) \qquad [3]$$

Je nach Fokus der durchgeführten Vulnerabilitätsanalyse können zur Bestimmung der Vulnerabilität eines Systems (Objekt oder Region) verschiedene inhaltliche *Dimensionen* berücksichtigt werden (vgl. Abbildung 1). Im Rahmen von ingenieurwissenschaftlichen Vulnerabilitätsbetrachtungen wird meist nur die technisch-physikalische (strukturelle) *Dimensio*n der Vulnerabilität betrachtet. Hierbei kann die Vulnerabilität über empirisch ermittelte Fragilitätskurven (auch Vulnerabilitätskurven genannt) bestimmt und in Form von Schadensraten quantifiziert werden (Messner und Meyer, 2005). Die Vulnerabilität von Systemen wird aber nicht nur von der strukturellen Dimension, auch von funktionellen Anfälligkeiten bestimmt, die die Ausfallwahrscheinlichkeit und Funktionsfähigkeit maßgeblich beeinflussen (Wilches-Chaux, 1993). Bei einer raumbezogenen Vulnerabilitätsanalyse spielen zudem ökonomische, soziale und ökologische Aspekte eine Rolle, so dass auch diese Dimensionen mit in die Bewertung der Vulnerabilität einbezogen werden sollten (UN/ISDR, 2004). In vielen Arbeiten zur räumlichen Vulnerabilitätsanalyse liegt der Fokus auf der Analyse der ökonomischen, sozialen und ökologischen Vulnerabilität der Gesellschaft. Dies spiegelt die enge Verbindung des Vulnerabilitätskonzepts zur Nachhaltigkeitswissenschaft wieder (Villagrán de Léon, 2006b; Birkmann, 2006c). Im Bereich der ökonomischen Dimension werden hier jedoch meist makroökonomische Zusammenhänge berücksichtigt. Eine Integration industriespezifischer Aspekte findet hierbei nicht statt.

Neben den unterschiedlichen Komponenten und Dimensionen spielt auch die Betrachtungsebene eine entscheidende Rolle bei der Bestimmung der Vulnerabilität. Im Bereich industrieller Risiken können sowohl einzelne Objekte (Produktionsanlagen Standorte, Unternehmen oder Sektoren) als auch räumliche Systeme (z. B. Regionen oder Wertschöpfungsnetzwerte) Betrachtungsobjekt der Vulnerabilitätsanalyse sein. Da sich die dem Risiko zu Grunde liegenden Prozesse und Auswirkungen auf den verschiedenen Ebenen stark unterscheiden, müssen für jede Ebene spezifische Vulnerabilitätsfaktoren identifiziert und im Rahmen der Vulnerabilitätsanalyse quantifiziert werden. Zur Bestimmung der Vulnerabilität höherer Ebenen ist es daher nicht ausreichend Vulnerabilitäten geringerer Aggregationsebenen zusammenzufassen, da auf höherer Ebene meist zusätzliche Faktoren mit berücksichtigt werden müssen (Wisner et al., 2004).

Im Bereich der raumbezogenen Vulnerabilitätsanalyse gegenüber Naturrisiken und anderen räumlich auftretenden Risiken existieren in der Literatur diametral verschiedene Meinungen darüber, ob die Vulnerabilität eines Systems auch von der Art der Gefährdung abhängt. Während beispielsweise Chambers, Bohle, Alwang et al. und Pelling die Vulnerabilität als von der Art der Gefährdung unabhängige Eigenschaft eines Systems ansehen (Pelling, 2003; Alwang et al., 2001; Bohle, 2001; Chambers, 1989), gehen andere Autoren davon aus, dass es sich bei der Vulnerabilität um eine gefährdungsabhängige Eigenschaft handelt und je nach Gefährdungstyp (z. B. Erdbeben, Sturm etc.) unterschiedliche Faktoren die Vulnerabilität beeinflussen (Villagrán de Léon, 2006b; Dilley et al., 2005). Bei der Analyse der industriellen Vulnerabilität sollte hierbei berücksichtigt werden hinsichtlich welcher Schadensart die Vulnerabilität betrachtet wird. So kann man beispielsweise davon ausgehen, dass bei physischen Schäden (z. B. an Gebäuden, Anlagen) die Anfälligkeit sehr stark von der Art der Gefährdung abhängt. Da bei Betriebsunterbrechungen (so genannten indirekten Schäden; vgl. Kap 3.3) hingegen unabhängig von der Gefährdung sehr ähnliche Prozesse ablaufen, spielen bei der Betrachtung der indirekten Vulnerabilität auch bei unterschiedlichen Gefährdungen die gleichen Vulnerabilitätsfaktoren eine Rolle.

Die Bestimmung der Vulnerabilität ist mit einigen Herausforderungen verbunden. So ist beispielsweise zu berücksichtigen, dass es sich bei der Vulnerabilität eines Systems um keine statische, sondern um eine dynamische Größe handelt (Gall, 2007; Cutter, 2001). Des Weiteren werden Vulnerabilitäten häufig in Form des monetären Schadenspotenzials in Bezug auf das Ausmaß einer Gefährdung angegeben (z. B. Schadenswert/Überflutungshöhe). Da aber die Monetarisierung von Risikoauswirkungen und die Bestimmung der exponierten

Werte nicht immer möglich sind, kann es häufig notwendig sein, die Vulnerabilität indirekt zu erfassen und relativ (z. B. über Indikatoren) zu bewerten (Thywissen, 2006).

Insgesamt besteht jedoch die größte Herausforderung einer transparenten Vulnerabilitätsanalyse darin, die zentralen Komponenten und Dimensionen innerhalb eines theoretischer Vulnerabilitätskonzepts zu identifizieren, die Beziehungen zwischen diesen zu ermitteln und diese in mathematische Modelle umzusetzen und so zur quantitativen Bestimmung der Vulnerabilität zu operationalisieren (Gall, 2007; Turner et al., 2003; Cutter, 2003). Um im Rahmen der Vulnerabilitätsanalyse die zentralen Komponenten der Vulnerabilität eines Systems vollständig zu erfassen zu können, werden im Folgenden die Resilienz und die Bewältigungskapazität von Systemen näher beleuchtet und Zusammenhänge zwischen diesen aufgezeigt.

2.3 Resilienz und Bewältigungskapazität als Teil der Vulnerabilität

Wie bereits angesprochen hängt die Vulnerabilität und damit das potenzielle Schadensausmaß eines Risikos nicht nur von den Komponenten *Fragilität* (Anfälligkeit) und *Exposition*, sondern auch von der *Resilienz* (*resilience*), die die Widerstandsfähigkeit und Bewältigungskapazität eines Systems widerspiegelt, ab.

Das Konzept der *Resilienz* hat seine Ursprünge in der Ökologie (Gallopín, 2006) und bezeichnet die Fähigkeit eines Systems mit externen Stressfaktoren und Störungen umzugehen, diese zu bewältigen, mögliche Schäden zu minimieren und den Ausgangszustand wieder herzustellen (Holling, 1996; Holling, 1973). Der Begriff der Resilienz weist einen großen Überschneidungsbereich mit dem Begriff Bewältigungskapazität auf. Während jedoch die *Bewältigungskapazität* lediglich potenzielle Strategien und Maßnahmen umfasst, die der Schadensbegrenzung während oder nach einem Ereignis sowie der Wiederherstellung des Ausgangszustandes dienen, schließt der Begriff *Resilienz* auch die vor einem Ereignis (dauerhaft) vorhandenen Eigenschaften, die die Aufrechterhaltung der Funktionalität der Objekte fördern, mit ein (Thywissen, 2006). Die Bewältigungskapazität stellt also einen Teil der *Resilienz* dar.

Die *Resilienz* findet auch in den Wirtschaftswissenschaften Beachtung. Rose und Rose et al. untersuchen die *ökonomische Resilienz* auf mikroökonomischer (Unternehmen), mesoökonomischer (Branche, Supply Chain) und makroökonomischer Ebene (Märkte) (Rose, 2007; Rose et al., 2007; Rose, 2004a). In der industriellen Produktion kann die *Resilienz* als Fähigkeit, die Funktionalität der Anlagen und den Ablauf der Produktionsprozesse nach einer externen Störung aufrecht zu erhalten, beschrieben werden. Damit ist die ökonomische *Resilienz* eng mit dem ökonomischen Grundproblem der effizienten Allokation von Ressourcen (die durch die verschiedenen Risiken gestört ist) verbunden (Rose, 2009).

Die ökonomische Resilienz kann in die *inhärente* und *adaptive* Resilienz untergliedert werden (Rose, 2009; Rose, 2007). Die *inhärente Resilienz* beschreibt hierbei die dauerhaften Eigenschaften eines Unternehmens, einer Supply Chain, einer regionalen oder nationalen Ökonomie, die diese widerstandsfähig gegen mögliche Störungen machen. Die *adaptive Resilienz* bezeichnet dagegen die Fähigkeit des betrachteten Objektes, im Fall einer Störung zusätzliche Maßnahmen zu ergreifen und somit möglichen negativen Auswirkungen entgegen zu wirken. Das Vorhandensein redundanter Strukturen (z. B. im Bereich kritischer Infrastrukturen oder der Lieferantenstruktur) kann also als *inhärente Resilienz* bezeichnet werden. Schnelles Reaktionsvermögen (z. B. durch eine Anpassung des Produktportfolios) und die Verfügbarkeit von zusätzlichen Ressourcen (z. B. Rohstoffe, Ersatzteile oder Personal) im Falle einer Störung (z. B. Brand) zählen hingegen zur *adaptiven Resilienz* eines Unternehmens.

Die *inhärente Resilienz* steht im Rahmen des Vulnerabilitätskonzepts in enger Verbindung zur *Anfälligkeit*, da durch eine stark ausgeprägte *inhärente Resilienz* die Widerstandsfähigkeit erhöht wird und dadurch sowohl die Anfälligkeit als auch die gesamte Vulnerabilität reduziert werden. Die *adaptive Resilienz* hat hingegen keinen Einfluss auf die anderen Komponenten des Vulnerabilitätskonzeptes, kann aber teilweise mit der Bewältigungskapazität gleich gesetzt werden.

2.4 Zusammenfassung

Risiken sind Betrachtungsgegenstand diverser Disziplinen. Aufgrund der unterschiedlichen methodischen Herangehensweisen weisen zwar sowohl die verwendeten Begriffsdefinitionen als auch die den Analysen zu Grunde gelegten Risikokonzepte einige Überschneidungen auf, sind aber nicht einheitlich. Um eine strukturierte Grundlage für die Betrachtung von Risiken in der industriellen Produktion zu schaffen, wurden daher in diesem Kapitel Definitionen für die hinsichtlich der vorliegenden Arbeit zentralen Begriffe des industriellen Risikomanagements erarbeitet. Ebenso wurden aus verschiedenen Disziplinen (Management von Naturrisiken, industrielles Risikomanagement, Supply Chain Risikomanagement etc.) Ansätze analysiert und als Grundlage für die Betrachtung externer industrieller Risiken miteinander verknüpft. Das hierbei entwickelte interdisziplinäre Risikokonzept ermöglicht so die integrierte Betrachtung von verschiedenen Risikoarten in der industriellen Produktion, bei der sowohl Wechselwirkungen zwischen verschiedenen Risiken als auch verschiedene Betrachtungsebenen berücksichtigt werden können. Im vorgestellten Risikokonzept wurden besonders die Bedeutung der Vulnerabilität, die die Verwundbarkeit von Systemen prozessorientiert beschreibt, sowie die Bedeutung der Resilienz, durch die Widerstandsfähigkeit und Bewältigungskapazität von Systemen in die Risikoanalyse integriert werden können, hervorgehoben.

Kapitel 3

Risiken in der industriellen Produktion

3.1 Entstehung industrieller Risiken

Industrieunternehmen sind einer Vielzahl verschiedener Risiken ausgesetzt, die sich sowohl in den Ursachen als auch in den Auswirkungen unterscheiden (Geldermann et al., 2008; Helten und Hartung, 2002; Kremers, 2002). So können beispielsweise technische Störungen an den Produktionsanlagen, menschliches Versagen und Personalausfälle aber auch externe Ereignisse wie Naturkatastrophen, Terroranschläge, Infrastrukturausfälle und Supply Chain Unterbrechungen zu Störungen des Betriebsablaufs führen (Wybo, 2006).

In der Industrie sind Risiken meist mit seltenen aber plötzlich eintretenden Ereignissen verbunden. Diese können nur in begrenztem Umfang beeinflusst werden, führen aber häufig zu schwerwiegenden Folgen (Geldermann et al., 2009). Das Ausmaß und die Art der Auswirkungen von industriellen Risiken hängen sowohl von der Risikoart (vgl. Kap. 3.2) als auch von den technischen und organisatorischen Eigenschaften der betroffenen Industrieunternehmen ab. Da diese Faktoren maßgeblich von der Art der Produktionsprozesse beeinflusst werden, sind die auftretenden Risikoauswirkungen oft branchen- oder unternehmensspezifisch (Hiete und Merz, 2009).

Typische Beeinträchtigungen durch Risiken in der industriellen Produktion sind in Abbildung 2 dargestellt. Risiken werden in der industriellen Produktion durch die Beeinträchtigung von Produktions- oder Serviceprozessen (z. B. Verwaltung, Dienstleistungen, Hilfsprozesse) wirksam und führen so aufgrund der Unterbrechungen der leistungswirtschaftlichen Prozesse zu ökonomischen und auch ökologischen Schäden.

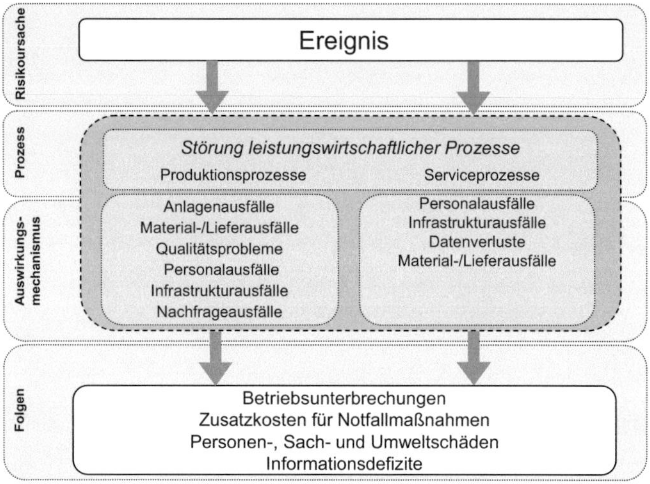

Abbildung 2: Beeinträchtigung der leistungswirtschaftlichen Prozesse durch Risiken

In der industriellen Produktion entstehen Schäden hauptsächlich dadurch, dass benötigte Produktionsfaktoren (z. B. Betriebsmittel, Arbeitsleistung, Werk- und Betriebsstoffe) nicht zur benötigten Zeit und nicht in ausreichendem Umfang zur Verfügung stehen und so Produktionsprozesse zum Erliegen kommen (Antonioni et al., 2009b; Chang und Falit-Baiamonte, 2003). Dies ist beispielsweise dann der Fall, wenn Anlagen beschädigt oder zerstört sind, Mitarbeiter nicht verfügbar sind (z. B. bei Pandemien), oder Roh- und Betriebsstoffe nicht bereitgestellt werden können (z. B. Ausfall von Transportsystemen, Supply Chain Unterbrechungen) (Jüttner, 2005; Chang, 2000; Tierney und Dahlhamer, 1997). Die negativen Effekte der industriellen Risiken kommen also dadurch zustande, dass durch die zu Grunde liegenden Ereignisse sowohl Bestände und Abläufe in einzelnen Unternehmen als auch Warenströme zwischen verschiedenen Unternehmen beschädigt, unterbrochen oder gestört werden (Tierney, 1997) (vgl. Risikoauswirkungen Kap. 3.3).

In Industrieunternehmen kann die Störung der leistungswirtschaftlichen Prozesse zu schwerwiegenden ökonomischen Folgen führen, da durch Betriebsunterbrechungen das eigentliche Ziel wirtschaftlichen Handelns, das Verhältnis von produziertem Output zu eingesetztem Input zu maximieren, nicht erreicht werden kann und aufgrund der auftretenden Störung entweder weniger Output erzeugt wird oder zusätzlicher Input zur Fertigung der normalen Outputmenge sowie zur Durchführung von Notfallmaßnahmen (z. B. Reinigungsarbeiten und Reparaturen) eingesetzt werden muss (Green und van der Veen, 2007). Neben diesen wirtschaftliche Schäden können industrielle Risiken zudem mit ökologischen und gesellschaftlichen Schäden an Umwelt und Mitarbeitern verbunden sein (Merz et al., 2010). Um diese Folgen und damit die auch die Risiken zu reduzieren, spielt das industrielle Risikomanagement, das die Analyse und Bewältigung von Risiken zum Ziel hat, eine wichtige Rolle.

Als Ausgangspunkt für die Analyse industrieller Risiken werden in diesem Kapitel verschiedene Ansätze zur Risikoklassifizierung vorgestellt sowie die in der industriellen Produktion auftretenden Risikoarten und deren Auswirkungen beschrieben. Des Weiteren wird der Prozess des Risikomanagements unter besonderer Berücksichtigung der Phase der Risikobewertung beleuchtet. Neben verschiedenen Methoden zur Schadensquantifizierung wird hierbei besonders auf den Einsatz der Vulnerabilitätsanalyse zur Risikobewertung eingegangen.

3.2 Risikoarten in Industrieunternehmen

Im Rahmen des industriellen Risikomanagements ist es notwendig, die verschiedenen Risiken zu systematisieren, um möglichst alle auf ein Unternehmen einwirkenden Risiken erfassen zu können (Morgan und Henrion, 2000) (vgl. Risikoidentifikation Kap. 3.4.1). Des Weiteren dient eine Abgrenzung einzelner Risikokategorien dazu, Risikobewältigungsmaßnahmen, die genau auf die verschiedenen Risikoarten abgestimmt sind, zu implementieren (Schierenbeck und Lister, 2002; Wittmann, 2000). Im Folgenden werden zur Einordnung der in dieser Arbeit betrachteten Risiken verschiedene in der Literatur beschriebene Klassifizierungsansätze dargestellt, kombiniert und weiterentwickelt.

Die Systematisierung von Unternehmensrisiken erfolgt in der Literatur auf vielfältige Art und Weise. Da die verschiedenen Risikoarten jedoch in enger Wechselwirkung zueinander stehen und sich teilweise auch gegenseitig beeinflussen, ist eine völlig überschneidungsfreie Systematisierung nur schwer möglich (Seifert, 2009).

Zur Systematisierung von Risiken in Industrieunternehmen können verschiedene Abgrenzungskriterien herangezogen werden. Geeignete Kriterien sind die Messbarkeit, Ursache, Auswirkung, Häufigkeit, Höhe oder Versicherbarkeit eines Risikos (Schierenbeck und Lister, 2002; Rogler, 2002; Kremers, 2002). Generell sind bei der Systematisierung von Unternehmensrisiken das Ziel und die Grenzen der jeweiligen Risikobetrachtung zu berücksichtigen (Wolke, 2008).

Im Rahmen des Risikomanagement hat es sich als hilfreich erwiesen, die Ursachen und Auswirkungen eines Risikos als Abgrenzungskriterien zu verwenden, da die verschiedenen Risikoarten dann direkt mit Instrumenten der Risikosteuerung verbunden werden können und so die Ansatzpunkte des Risikomanagements deutlich werden (Mikus, 2001). Eine grobe Gliederung auf Basis der Risikoursache nehmen beispielsweise Heinze und Kullmann und Hoffmann und Neumann vor und unterscheiden zwischen *unternehmensinternen* und *unternehmensexternen* Risiken (Hoffmann und Neumann, 2009; Heinze und Kullmann, 2002). Gleißner und Mikus differenzieren nach *strategischen* und *operativen* Risiken (Mikus, 2001; Gleißner, 2001b). Als Kriterium wird hierbei die zeitliche Perspektive eines Risikos herangezogen (Farny, 1996). Eine weitere Möglichkeit, Risiken zu klassifizieren, ist die Systematisierung in *messbare* und *nicht messbare* (Haller, 1986) oder in versicherbare und nicht versicherbare Risiken (Gleißner, 2001a).

Häufig wird jedoch eine Kategorisierung in *leistungs- und finanzwirtschaftliche Risiken* vorgenommen. (Wolke, 2008; Hölscher, 1999; Kupsch, 1973; Philipp, 1967). Diese Systematisierung hat sich im Bereich des industriellen Risikomanagements durchgesetzt, da sich der ursachenbezogene Kategorisierungsansatz gut zur Identifizierung von Risikominderungsmaßnahmen und zur Feststellung von Verantwortlichkeiten im Rahmen des Risikomanagementprozesses eignet (Kremers, 2002). *Leistungswirtschaftliche* Risiken umfassen hierbei alle Risiken, die mit dem Leistungsprozess eines Unternehmens, der Beschaffung der Produktionsfaktoren und dem Absatz der Produkte verbunden sind und können daher in *Betriebsrisiken (interne und externe)* und *Beschaffungs- und Absatzrisiken*, die häufig auch als *Supply Chain Risiken* bezeichnet werden, untergliedert werden (Rosenkranz und Missler-Behr, 2005; Hölscher, 2002). Finanzwirtschaftliche Risiken resultieren aus der Finanzsphäre eines Unternehmens, die der Unterstützung der eigentlichen Leistungsprozesse dient. Die Finanzrisiken setzen sich aus Marktpreisrisiken, Ausfallrisiken und Liquiditätsrisiken zusammen (Hölscher, 2002; Schierenbeck, 2001). Diese sollen im Folgenden jedoch nicht weitergehend analysiert werden. Eine für die Zielsetzung der Arbeit geeignete Systematisierung der industriellen Risiken ist in Abbildung 3 dargestellt.

Betriebsrisiken werden häufig auch als operationelle Risiken bezeichnet (Wolke, 2008; Fischer, 2007)[2]. Sie umfassen alle Risiken, die aus der Unangemessenheit sowie dem Versagen von Personen, internen Anlagen, Systemen und Prozessen resultieren oder durch externe Ereignisse ausgelöst werden können (Wolke, 2008). Eine weitere Untergliederung in *interne und externe Betriebsrisiken* ist daher nahe liegend. Die weitere Untergliederung dieser beiden Unterkomponenten ist in den beschriebenen Klassifizierungsansätzen meist uneinheitlich (Seifert, 2009). Im Rahmen dieser Arbeit werden zur Gruppe der *internen Betriebsrisiken Sachrisiken, Personenrisiken, Prozessrisiken* und *Systemrisiken* gezählt; die *externen Betriebsrisiken* umfassen Risiken, deren Ursachen außerhalb der Unternehmen liegen, wie beispielsweise *Naturrisiken, Infrastrukturrisiken und Rechtsrisiken.* Aufgrund der vielfältigen internen Ursachen von Betriebsrisiken und der starken Wechselwirkung von *externen Betriebsrisiken* mit den Leistungsprozessen eines Unternehmens sind Betriebsrisiken sowohl branchen- als auch unternehmensspezifisch ausgeprägt.

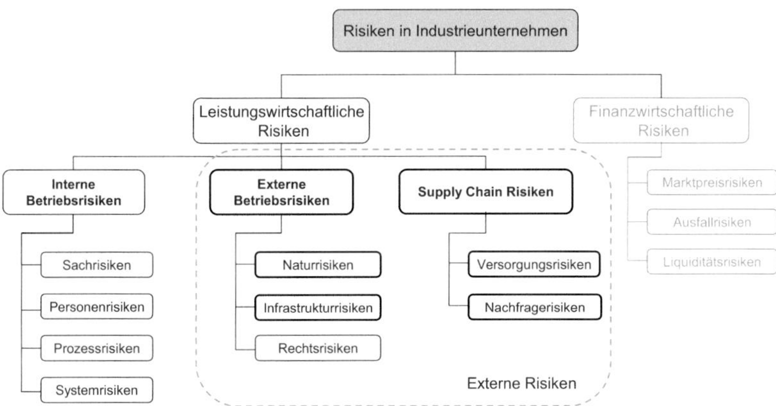

Abbildung 3: Risikoarten in Industrieunternehmen

Risiken, die ihren Ursprung auf der Beschaffungs- beziehungsweise Absatzseite eines Unternehmens haben, werden, wie bereits erwähnt, häufig als *Supply Chain Risiken* bezeichnet. Die Steuerung dieser Risiken gewinnt vor dem Hintergrund einer gestiegenen und weiter steigenden Internationalisierung der Wirt-

---

[2] Die im Rahmen von BASEL II definierten Risikokategorien sind: Marktrisiken, Kreditrisiken, Liquiditätsrisiken, Rechtsrisiken, operationelle Risiken (Chernobai et al., 2007).

schaft und komplexer werdenden Wertschöpfungsnetzen immer mehr an Bedeutung. Supply Chain Risiken können auch in *Versorgungs- und Nachfragerisiken* unterteilt werden, die sich wiederum aus weiteren Unterkategorien wie z. B. den Transport- und den Lagerrisiken, zusammensetzen (vgl. Kap3.3.4).

Tabelle 1 gibt einen Überblick über die im weiteren Verlauf der Arbeit zur Klassifizierung herangezogenen Risikokategorien und ihre Unterkomponenten. Im Folgenden werden die beiden Risikokategorien *externe Betriebsrisiken* (außer Rechtsrisiken) und *Supply Chain Risiken* im Mittelpunkt der Analyse stehen. Diese beiden Risikokategorien können hierzu zur Gruppe der *externen Risiken* zusammengefasst werden (vgl. Abbildung 3).

Externe Risiken stellen einen wichtigen Teil der leistungswirtschaftlichen Risiken dar und sind für das Risikomanagement von besonderem Interesse, da die Ursachen dieser Risiken von Unternehmen nur bedingt gesteuert werden können. Des Weiteren werden diese Risiken häufig in großer räumlicher Ausdehnung wirksam.

Die räumliche Ausdehnung externer Risiken wird zudem durch die ökonomische Verflechtung von Industrieunternehmen verstärkt, da sich die Risikoauswirkungen innerhalb von Wertschöpfungsnetzen über Kaskadeneffekte (auch als Dominoeffekte bezeichnet) von Unternehmen zu Unternehmen fortpflanzen können.

Aufgrund dieser räumlichen Ausdehnung der Risikoauswirkungen ist es zur Bewältigung von externen Risiken in der Industrie notwendig, zusätzlich zum Risikomanagement auf Unternehmensebene auch Präventions- und Bewältigungsmaßnahmen auf übergeordneter (z. B. administrativer) Ebene zu implementieren (Antonioni et al., 2009b; Dastous et al., 2008).

Die verschiedenen *externen Risikoarten* haben sehr ähnliche Auswirkungsmechanismen gemein und stehen häufig in enger Wechselwirkung zueinander. Daher ist es im Rahmen eines integrierten Risikomanagements notwendig, die *externen Risiken* im Rahmen der Risikobewertung gemeinsam und unter Berücksichtigung der existierenden Interdependenzen zu betrachten (vgl. Kap. 3.4.2) (Leitch, 2010). Des Weiteren ist darauf hinzuweisen, dass viele *interne Risiken* (z. B. interne Betriebsrisiken) durch *externe Risiken* ausgelöst werden können, was die Bedeutung der *externen Risiken* zusätzlich unterstreicht.

Tabelle 1: Systematisierung leistungswirtschaftlicher Risiken

Leistungswirtschaftliche Risiken		
	Risikokategorie	**Erläuterung/Risikoursache**
Betriebsrisiken	*Interne Betriebsrisiken*	
	Personenrisiken	- Menschliches Versagen - Personalausfall
	Sachrisiken	- Beeinträchtigung/Beschädigung von Anlagen - Störung von Service- oder Sicherheitseinrichtungen
	Prozessrisiken	- Verlust durch Störung der Geschäftsabläufe
	Systemrisiken	- Ausfall von IT- Systemen (Datensicherheitsrisiken) - Ausfall interner Infrastruktursysteme
	Externe Betriebsrisiken	
	Naturrisiken	- Hochwasser, Sturm, Erdbeben, etc.
	Infrastrukturrisiken	- Ausfall öffentlicher Infrastrukturen z. B. öffentliche. Stromversorgung, Kommunikationsnetze, Wasserversorgungsnetze
	Rechtsrisiken	- Risiken durch Gesetzesänderungen - Bußgelder oder Vertragsstrafen - Schadensersatzansprüche
Supply Chain Risiken	*Versorgungsrisiken*	
	Transportrisiko	- Verluste/Schäden an Produktionsfaktoren beim Transport vom Lieferanten zum Unternehmen
	Lagerrisiko	- Beschädigung der Produktionsfaktoren im Lager
	Lieferrisiko	- Lieferausfall - Liefermängel - Schwankungen der Lieferpreise
	Nachfragerisiken	
	Transportrisiko	- Verluste/Schäden an den Produkten beim Transport vom Unternehmen zum Kunden
	Lagerrisiko	- Beschädigung der Produkte im Lager
	Abnahmerisiko	- Verkaufausfall - Schwankungen in der Verkaufsmenge - Schwankungen im Verkauf

3.3 Auswirkungen externer Risiken auf die Industrie

3.3.1 Allgemeine Auswirkungsmechanismen

Externe Risiken werden in Industrieunternehmen beispielsweise dadurch wirksam, dass ein Ereignis zur Störung von technischen Anlagen, Beschädigung von

Beständen oder Unterbrechung von Betriebsabläufen führt und dies sowohl physikalische als auch ökonomische, ökologische und gesellschaftliche Schäden nach sich zieht (vgl. Kap. 3.1).

Die durch externe Risiken verursachten Schäden lassen sich nach verschiedenen Gesichtspunkten klassifizieren (Messner und Meyer, 2005). Häufig werden die Risikofolgen in *tangible* und *intangible Schäden* untergliedert. Während *tangible Schäden* materielle Schäden umfassen, die monetär erfasst werden können, werden unter dem Begriff *intagible Schäden* immaterielle, meist schwer zu monetarisierende Schäden zusammengefasst (Penning-Rowsell et al., 2003). Sowohl bei *tangiblen* als auch bei *intangiblen* Schäden können *direkte* und *indirekte* Schäden voneinander unterschieden werden (Okuyama, 2007; Messner und Meyer, 2005; Rose und Lim, 2002; Smith und Ward, 1998; Brookshire et al., 1997; Parker et al., 1987). Diese Untergliederung ist sowohl im Bereich der Naturrisikoforschung als auch im Rahmen von ökonomischen Auswirkungsanalysen weit verbreitet, wobei die beiden Begriffe jedoch nicht immer ganz identisch definiert werden und stark vom Blickwinkel der Untersuchung abhängen (Messner und Green, 2007).

Direkte Schäden können als Sachschäden bzw. Bestandsschäden, die direkt durch die physikalische Einwirkung einer Gefährdung entstehen, definiert werden (Messner und Green, 2007; Meyer und Messner, 2006; Green et al., 2000). Hierzu zählen beispielsweise Schäden an Gebäuden, Anlagen, Infrastrukturen und Lagerbeständen (z. B. Roh- und Betriebsstoffe, Fertigprodukte und Halbfertigprodukte). Einige Autoren nehmen eine weitere Untergliederung dieser Schadenkategorie in *primäre direkte Schäden* und *sekundäre direkte Schäden* vor. Erstere werden hierbei direkt von der eigentlichen Gefährdung verursacht, sekundäre Schäden sind einen Kausalschritt weiter vom ursprünglichen Ereignis entfernt und werden durch eine Gefährdung verursacht, die selbst erst durch die ursprüngliche Gefährdung hervorgerufen wurde (z. B. Beeinträchtigung von Mensch und Umwelt durch freigesetzte Gefahrstoffe oder Brandschäden) (vgl. Tabelle 2).

Unterbrechungen bzw. Störungen von Warenströmen werden als *indirekte Schäden* bezeichnet (Messner und Green, 2007; de Bruijn, 2005). Bei indirekten Schäden handelt es sich also nicht um physikalische Effekte eines Risikos, sondern um Auswirkungen der Unterbrechung von physikalischen und ökonomischen Verknüpfungen in Folge physikalischer Schädigung (Penning-Rowsell et al., 2003; NRC, 1999). Den ökonomisch bedeutendsten Anteil an *indirekten Schäden* stellen Betriebsunterbrechungen dar (Tierney, 1994). Betriebsunterbrechungen in direkt vom Risiko betroffenen Unternehmen werden hierbei als *primäre indirekte Schäden* bezeichnet (Smith und Ward, 1998).

Tabelle 2: Direkte Schäden durch externe Risiken

Direkte Schäden
Primäre direkte Schäden
Physische Schäden an Gebäuden
Physische Schäden an Anlagen
Physische Schäden an Werk- und Betriebsstoffen
Physische Schäden an Lagerbeständen (Fertig- und Halbfertigprodukte)
Physikalische Schäden an Infrastruktursystemen
Behinderung/Schädigung des Personals
Sekundäre direkte Schäden
Schäden durch Sekundärgefahren (z. B. Schäden durch Explosion oder Gefahrstofffreisetzung)

Indirekte Schäden sind jedoch nicht nur auf einzelne Unternehmen beschränkt, da sich die ökonomischen Schäden eines Risikos innerhalb der Supply Chain über sogenannte Kaskadeneffekte ausbreiten können (Cochrane, 1997). *Indirekte Schäden* in Unternehmen, die nicht selbst vom ursprünglichen Störungsereignis betroffen sind, werden im Rahmen der vorliegenden Arbeit als *sekundäre indirekte Schäden* bezeichnet. Das Ausmaß der *indirekten Schäden* hängt stark mit der Dauer des auslösenden Ereignisses und dem Zeitpunkt der Wiederherstellung des Normalzustandes zusammen (Webb et al., 2002). Das heißt *indirekte Schäden* fallen umso geringer aus, je schneller die Anlagen und Prozesse, von denen die indirekten Effekte ausgehen, wieder hergestellt sind (Green und van der Veen, 2007; Rose, 2007).

Wie bereits angesprochen, weichen die Definitionen einiger Autoren von der hier beschriebenen Schadensklassifizierung ab. Autoren, deren Fokus ausschließlich auf den ökonomischen Folgen liegt, zählen Betriebsunterbrechungen in dem vom eigentlichen Ereignis direkt betroffenen Unternehmen zu den direkten und nicht zu den indirekten Schäden (Okuyama, 2007; Cochrane, 2004; Rose, 2004a; FEMA, 2003; Brookshire et al., 1997). Tabelle 3 gibt einen Überblick darüber, welche Schadensarten im weiteren Verlauf der Arbeit zu den *indirekten Schäden* gezählt werden.

Tabelle 3: Indirekte Schäden durch externe Risiken

Indirekte Schäden
Primäre indirekte Schäden (betroffenes Unternehmen)
Betriebsunterbrechungen durch direkte Schäden
Kosten für Notfall- und Sanierungsmaßnahmen
Sekundäre indirekte Schäden (Supply Chain/Volkswirtschaft)
Betriebsunterbrechungen durch Supply Chain Unterbrechungen (nicht direkt betroffene Unternehmen)
Preisanstieg (z. B. bei Ressourcenverknappung)
Allgemeiner Nachfragerückgang
Rückgang Investitionen
Verlust von Arbeitsplätzen

Sind mehrere Unternehmen innerhalb einer Region vom ursprünglichen Risiko betroffen, können die *indirekten Schäden* die *direkten Schäden* um ein Vielfaches übersteigen (Kleindorfer und Saad, 2005; Brookshire et al., 1997). Des Weiteren können (besonders bei großräumigen Ereignissen) zusätzliche makroökonomische Effekte, wie z. B. ein allgemeiner Nachfragerückgang, entstehen, die ebenfalls zu den *sekundären indirekten Schäden* gerechnet werden (Rose et al., 2007). Dies verdeutlicht, dass bei räumlich wirkenden Risiken (z. B. Naturrisiken oder Infrastrukturrisiken) zur Ermittlung indirekter Risikoauswirkungen neben mikroökonomischen Auswirkungen auf Ebene der Unternehmen auch Auswirkungsprozesse auf der Meso- (z. B. Sektor) und der Makroebene (z. B. Region oder Nation) berücksichtigt werden müssen (van der Veen und Logtmeijer, 2005; Freeman et al., 2002). Die detaillierten Auswirkungsprozesse, die der kaskadenartigen Fortpflanzung der *indirekten Schäden* zu Grunde liegen, werden im Abschnitt *Auswirkungen von Supply Chain Risiken* (Kap 3.3.4) detaillierter beschrieben.

Die Untersuchung der Auswirkungen von externen Risiken ermöglicht ein vertieftes Verständnis der dem Risiko zu Grunde liegenden Prozesse und dient so im Rahmen dieser Arbeit der Identifizierung von Vulnerabilitätsfaktoren für die Risikobewertung (vgl. Kap. 5.3). Neben diesem Zweck kann die quantitative Erfassung von Risikoauswirkungen auch für weitere Ziele förderlich sein. So können Schadensberechnungen die Grundlage für Kosten-Nutzen-Analysen von Risiko-bewältigungsmaßnahmen darstellen oder zur Ermittlung von Versicherungspolicen oder staatlichen Hilfszahlungen genutzt werden (Messner et al., 2007; NRC, 1999). Zur Schadensermittlung steht eine Vielzahl verschiedener

Methoden zur Verfügung (Cochrane, 2004). Diese werden im Rahmen der Risikobewertung in Kapitel 3.4.3 näher beleuchtet.

Im Folgenden werden die Auswirkungen von Naturkatastrophen, Infrastrukturausfällen, und Supply Chain Unterbrechungen auf Industrieunternehmen beschrieben. Diese Risikoarten wurden ausgewählt, da sie die wichtigste Gruppe der externen Risiken in der industriellen Produktion darstellen, eng miteinander verknüpft sind und sich teilweise auch gegenseitig beeinflussen. Des Weiteren werden diese Risiken künftig an Bedeutung gewinnen, da aufgrund der zunehmenden Globalisierung der Wertschöpfungsnetze, Supply Chain Unterbrechungen und Infrastrukturausfälle – als Folge der steigenden Komplexität der Netze – häufiger auftreten werden (Kleindorfer und Wassenhove, 2004; Benson und Clay, 2003; Amin, 2002). Aufgrund des fortschreitenden Klimawandels ist es zudem wahrscheinlich, dass Unternehmen in der Zukunft häufiger und in größerem Ausmaß von Naturrisiken betroffen sein werden (European Environment Agency, 2004; Karl und Trenberth, 2003).

3.3.2 Auswirkungen von Naturkatastrophen

Der Begriff *Naturkatastrophe* fasst Naturereignisse zusammen, deren Eintreten mit katastrophalen Auswirkungen für Mensch und Umwelt verbunden ist. Naturkatastrophen können durch geophysikalische, meteorologische, hydrologische oder klimatologische Ereignisse hervorgerufen werden. Bei Naturkatastrophen handelt es sich meist um Ereignisse mit geringer Eintrittswahrscheinlichkeit, die jedoch ökonomische, ökologische oder gesellschaftliche Schäden von hohem Ausmaß hervorrufen können (WBGU, 2000). Betrachtet man die durch große Naturkatastrophen verursachten weltweiten Gesamtschäden (vgl. Abbildung 4), ist zu erkennen, dass diese in den vergangenen Jahren stark angestiegen sind (Münchner Rückversicherungs-Gesellschaft, 2009).

Der Anstieg der Gesamtschäden ist durch zwei parallele Entwicklungen zu erklären. Zum einen hat die Anzahl, besonders von klimatologischen und meteorologischen Extremereignissen, in den vergangenen Jahren zugenommen (vgl. Abbildung 5). Zum anderen sind aber auch sowohl die Vulnerabilität als auch der Wert der in den gefährdeten Gebieten angesiedelten Elemente angestiegen (NRC, 2008; Cutter und Emrich, 2005; Hall et al., 2003; Hall und Meadowcroft, 2003; Parker et al., 1987). Bezüglich der Anzahl und Intensität der Extremwetterereignisse muss in einigen Regionen künftig in Folge des Klimawandels mit einer weiteren Verstärkung gerechnet werden (European Environment Agency, 2004).

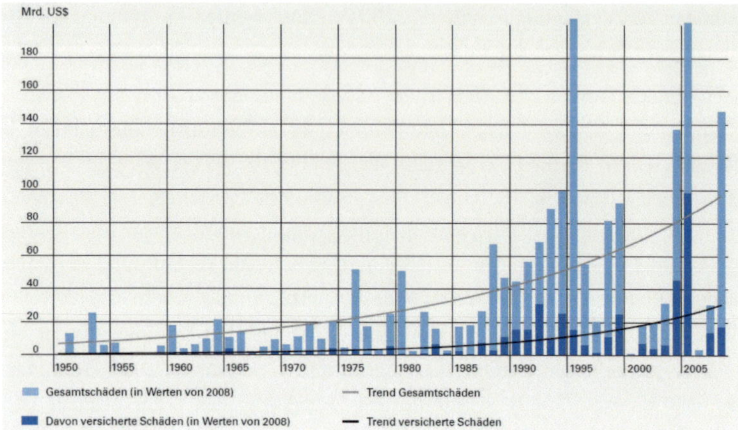

Abbildung 4: Gesamtschäden und versicherte Schäden (alle Werte auf heutige Werte hochgerechnet) der großen Naturkatastrophen 1950–2008 (Münchner Rück, 2009)

Die Bewältigung von Naturkatastrophen stellt eine besondere Herausforderung dar, da meist große Gebiete betroffen sind und die Ereignisse vielfältige Folgen, welche sich häufig gegenseitig beeinflussen, nach sich ziehen (Green et al., 2000). Naturkatastrophen verursachen nicht nur Schäden an Personen oder Wohngebäuden, sondern führen auch in Industrieunternehmen und Infrastrukturen zu negativen Effekten. Da es sich aus Unternehmenssicht bei Naturrisiken um ein externes Betriebsrisiko handelt, ist die Eintrittswahrscheinlichkeit der Gefährdung nicht beeinflussbar, und eine Reduzierung des Risikos kann nur über eine Reduktion des Schadenspotenzials und der Vulnerabilität erreicht werden (Seifert, 2009).

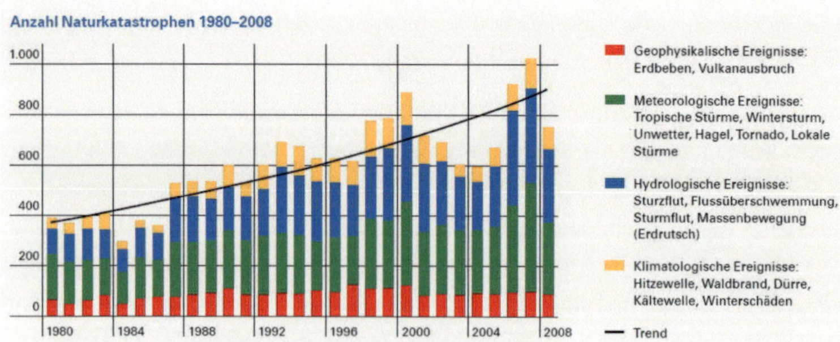

Abbildung 5: Anzahl der Naturkatastrophen, 1980-2008 (Münchner Rück, 2009)

Naturgefahren können in der industriellen Produktion sowohl *direkte* als auch *indirekte Schäden* hervorrufen (Meyer, 2005; EMA, 2002; Dahlhammer und

Tierney, 1996). Die verursachten Schäden können sowohl negative ökonomische, ökologische als auch soziale Folgen nach sich ziehen. Die Auswirkungen von Naturgefahren in der Industrie laufen häufig nach sehr ähnlichen Mechanismen ab. Das Ausmaß, in dem die einzelnen Schadenskomponenten wirksam werden, hängt jedoch von der Art der Naturgefahr und den Eigenschaften des betroffenen Unternehmens ab (Tierney, 1994). Abbildung 6 gibt einen Überblick über die typischen Auswirkungen von Naturgefahren auf Industrieunternehmen.

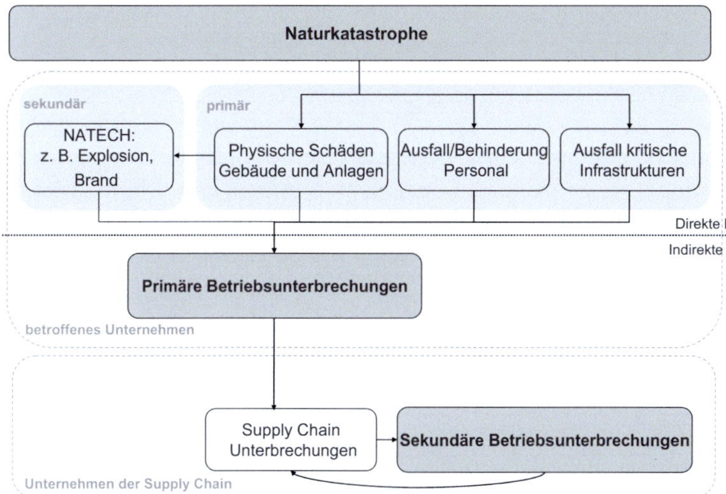

Abbildung 6: Auswirkungen von Naturkatastrophen auf die industrielle Produktion

Im Bereich der *direkten Schäden* durch Naturkatastrophen fallen in Industrieunternehmen vor allem Sachschäden und Infrastrukturschäden, die durch die physikalische Einwirkung des Ereignisses entstehen, ins Gewicht (FEMA, 2003). Sachschäden umfassen sowohl strukturelle Schäden (Gebäudehülle) als auch nicht-strukturelle Schäden (Fenster, Aufzüge, etc.) am Gebäude, Schäden an Anlagen (inkl. Prozessteuerung und Überwachung) und Einrichtungsgegenständen sowie Schäden an gelagerten oder im Produktionsprozess befindlichen Ausgangsmaterialien, Betriebsmitteln, Halbfertigprodukten und Produkten (Geldermann et al., 2008).

Das Ausmaß der Sachschäden an Gebäuden, Produktionsgütern (Anlagen, Input) und Lagerbeständen wird nicht nur von der Art und Intensität einer Gefährdung, sondern auch maßgeblich von deren struktureller Empfindlichkeit bestimmt (Merz et al., 2007a). Da die Empfindlichkeit von technischen Eigenschaften wie beispielsweise der Bauart der Anlage, dem Baumaterial oder der Konstruktionsart abhängt, muss das Ausmaß der direkten Schäden als unternehmens- bzw. sektorspezifisch betrachtet werden (Karimi et al., 2005).

Die Empfindlichkeit von Industrieanlagen und Gebäuden kann über Schadensfunktionen ermittelt werden. Diese Schadensfunktionen (auch Fragilitätskurven genannt) geben die Wahrscheinlichkeitsverteilung des Schadens eines Objektes in Abgängigkeit eines Einwirkungsparameters der Naturgefahr (z. B. Überflutungshöhe, Windgeschwindigkeit) an (Dutta et al., 2001; Bendimerad, 2001b; Kircher et al., 1997). Schadensfunktionen können sowohl in absoluter als auch in relativer Form dargestellt sein. Während absolute Schadensfunktionen den Einwirkungsparameter direkt mit einem monetären Schadenswert verknüpfen, zeigen relative Schadensfunktionen nur den Schadensgrad eines Objektes an. Soll aus relativen Schadensfunktionen eine monetäre Schadensgröße berechnet werden, muss zudem der monetäre Gesamtwert der Anlage bzw. des Gebäudes ermittelt werden (Grünthal et al., 2006; Reese et al., 2003). Zur Ermittlung von Anlagenwerten in der Industrie steht derzeit keine standardisierte Methode zur Verfügung (Dutta et al., 2001). Die industriellen Anlagenwerte werden derzeit meist auf makroökonomischer Ebene über Top-Down-Ansätze (z. B. aus dem Bruttoanlagenvermögen) ermittelt (Seifert et al., 2009; Messner et al., 2007). Da der Wert einer Anlage aber maßgeblich vom Anlagentyp und der Produktionskapazität bestimmt wird (Geldermann und Rentz, 2004), sollten zur Wertermittlung verstärkt Bottom-Up-Ansätze verfolgt werden (Geldermann et al., 2008).

Da extreme Naturereignisse häufig zu Schäden an internen oder öffentlichen Infrastruktursystemen führen, stehen Naturrisiken in sehr enger Verbindung zu Infrastrukturrisiken (Chang und Falit-Baiamonte, 2003). Die genauen Auswirkungen von Infrastrukturausfällen auf die industrielle Produktion werden in Kapitel 3.3.3 ausführlich erörtert. Generell kann hierbei davon ausgegangen werden, dass die Auswirkungen von Naturkatastrophen durch Infrastrukturausfälle räumlich ausgedehnt und zeitlich verlängert werden (Chang et al., 2007; Runyan, 2006).

Eine weitere direkte Auswirkung von Naturgefahren besteht darin, dass Arbeitskräfte nicht im benötigten Umfang zur Verfügung stehen, weil diese beispielsweise selbst vom Ereignis betroffen sind oder aufgrund unterbrochener Transportinfrastrukturen nicht zum Arbeitsplatz gelangen können (Rose et al., 1997; Tierney und Dahlhamer, 1997).

In einigen Branchen können durch Naturkatastrophen neben diesen primären direkten Effekten auch sekundäre direkte Schäden entstehen (Cruz und Okada, 2008b; Smith und Ward, 1998). Hierzu zählen beispielsweise Schäden, die durch

Störfälle (z. B. Gefahrstofffreisetzung, Explosionen etc.) entstehen, welche selbst von einer Naturkatastrophe verursacht wurden (Salzano et al., 2009). Diese sogenannten NATECH-Ereignisse (*Natural Hazard-Triggered Technological Disaster*) sind zwar relativ selten, können aber schwerwiegende ökonomische und ökologische Folgen haben (Antonioni et al., 2009a; Cruz und Okada, 2008a).

Die beschriebenen direkten Effekte auf Produktionsgüter, Gebäude und Infrastrukturen können zudem zu *indirekten Schäden*, sowohl in den direkt vom Ereignis betroffenen als auch in den über die Supply Chain verbundenen Unternehmen führen, (FEMA, 2003; Freeman et al., 2002). Zu den *indirekten Schäden* zählen neben primären und sekundären Betriebsunterbrechungen Sanierungskosten, zusätzliche Personalkosten und Umverlegungskosten (Messner et al., 2007; Green et al., 2000). Ausschlaggebend für das Ausmaß der *indirekten Schäden* ist neben der zeitlichen Dauer der von der Naturkatastrophe ausgehenden Störung und der räumlichen Ausdehnung des Ereignisses besonders die Störungsanfälligkeit der Betriebsprozesse (Cochrane, 2004). Diese wird sowohl durch Abhängigkeiten von den verschiedenen Produktionsfaktoren als auch durch Abhängigkeiten von Infrastruktursystemen bestimmt (Chang et al., 2007).

Aufgrund der häufig relativ großen räumlichen Ausdehnung von Naturkatastrophen können hier die *indirekten Schäden* das Ausmaß der *direkten Schäden* um ein Vielfaches überschreiten und sind daher von besonderer Bedeutung (Green und van der Veen, 2007; Erdik und Durukal, 2003; IKSR, 2001). Besonders starke *indirekte Effekte* werden durch Naturkatastrophen auch dann hervorgerufen, wenn kritische Unternehmen, die räumlich zentralisiert angesiedelt und für die Zulieferung vieler nachgelagerter Unternehmen zuständig sind, beschädigt oder zerstört werden (van der Veen und Logtmeijer, 2005). Die Ausbreitung von *indirekten Schäden* (z. B. Betriebsunterbrechungen) über Kaskadeneffekte verdeutlichen die zwischen den Naturrisiken und Supply Chain Risiken existierenden Abhängigkeiten und Wechselwirkungen (Merz et al., 2007a). Die bei der Fortpflanzung von Betriebsunterbrechungen ablaufenden Prozesse werden in Kapitel 3.3.4 detaillierter erläutert.

Neben den beschriebenen mikroökonomischen Folgen sind Naturkatastrophen auch mit makroökonomischen Folgen in der betroffenen Region selbst und in den mit ihr verknüpften Gebieten verbunden (Rose, 2009). Hierzu zählen beispielsweise der allgemeine Nachfragerückgang durch Kunden aufgrund ihrer eigenen Betroffenheit, der Rückgang von Investitionen (da Finanzmittel zum Wiederaufbau verwendet werden müssen) sowie ein allgemeiner Rückgang der

Produktivität aufgrund beschädigter Anlagen oder dem anderweitigen Einsatz der Arbeitskräfte (z. B. für Aufräumarbeiten) (Rose et al., 2007). Nach Okuyama können Naturkatastrophen auf makroökonomischer Ebene jedoch auch zu Gewinnen führen (Okuyama, 2007). Dies ist zum Beispiel dann der Fall, wenn eine Region davon profitieren kann, dass Leistungen von Firmen einer geschädigten Region übernommen werden (van der Veen et al., 2003). Ebenso können einige Sektoren durch Naturkatastrophen stimuliert werden. Dies trifft beispielsweise auf die Bauindustrie zu, für die Naturkatastrophen aufgrund der nachfolgenden Wiederaufbauarbeiten mit erhöhten Auftragseingängen verbunden sind (Tierney, 1997). Einige Autoren gehen sogar davon aus, dass sich die negativen und positiven Effekte von Naturkatastrophen bei räumlich und zeitlich ausgedehnter Betrachtung ausgleichen (Okuyama, 2009; Rose et al., 2007; Cochrane, 2004). Hier muss allerdings berücksichtigt werden, dass es sich bei den Gewinnern und Verlierern um verschiedene Unternehmen handelt und daher die Gesamtauswirkungen nicht als Null angenommen werden sollten (van der Veen et al., 2003). Im Rahmen dieser Arbeit sollen die beschriebenen makroökonomischen Effekte sowie die positiven Effekte von Naturkatastrophen jedoch nicht im Mittelpunkt stehen.

3.3.3 Auswirkungen von Infrastrukturausfällen

Viele externe Risiken (z. B. Naturrisiken, Terrorrisiken) stehen in enger Verbindung zu Infrastrukturrisiken (z. B. Stromausfälle, Unterbrechung der Wasserversorgung) (Dahlhammer und Tierney, 1996). Da das unterbrechungsfreie Funktionieren verschiedener Infrastruktursysteme für den ungestörten Ablauf von Produktions- und Verwaltungsprozessen in Industrieunternehmen essenziell ist (Oh et al., 2010; Chang et al., 2007), werden die Infrastruktursysteme, deren Ausfall oder Störung schwerwiegende ökonomische, technische, ökologische oder soziale Folgen nach sich ziehen können, als *kritische Infrastrukturen* bezeichnet (Kommission der Europäischen Gemeinschaft, 2005; Mendonca et al., 2004; Moteff und Parfomak, 2004). Für Industrieunternehmen können folgende Infrastrukturen als kritisch eingestuft werden (Murray und Grubesic, 2007):

- Energieversorgung (Strom- und Gasversorgung)
- Transportsysteme
- Informations- und Kommunikationssysteme
- Wasserversorgung
- Abwasserentsorgung

- Banken- und Finanzsysteme
- Behörden/Verwaltung
- Sonstige (z. B. Rohstoffindustrie, Rettungsdienste)

Die verschiedenen Infrastruktursysteme sind für die industrielle Produktion von unterschiedlicher Bedeutung. Da die Abhängigkeit von den verschiedenen Infrastrukturen stark von der Art der hergestellten Produkte und den Produktionsprozessen bestimmt wird, ist die Bedeutung der kritischen Infrastrukturen von Sektor zu Sektor unterschiedlich (Merz et al., 2009). Eine hohe Versorgungssicherheit im Bereich der Transportsysteme, der Stromversorgung und der Wasserversorgung ist jedoch für nahezu alle Unternehmen des produzierenden Gewerbes eine wichtige Voraussetzung (Hiete et al., 2010b; Enke et al., 2008; Mili et al., 2004; de Nooij et al., 2003; Chang et al., 2002; Boarnet, 1996). Des Weitern nimmt die Bedeutung von IT- und Kommunikationsnetzen in global vernetzten Werteschöpfungsnetzen mehr und mehr zu (Oh et al., 2010; Conrad et al., 2006; Stamp et al., 2003). Tabelle 4 gibt eine Übersicht über die Bedeutung verschiedener Infrastrukturen für die industrielle Produktion.

Aufgrund der meist weiträumigen Verteilung und der komplexen Vernetzung der Infrastrukturelemente sind Infrastrukturen vulnerabel gegenüber einer Vielzahl verschiedener Risiken (Hellström, 2007; Brown et al., 2005; Gheorghe und Vamanu, 2004a). Die komplexe Struktur der Infrastruktursysteme begünstigt zudem die Fortpflanzung von Störungen über Kaskadeneffekte, so dass sich Störungen, je nach Komplexität und Struktur des Systems, sehr schnell über große Gebiete hin ausdehnen können (Robert et al., 2008; Schmitz, 2004; Gheorghe und Vamanu, 2004a). Infrastrukturausfälle können verschiedene Ursachen haben. Hierzu zählen neben technischem und menschlichem Versagen meist Naturgefahren, Sabotage oder terroristische Angriffe (Hiete et al., 2010b; Kommission der Europäischen Gemeinschaft, 2005). Ob es durch die Störung zu einer vollständigen Unterbrechung der Infrastruktur (z. B. Stromausfall) oder nur zu einer Beeinträchtigung/Reduzierung der Leistung kommt, ist von Infrastruktur zu Infrastruktur verschieden (Rose et al., 2007; Luiijf und Klaver, 2006). Das Ausmaß der Schädigung der Infrastrukturelemente und die Dauer einer Unterbrechung hängen neben der Art des verursachenden Ereignisses (Tierney, 1994) von verschiedenen technischen und nicht-technischen Vulnerabilitätsfaktoren der jeweiligen Infrastruktur ab (Holmgren, 2007; Moteff, 2005; Farrell et al., 2004).

Tabelle 4: Abhängigkeit verschiedener Unternehmensfunktionen von kritischen Infrastrukturen (Merz et al., 2009)

Kritische Infrastruktur	**Abhängige Unternehmensfunktion**
Stromversorgung	Produktionsanlagen Steuerungs- und Kontrolleinrichtungen Service Einrichtungen Andere Infrastrukturen Verwaltung Management
Transportsysteme	Lieferung Rohstoffe Lieferung Fertigteile Lieferung Betriebsstoffe Vertrieb/Auslieferung Produkte Anfahrt Mitarbeiter
Informations- und Kommunikationssysteme	Prozesssteuerung und -kontrolle Datenmanagement Verwaltungsprozesse (z. B. Personal, Controlling) Interne und externe Kommunikation Vertrieb Beschaffung
Wasserversorgung	Prozesswasser Kühlwasser Reinigungsprozesse Sanitäranlagen/Küche
Abwasserentsorgung	Reinigung Prozesswasser Reinigung Regenwasserabfluss Reinigung Nutzwasser (z. B. aus Sanitäranlagen)
Banken- und Finanzsysteme	Zahlungsvorgänge
Behörden/Verwaltung	Genehmigungsverfahren Patente
Sonstige	Notfallversorgung Mitarbeiter (z. B. Rettungsdienste)

Zwischen den verschiedenen Infrastrukturen existieren ausgeprägte Interdependenzen, die dazu führen, dass sich Störungen innerhalb eines Systems (z. B. in der Stromversorgung) sehr schnell auf andere Systeme auswirken können (Zhang et al., 2008; Pederson et al., 2006; Robert, 2004; Little, 2002; Rinaldi et al., 2001) und so Industrieunternehmen im Falle der Unterbrechung eines Infrastruktursystems sehr schnell von multiplen Infrastrukturausfällen betroffen sein können (Boin und McConell, 2007). Da nahezu alle kritischen Infrastrukturen von einer funktionierenden Stromversorgung abhängen, kommt der Stromversorgung eine besondere Bedeutung zu (Hiete et al., 2010b; Merz et al., 2007b).

Ähnlich wie extreme Naturereignisse können Unterbrechungen kritischer Infrastrukturen sowohl direkte als auch indirekte Folgen für Industrieunternehmen haben (Chang et al., 2001) (vgl. Tabelle 5).

Tabelle 5: Klassifizierung von Schäden durch Infrastrukturausfälle

Direkte Schäden	Indirekte Schäden
Primär	**Primär (Unternehmen)**
Schäden an Anlagen Schäden an gelagerten Materialien Schäden an gelagerten Produkten Schäden an Halbfertigprodukten Ausfall anderer Infrastrukturen	Betriebsunterbrechungen durch direkte Schäden (in direkt betroffenen Unternehmen) Kosten durch Reinigungs- und Sanierungsmaßnahmen Wiederanfahrkosten
Sekundär	**Sekundär (Supply Chain, Volkswirtschaft)**
Schäden durch Sekundärgefahren/ Störfälle (z. B Gefahrstofffreisetzung)	Betriebsunterbrechungen durch Supply Chain Unterbrechungen Allgemeine volkswirtschaftliche Effekte

Abbildung 7 gibt einen Überblick über die typischen Auswirkungsmechanismen, die z. B. bei Ausfällen der Strom- oder der Wasserversorgung wirksam werden. Zu den *direkten Schäden* durch Infrastrukturausfälle zählen (physische) Schäden an Anlagen, Materialien und Produkten sowie die Unterbrechung anderer Infrastrukturen innerhalb des Unternehmens (Rose et al., 2007). Schäden an Anlagen können beispielsweise durch einen plötzlichen Spannungsabfall bei einer Unterbrechung der Stromversorgung oder durch austretendes Wasser bei einer Störung der Wasserversorgung auftreten. Schäden an Inputmaterialien können z. B. durch ausgefallene Kühlsysteme, verlängerte Transportzeiten oder ungeplante Aushärtungsprozesse (bei Stromausfall oder Wassermangel) verursacht werden. Neben diesen *primären direkten* Folgen können beim Ausfall kritischer Infrastrukturen auch *sekundäre direkte Schäden* auftreten (nicht in Abbildung 7 dargestellt). So kam es in der Vergangenheit beispielsweise vor allem in der chemischen Industrie zu Störfällen, die durch Stromausfälle ausgelöst wurden (NRC, 2008; Chang et al., 2007).

Das Ausmaß der direkten Schäden wird sowohl durch eine räumliche als auch eine technische Dimension bestimmt (Parfomak, 2007; Moteff, 2005). Unter räumlichen Aspekten ist zu bedenken, ob sich ein Industrieunternehmen in einem vom Infrastrukturausfall betroffenen Gebiet befindet. Die technische Dimension spiegelt wider, wie empfindlich Anlagen, Materialien und Infrastruktursysteme gegenüber den durch den Ausfall geänderten Bedingungen sind (z. B. Spannungsschwankung, Temperaturänderung, Wassereintritt) (Hellström, 2007).

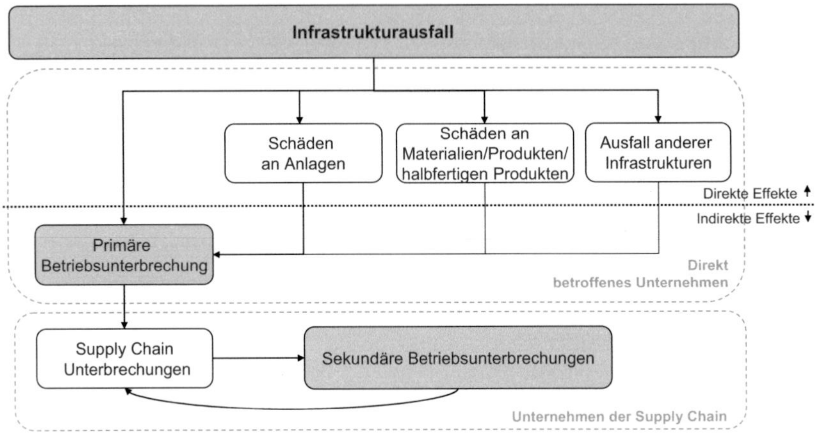

Abbildung 7: Auswirkungen von Infrastrukturausfällen auf die industrielle Produktion

Im Vergleich zu den beschriebenen direkten Schäden sind bei Infrastrukturausfällen jedoch meist die indirekten Schäden von größerer Bedeutung (Chang et al., 2001). Hierzu zählen Betriebsunterbrechungen im direkt vom Infrastrukturausfall betroffenen Unternehmen, Kosten für Sanierungsmaßnahmen direkter Schäden sowie die Wiederanfahrkosten (Chang et al., 2001). Die primären Betriebsunterbrechungen pflanzen sich zudem über vorwärts und rückwärts gerichtete ökonomische und physische Verknüpfungen innerhalb der Supply Chain in andere Unternehmen, die selbst nicht vom Infrastrukturausfall betroffen sind, fort und erzeugen so sekundäre indirekte Schäden (sekundäre Betriebsunterbrechungen) (Rose und Liao, 2005; Tierney und Dahlhammer, 1995) (vgl. Kap. 3.3.4).

Das Ausmaß der indirekten Schäden hängt besonders von zeitlichen und funktionellen Aspekten ab. (Chang et al., 2002). Daher spielt die Zeit, die zur Instandsetzung der Infrastrukturelemente und zur Wiederherstellung der Funktion des Infrastruktursystems benötigt wird (*restoration time*), eine entscheidende Rolle (O'Rourke, 2007; Chang et al., 2007). Die Wiederherstellungszeit verschiedener Infrastrukturen ist sehr unterschiedlich und wird zudem von der Art des auslösenden Ereignisses bestimmt (Boin und McConell, 2007). Während punktuelle Störungen meist nach einigen Stunden bzw. Tagen wieder behoben werden können, können großflächige Störungen, bei denen eine große Anzahl von Infrastrukturelementen betroffen ist, zu länger andauernden Unterbrechungen führen

(O'Rourke, 2007). Der funktionelle Aspekt, der für das Ausmaß der Auswirkungen von Infrastrukturausfällen eine Rolle spielt, spiegelt wieder, wie stark die Prozesse eines Unternehmens von den verschiedenen Infrastrukturen abhängen (Chang et al., 1996). Die Fähigkeit eines Systems, ablaufende Prozesse trotz eines Infrastrukturausfalls aufrecht zu erhalten, kann zur Resilienz eines Systems gezählt werden und hat maßgeblichen Einfluss auf das Schadensausmaß eines Ausfallereignisses (Boin und McConell, 2007; Rose, 2007). Die Resilienz eines Industrieunternehmens hängt von der Art des Produktionsprozesses und von den durchgeführten Vorsorgemaßnahmen ab und ist daher sowohl unternehmens- als auch sektorspezifisch (Boin und McConell, 2007; Tierney, 1994). Maßnahmen, die die Resilienz eines Unternehmens erhöhen, sind beispielsweise die Vorhaltung redundanter Versorgungssysteme (z.B. Notstromaggregate, Notbrunnen), die Erfassung von Substitutionsmöglichkeiten und Einsparpotenzialen, die Möglichkeit zur Neuterminierung von Produktionschargen sowie die Vorhaltung von Lagerbeständen kritischer Teile (Hiete et al., 2010b; Rose et al., 2007). Die Quantifizierung der Resilienz eines Systems kann über sogenannte (infrastrukturspezifische) *Resilienzfaktoren* oder *Abhängigkeitsfaktoren* erfolgen. Resilienzfaktoren geben an, welcher Anteil des normalen Outputs bei einer vollständigen Unterbrechung eines Infrastruktursystems noch hergestellt werden kann (Rose et al., 1997). Abhängigkeitsfaktoren stellen den Gegenwert hierzu dar und geben an, um wie viel Prozent der Output bei einer 1%-igen Reduktion der Infrastrukturleistung reduziert wird (ATC, 2002; Chang et al., 2002). Ein Resilienzfaktor von 0,1 zeigt beispielsweise an, dass bei einem Totalausfall der Stromversorgung noch 10 % des normalen Outputs erstellt werden können (Rose et al., 1997).

3.3.4 Auswirkungen von Supply Chain Unterbrechungen

Wie bereits erläutert können Naturkatastrophen, Infrastrukturausfälle oder interne Betriebsrisiken (z. B. Personenrisiken, Rechtsrisiken) und finanzwirtschaftliche Risiken (z. B. Unternehmensinsolvenzen) dazu führen, dass Informations-, Material-, und Produktströme innerhalb von Wertschöpfungsnetzen unterbrochen werden (Olson und Wu, 2010; Narasimham und Talluri, 2009). Durch diese sogenannten Supply Chain Unterbrechungen kann in den betroffenen Unternehmen eine Diskrepanz zwischen Angebot und Nachfrage entstehen (Jüttner et al., 2003). Die Unterbrechung von Supply Chain Flüssen führt so zu einer kaskadenartigen Fortpflanzung von (primären) Betriebsunterbrechungen innerhalb von vernetzten Supply Chains, wodurch die Risikoauswirkungen von externen und internen Risiken sowohl räumlich als auch zeitlich beträchtlich ausgedehnt werden können (Knemeyer et al., 2009). Verschiedene Ereignisse in der jüngeren Vergangenheit, wie beispielsweise der Ausbruch des Vulkans Eyjafjallajökull, die großflächigen Stromausfälle in den USA 2003 oder die Anschläge auf das World Trade Center 2001, haben gezeigt, dass über indirekte Effekte in global vernetzten Supply Chains die ökonomischen Risikoauswirkungen maßgeblich erhöht werden können und es auch in Unternehmen in großer Entfernung von der eigentlichen Risikoquelle zu Schäden kommen kann (Reuters, 2010; Kleindorfer und Saad, 2005; Zsidisin et al., 2005b; Mendonca et al., 2004).

Gemäß der *Normal Accident Theory* von Perrow kommt es in komplexen und eng miteinander verbundenen Systemen schneller und häufiger zu Störungen, so dass davon ausgegangen werden kann, dass komplexere Wertschöpfungsnetze häufiger und stärker von Supply Chain Unterbrechungen betroffen sind (Bozarth et al., 2009; Engelhardt-Nowitzki und Zsiffkovits, 2006; Perrow, 1999).

Die Komplexität der Wertschöpfungsnetze in der industriellen Produktion und damit auch deren Vulnerabilität gegenüber Unterbrechungen haben in den letzten Jahren stark zugenommen (Christopher und Peck, 2004b; Harland et al., 2003). Die Hauptgründe hierfür sind in der verstärkten Tendenz zum Outsourcing und der zunehmenden Globalisierung der Wertschöpfungsnetze zu sehen (Peck, 2007; Jüttner, 2005; Hallikas et al., 2004; Christopher und Peck, 2004a; Hallikas et al., 2002). Die anhaltende Konzentration der Unternehmen auf Kernkompetenzen und der globale Bezug von Wertschöpfungsanteilen führen so auf der einen Seite zu einem Anstieg der Anzahl der an einem Wertschöpfungsnetz beteiligten Unternehmen und auf der anderen Seite zu einer Vergrößerung der Distanzen. Dieses hat häufig eine erschwerte Überwachung der Lieferanten, eine eingeschränkte Sichtbarkeit von Nachfrageänderungen, komplexere logistische Prozesse (lange Transportzeiten und häufiger Verkehrsträgerwechsel), sowie eine insgesamt eingeschränkte Flexibilität zur Folge (Kersten und Hohrath, 2007; Wagner und Bode, 2006).

Neben der Komplexität haben im Zuge der Einführung von Strategien zur Reduzierung von Beschaffungskosten aber auch die Abhängigkeiten der einzelnen Unternehmen untereinander zugenommen. So führt besonders die „Verschlankung“ von Wertschöpfungsnetzen zu einer erhöhten Anfälligkeit der Industrieunternehmen gegenüber Unterbrechungen, da durch den Abbau von Sicherheitsbeständen, Zeit- und Kapazitätspuffern die Flexibilität reduziert und die Reaktionsfähigkeit bei Störungen eingeschränkt wird (Harland et al., 2003). Zudem können Strategien zur Effizienzsteigerung in Supply Chains wie z. B. Single Sourcing oder die Zentralisierung von Distribution und Produktion zu einer erhöhten Risikoanfälligkeit der Wertschöpfungsnetze führen (Tang, 2006; Jüttner et al., 2003).

3.3.4.1 Supply Chain Risiken als Teil der externen Risiken

In der Literatur werden alle Risiken, die zu einer Störung oder Unterbrechung des Material-, und Informationsflusses innerhalb einer Supply Chain führen, unter dem Begriff *Supply Chain Risiken* zusammengefasst (Christopher, 2005; Zsidisin, 2003). Die *Supply Chain Risiken* können nach verschiedenen Gesichtspunkten klassifiziert werden. Während Harland et al. quantitative und qualitative Supply Chain Risiken unterscheiden und Cavinato Material-, Informations- und Finanzrisiken innerhalb von Supply Chains getrennt voneinander betrachtet (Cavinato, 2004; Harland et al., 2003), werden *Supply Chain Risiken* auch sehr häufig gemäß der Position der Risikoquelle relativ zum Wertschöpfungsnetz kategorisiert (Bogantaj und Bogantaj, 2007; Ziegenbein, 2007; Pfohl, 2002). So unterscheiden beispielsweise Christopher und Peck *Versorgungs-, Nachfrage-, Prozess-* und *Steuerungsrisiken*, während sowohl Wagner und Bode als auch Kleindorfer und Wassenhove *Versorgungs-, Nachfrage-* und *katastrophenbedingte Risiken* (z. B. Streik, Naturkatastrophen, Infrastrukturausfälle, Terroranschläge) unterscheiden (Wagner und Bode, 2006; Kleindorfer und Wassenhove, 2004; Christopher und Peck, 2004b). All diesen Kategorisierungsansätzen ist gemeinsam, dass sich die über die Supply Chain wirksam werdenden Risiken für die einzelnen Unternehmen des Wertschöpfungsnetzs in *Versorgungs- und Nachfragerisiken* manifestieren und diese in einem engen Zusammenhang zu anderen Unternehmensrisiken, die zur Unterbrechung oder Störung der Betriebsabläufe im einzelnen Unternehmen führen können (z. B. Naturrisiken, Infrastrukturrisiken oder interne Betriebsrisiken), stehen (Kersten und Hohrath, 2007). Zu den *Versorgungsrisiken* zählen hierbei Lieferausfallrisiken, Qualitätsrisiken, Transportrisiken, Lagerrisiken sowie Lieferpreisrisiken. Auf Seite der *Nachfragerisiken* können Industrieunternehmen von Transport- und Lagerrisiken sowie von Nachfrageschwankungen (inkl. Verkaufsausfallrisiken) und Verkaufspreisrisiken betroffen sein (Tang, 2006).

Um die Konsistenz zwischen der Klassifizierung von leistungswirtschaftlichen Risiken in Kap. 3.2 und der in der Literatur üblichen Klassifizierung von *Supply Chain Risiken* zu gewährleisten, werden im Rahmen der vorliegenden Arbeit *Supply Chain Risiken* im engeren Sinne als *Versorgungs- und Nachfragerisiken* definiert. Da die Risikoarten in einem engen Zusammenhang zu internen und externen Betriebsrisiken stehen und häufig von diesen ausgelöst werden, müssen auch bei der Analyse der operativen Risiken potenzielle Supply Chain Unterbrechungen mit berücksichtigt werden. Abbildung 8 verdeutlicht die Definition der verschiedenen Risikokategorien und stellt die Zusammenhänge zwischen *Supply Chain Risiken* und *internen bzw. externen Betriebsrisiken* dar. Im Rahmen der vorliegenden Arbeit werden, wie bereits bei der Kategorisierung der industriellen Risiken beschrieben, die Risikokategorien *externe Betriebsrisiken* (Naturrisiken und Infrastrukturrisiken) und *Supply Chain Risiken* (Versorgungs- und Nachfragerisiken) als *externe Risiken* bezeichnet.

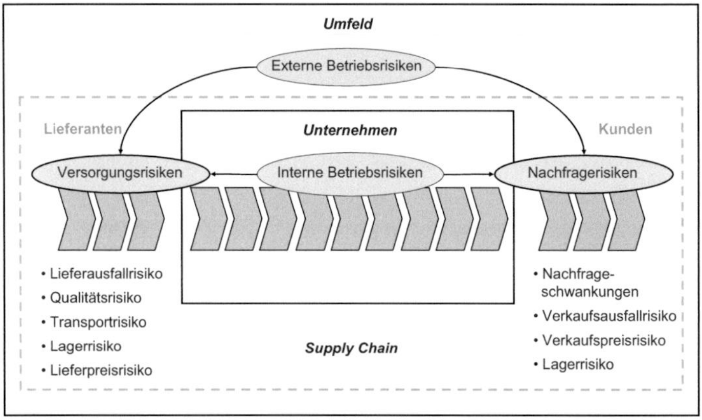

Abbildung 8: Zusammenhänge zwischen Betriebs- und Supply Chain Risiken (nach Kersten und Hohrath, 2007), verändert

3.3.4.2 Auswirkungsmechanismen von externen Risiken innerhalb der Supply Chain

Die Auswirkungen von Versorgungs- und Nachfragerisiken (z. B. Lieferausfälle, Qualitätsmängel, Nachfragerückgang etc.) führen innerhalb von Wertschöpfungsnetzen sowohl materialflussaufwärts als auch materialflussabwärts zur Ausbreitung von Schäden (Haaren, 2008; FEMA, 2003). Kommt es in einem Unternehmen innerhalb der Supply Chain zu Betriebsunterbrechungen, sind die dem Unternehmen vorgelagerten Unternehmen von einem Rückgang der Nachfrage durch das gestörte Unternehmen betroffen (Craighead et al., 1997). In nachgelagerten Unternehmen und beim Endkunden kann es durch eine solche Störung des Materialflusses zu Lieferengpässen kommen (vgl. Abbildung 9).

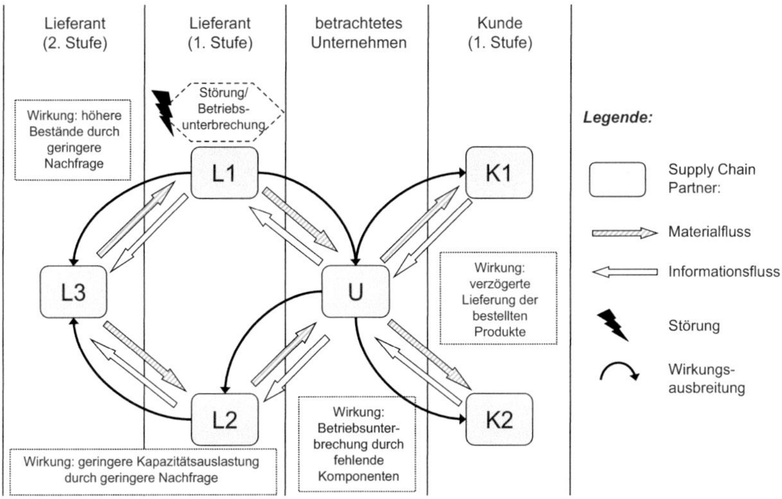

Abbildung 9: Ausbreitung von Betriebsunterbrechungen innerhalb einer Supply Chain (nach Ziegenbein, 2007)

Diese Effekte werden, wie bereits in den vorangegangenen Kapiteln erwähnt, als sekundäre indirekte Risikoauswirkungen oder aber auch als Supply Chain Unterbrechungen bezeichnet (Ziegenbein, 2007; Kleindorfer und Saad, 2005). Bei der Analyse solcher Supply Chain Unterbrechungen muss berücksichtigt werden, dass sich die beschriebenen Auswirkungen nicht nur auf die unmittelbar vor- bzw. nachgelagerten Unternehmen übertragen können, sondern sich die indirekten Effekte häufig über mehrere Stufen innerhalb der Supply Chain ausbreiten (Haaren, 2008; Kersten et al., 2007; Svensson, 2000). Die Auswirkungen von Supply Chain Unterbrechungen werden zusätzlich dadurch verstärkt, dass Unternehmen einer Supply Chain auch Elemente weiterer Wertschöpfungsnetze sein können, so dass sich die indirekten Risikoeffekte auch zwischen verschiedenen Supply Chains kaskadenartig fortpflanzen können (Kajüter, 2007).

Supply Chain Unterbrechungen können auf die betroffenen Industrieunternehmen verschiedenste Auswirkungen haben und hängen stark von der Art des Unternehmens ab. In erster Linie sind Betriebsunterbrechungen immer mit ökonomischen Schäden durch Einnahmeausfälle und Effizienzverluste (z. B. bei ungenügender Kapazitätsauslastung) sowie mit erhöhten operativen Kosten (z. B. durch Überstunden oder Reparaturen) verbunden (Olson und Wu, 2010; Ziegenbein, 2007). Des Weiteren können Betriebsunterbrechungen durch Supply Chain Unterbrechungen aufgrund eingeschränkter Lieferzuverlässigkeit und ggf. reduzierter Produktqualität aber auch zu Kundenunzufriedenheit und Kundenverlusten sowie zu Vertragsstrafen führen (Haaren, 2008; Zsidisin et al., 2005b).

Das Ausmaß der Auswirkungen von Supply Chain Unterbrechungen sowohl für das einzelne Unternehmen als auch für das gesamte Wertschöpfungsnetz ist stark zeitabhängig (Wagner und Bode, 2006). Neben der Dauer der ursprünglichen Ausgangsstörung ist auch die Dauer der Unterbrechung und die Zeit bis zur Wiederherstellung des Normalbetriebs in den einzelnen Unternehmen der unterbrochenen Supply Chain entscheidend (Christopher und Peck, 2004a; Craighead et al., 1997). Da besonders Wiederanfahrprozesse nach einer Betriebsunterbrechung unterschiedlich lange dauern können und maßgeblich von der Art der Produktionsprozesse beeinflusst werden, können Betriebsunterbrechungen in indirekt betroffenen Unternehmen häufig länger andauern als die ursprüngliche Ausgangsstörung. Des Weiteren wird das Ausmaß der sekundären indirekten Effekte durch Supply Chain Unterbrechungen von Eigenschaften der Supply Chain bestimmt (Sheffi und Rice, 2005). Hierzu zählen neben der Komplexität der Supply Chain vor allem die Interdependenzen zwischen den einzelnen Unternehmen und die Abhängigkeiten von anderen Systemen (z. B. Infrastrukturen) (Peck, 2005; Hallikas et al., 2004).

3.3.4.3 Begrenzung der Auswirkungen von Supply Chain Unterbrechungen durch Business Continuity Planning

In vielen Unternehmen wurden in den vergangenen Jahren „Business Continuity“ Abteilungen eingerichtet (Von Rössing, 2005; McManus und Carr, 2001). Der Prozess des Business Continuity Plannings (BCP) ist dem herkömmlichen Risikomanagementprozess sehr ähnlich (vgl. Kap 3.4), hat jedoch besonders die Aufrechterhaltung der Geschäftsprozesse innerhalb eines Unternehmens unter besonderer Berücksichtigung von Supply Chain Effekten zum Ziel (Hiles und Barnes, 2001; Long, 1997). Im Rahmen des BCP wird in iterativen Prozessschritten ein angemessenes Risikobewusstsein geschaffen, Präventionsmaßnahmen identifiziert und Notfallmaßnahmen geplant, um so Supply Chain Risiken zu vermeiden, zu beherrschen oder auf Dritte zu übertragen (Zsidisin et al., 2005a; Barnes, 2001). Während im klassischen Risikomanagement die Risikoreduktion im Mittelpunkt steht, hat das BCP besonders den strukturierten Umgang mit Störungen zum Ziel (Norrman und Lindroth, 2004; Zsidisin et al., 2003).

Maßnahmen, die zur Reduzierung von Supply Chain Risiken und zur Bewältigung von Störungen geeignet sind, sind beispielsweise die Durchführung von Lieferantenaudits, die Vergrößerung der Lieferantenbasis und die Vorhaltung von Sicherheitsbeständen (Naujoks, 2003; Zsidisin, 2003). Durch den Abschluss von Betriebsunterbrechungs- und Betriebsausfallversicherungen können die Auswirkungen von Supply Chain Unterbrechungen auf Dritte übertragen werden (Myres, 1993). Ein effizientes Supply Chain Risikomanagement erfordert vor allem eine enge Zusammenarbeit (Sing Lee, 2008; Svensson, 2000) und den kontinuierlichen Informationsaustausch aller beteiligten Unternehmen (Xiaohui et al., 2006; Christopher und Lee, 2004). Eine solche organisationsübergreifende Kooperation erhöht die Transparenz innerhalb der Supply Chain und hilft so, Unsicherheiten zu reduzieren (Peck, 2007). Die Einbeziehung aller Unternehmen der Supply Chain ist zudem aber auch deshalb von besonderer Bedeutung, da die Robustheit eines Wertschöpfungsnetzes maßgeblich von seinem schwächsten Glied bestimmt wird (Kleindorfer und Saad, 2005). Die Integration vieler verschiedener Stakeholder in die Entscheidungsprozesse stellt hierbei eine große Herausforderung dar, bei der häufig die organisationsübergreifende Zusammenarbeit und der notwendige Informationsaustausch durch Konkurrenzdenken der einzelnen Unternehmen erschwert oder verhindert wird (Kersten und Hohrath, 2007).

3.4 Management industrieller Risiken

Als Risikomanagement wird die systematische und kontinuierliche Herangehensweise an die verschiedenen Risiken im Rahmen eines Managementprozesses verstanden. Ziel ist es hierbei, potenzielle Risiken systematisch zu erfassen und zu bewerten, um ausgehend davon Entscheidungen über die Implementierung von möglichst ökonomisch und technisch optimalen Risikobewältigungsmaßnahmen treffen zu können (Norrman und Jansson, 2004; Mikus, 2001). Die Bewältigungsmaßnahmen können entweder die Eintrittswahrscheinlichkeit eines Risikos beeinflussen oder über die Begrenzung der Risikoauswirkung ein Risiko verringern (Wolf und Runzenheimer, 2003).

Die Analyse der Auswirkungen in Kapitel 3.3 hat gezeigt, dass gerade externe industrielle Risiken auf verschiedenen Ebenen wirksam werden (Gheorghe et al., 2000). Industrielle Risiken wirken sich nicht nur auf Unternehmen oder einzelne Unternehmensstandorte aus, sondern können aufgrund der ökonomischen Verflechtung von Industrieunternehmen ganze Branchen, Regionen oder Nationen betreffen (Antonioni et al., 2009b). Daher muss zur Handhabung dieser Risiken das Risikomanagement auf verschiedenen Ebenen (z. B. Unternehmen, Supply Chain, Branche, regionale oder nationale Wirtschaft) ansetzen (Dastous et al., 2008; Kirchsteiger, 2000).

Entscheidungsträger im industriellen Risikomanagement können deshalb neben den Unternehmen selbst sowohl Branchenvertreter (z. B. Verbände) als auch verantwortliche Personen und Institutionen auf regionaler Ebene sein (z. B. Kommunen) (Dastous et al., 2008). Im Folgenden wird ein integrierter Ansatz des Risikomanagements vorgestellt, der es ermöglicht, Ansatzpunkte auf verschiedenen Ebenen zu erschließen und diese bereits in der Phase der Risikobewertung zu berücksichtigen. Da jedoch viele Risikoprozesse auf Unternehmensebene wirksam werden und Risikomaßnahmen im Sinne einer strukturierten und prozessorientierten Vorgehensweise an diese angepasst werden sollten, ist eine verstärkt unternehmensbezogene Betrachtung des industriellen Risikomanagements an dieser Stelle notwendig.

3.4.1 Ziele und Aufgaben des Risikomanagements

Ziel des Risikomanagementprozesses ist zum einen die Bekämpfung existenzbedrohender Risiken und zu anderen die Minimierung der mit den Risiken verbundenen Schäden (Sauerwein und Thurner, 1998). Im Rahmen des unternehmerischen Risikomanagements sollten allerdings nicht nur existenzbedrohende Risiken Berücksichtigung finden. Vielmehr ist es wichtig, auch kleinere Risiken, die Unternehmensaktivitäten negativ beeinflussen, mit in die Analyse einzubeziehen (Horváth und Gleich, 2000). Welche Risiken berücksichtigt werden sollen, kann nicht allgemeingültig vorgegeben werden, sondern muss sich an der Risikokultur, an unternehmens- oder situationsspezifischen Eigenschaften (z. B. betroffene Branche, gesetzliche Vorgaben, räumliche Ausdehnung), an der Betrachtungsebene sowie an den generellen Zielen des Risikomanagements orientieren (Strohmeier, 2007).

In Industrieunternehmen hat das Risikomanagement in den vergangenen Jahren aufgrund des gestiegenen Risikobewusstseins verstärkt an Bedeutung gewonnen (Strohmeier, 2007; Keitsch, 2000). Risikomanagementansätze der ersten Generation konzentrierten sich hauptsächlich auf den Umgang mit versicherbaren Risiken (Schierenbeck, 2001). In Ansätzen des *speziellen Risikomanagements* werden dagegen möglichst alle Risiken systematisch erfasst und entsprechende Maßnahmen zur Risikobewältigung identifiziert (Mikus, 2001). Das *spezielle Risikomanagement* verzichtet hierbei jedoch auf eine Einbeziehung potenzieller Chancen in den Risikomanagementprozess, die hingegen im *allgemeinen (oder generellen) Risikomanagement* berücksichtigt werden (Strohmeier, 2007). Mit dem 1998 in Kraft getretenen Gesetz zur Kontrolle und Transparenz im Unternehmensbereich (KonTraG) macht auch der Gesetzgeber einige Vorgaben zum

Risikomanagement in Unternehmen. Beim KonTraG handelt es sich um kein eigenständiges Gesetz im engeren Sinnen, sondern vielmehr um ein Konstrukt, das sich aus Änderungen verschiedener anderer Gesetze (z. B. Aktiengesetz oder Handelsgesetzbuch) ergibt (Wolf und Runzenheimer, 2003). Ziel des KonTraG ist es, den Fortbestand von Unternehmen zu sichern, weshalb der Fokus auf existenzbedrohenden, leistungswirtschaftlichen und finanzwirtschaftlichen Risiken liegt. Um Unternehmensrisiken frühzeitig zu erkennen und durch entsprechende Maßnahmen abzuwehren, schreibt das Gesetz die Einführung eines Risikomanagementsystems vor, das Elemente zur Frühwarnung, zur internen Überwachung und zum Controlling beinhaltet (Bockslaff, 1999). Obwohl das Gesetz lediglich das Risikomanagement von Aktiengesellschaften regelt, zeigt sich eine ausstrahlende Wirkung der Regelungen auch auf Unternehmen anderer Rechtsformen (Chernobai et al., 2007; Martin, 2001).

Gerade bei externen industriellen Risiken darf das Risikomanagement jedoch nicht auf die Unternehmensebene begrenzt sein (Tierney und Nigg, 1995). Um die negativen Folgen von industriellen Risiken mit einer größeren räumlichen Ausdehnung und Kaskadeneffekten auf regionaler, ökonomischer und gesamtgesellschaftlicher Ebene zu begrenzen, müssen auch auf übergeordneten Ebenen (z. B Behörden) Risikomanagementansätze implementiert werden (Gheorghe et al., 2000). Um im Rahmen des Risikomanagements möglichst optimale Bewältigungsmaßnahmen zu identifizieren und umzusetzen, spielt hierbei eine gut abgestimmte und strukturierte Zusammenarbeit zwischen verschiedenen Stakeholdern eine wichtige Rolle (Dastous et al., 2008). Eine besondere Bedeutung haben hier beispielsweise die Verteilung von Ressourcen sowie die Priorisierung von Regionen oder Unternehmen. Des Weiteren spielt die Organisation der Zusammenarbeit von staatlichen Einrichtungen und privatwirtschaftlichen Organisationen (z. B. Infrastrukturbetreiber, betroffene Unternehmen) eine wichtige Rolle (Kunreuther, 2003; Farazmand, 2001).

3.4.2 Phasen im industriellen Risikomanagement

Der Risikomanagementprozess kann in die vier folgenden Prozessschritte *Risikoidentifikation*, *Risikobewertung*, *Risikobewältigung* und *Risikoüberwachung* unterteilt werden (Rosenkranz und Missler-Behr, 2005; Hölscher, 1999). Die beiden ersten Prozessschritte werden dabei häufig zur *Risikoanalyse* zusammengefasst (vgl. Abbildung 10) (Purdy, 2010).

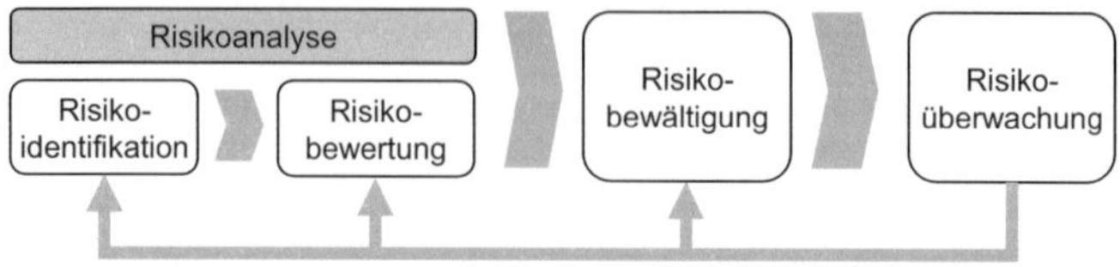

Abbildung 10: Komponenten des Risikomanagements (nach Hölscher, 2002)

Die *Risikoidentifikation* hat die Aufgabe alle relevanten Risiken möglichst vollständig, vorausschauend, rechtzeitig und wirtschaftlich zu erfassen. Da die *Risikoidentifikation* die Grundlage für alle folgenden Phasen des Risikomanagements bildet und nicht erfasste Risiken eine große Gefahr darstellen können, kommt der Identifikation der Risiken eine zentrale Bedeutung zu (Rosenkranz und Missler-Behr, 2005). Wesentlicher Bestandteil und Grundvorrausetzung der Risikoidentifikation ist daher eine Systematisierung der verschiedenen Risikoarten (vgl. Kap. 3.2). Häufig erfolgt die Risikoidentifikation rein intuitiv (Kremers, 2002). Um die Effektivität der Risikoidentifikation zu steigern, sollten jedoch Methoden zur systematischen Risikoerfassung wie beispielsweise Betriebsbesichtigungen, Checklisten, Delphibefragungen, Prozessanalysen, Szenarioanalysen eingesetzt werden (Schierenbeck und Lister, 2002). Eine Methode, die beispielsweise in der chemischen Industrie häufig auf Unternehmensebene zum Einsatz kommt, ist die Durchführung von Hazard and Operability Studies (HAZOP), bei der Prozessanalysen und Szenarioanalysen miteinander kombiniert werden (Nolan, 2008). Im Rahmen einer HAZOP-Studie werden verschiedene Störungen von moderierten Expertenteams anhand einfacher Leitworte durchgespielt und so neben Störungsursachen auch mögliche Konsequenzen und angemessene Gegenmaßnahmen identifiziert (Crawley et al., 2000).

Um Aussagen über den Handlungsbedarf bezüglich der Risiken machen zu können und eine Priorisierung verschiedener Risiken zu erhalten, müssen alle identifizierten Risiken in einem nächsten Schritt bewertet werden. Im Rahmen der *Risikobewertung* werden die mit den Risiken verbundenen Gefahrenpotenziale transparent gemacht und die Auswirkungen quantifiziert (Strohmeier, 2007). Zentrale Punkte der Risikobewertung sind daher meist die Bestimmung der Eintrittswahrscheinlichkeit und des Schadensausmaßes eines Risikos (Mikus, 2001). Da der Risikobewertung im Rahmen des Risikomanagements eine zentrale Bedeutung zukommt und diese stark an die jeweilige Betrachtungsebene angepasst werden muss (Heller, 2006), wird in den nachfolgenden Punkten (Kapitel 3.4.3) detailliert auf die zur Verfügung stehenden Methoden und auf die Anforderungen an die Risikobewertung eingegangen.

Zur *Bewältigung der Risiken* kommen je nach Handlungsebene und Risikoart verschiedene Strategien und Maßnahmen zum Einsatz. Grundsätzlich gilt es, bei der Auswahl konkreter Bewältigungsmaßnahmen eine Wirtschaftlichkeitsbetrachtung, welche den mit der jeweiligen Maßnahme verbundenen Aufwand in Bezug zur erwarteten Risikominderung setzt, durchzuführen, um so Aufschluss über die Effizienz einer Implementierung der Maßnahmen zu erhalten (Ziegenbein, 2007). Typische Strategien zur *Risikobewältigung* stellen die Strategien *Risikovermeidung, Risikoverminderung, Risikodiversifikation, Risikotransfer* und *Risikovorsorge* dar. Die verschiedenen Risikobewältigungsmaßnahmen können in ursachen- bzw. wirkungsbezogene Maßnahmen unterteilt werden. Während Risikovermeidung und Risikominderung darauf abzielen die Eintrittswahrscheinlichkeit eines Risikos zu verringern, versuchen die anderen Bewältigungsmaßnahmen, die negativen Auswirkungen der Risiken zu begrenzen. Da bei der *Risikominderung* sowohl die Eintrittswahrscheinlichkeit als auch die Tragweite eines Risikos beeinflusst werden, gehören risikomindernde Maßnahmen sowohl der ursachen- als auch der wirkungsbezogenen Risikobewältigung an (Kremers, 2002). Tabelle 6 erläutert die Ansatzpunkte und Wirkmechanismen der verschiedenen Strategien, außerdem wird eine Einteilung der Maßnahmen in aktive und passive Bewältigungsstrategien vorgenommen.

Im Rahmen der Auswahl und Bewertung geeigneter Bewältigungsmaßnahmen ist es notwendig, regelmäßig eine Risikobewertung durchzuführen, um so die potenzielle Risikoreduktion einer Maßnahme zu bestimmen und diese mit in den Entscheidungsprozess einzubeziehen (Götze und Mikus, 2001; Sauerwein und Thurner, 1998). Bei der Maßnahmenbewertung sollten neben ökonomischen auch ökologische, technische und soziale Kriterien berücksichtigt werden (Merz et al., 2004).

Die Wirksamkeit und Aktualität des industriellen Risikomanagements muss ständig überprüft werden (Härterich, 1987). Der Schritt der *Risikoüberwachung* läuft prozessbegleitend ab. Aufgabe der Risikoüberwachung ist es hierbei, sowohl die Einzelrisiken und deren dynamische Entwicklung zu überwachen als auch die Prozessabläufe des Risikomanagements selbst zu kontrollieren (Burger und Burchart, 2002). Das Risikomanagement darf jedoch nicht als lineare Abfolge der beschriebenen Prozessschritte verstanden werden. Vielmehr müssen zwischen den verschiedenen Phasen Rückkopplungsmechanismen existieren, um die Ergebnisse der einzelnen Prozessschritte im Rahmen eines iterativen Prozessablaufs kontinuierlich zu verbessern (vgl. Abbildung 10).

Tabelle 6: Risikobewältigungsstrategien

Risikobewältigungs-strategie	**Art der Strategie**	**Erläuterung**
Risikovermeidung	– ursachenbezogen – aktiv	Reduzierung der Eintrittswahrscheinlichkeit z. B. Verlagerung der Produktion an anderen Standort
Risikominderung	– ursachenbezogen – wirkungsbezogen – aktiv	Verminderung der Eintrittswahrscheinlichkeit und der Tragweite eines Risikos auf akzeptables Maß z. B. reaktive Maßnahmen wie Absperrung eines Gefahrenbereiches; EVWkuierung der Bevölkerung
Risikodiversifikation	– wirkungsbezogen – aktiv	Risikoausgleich durch Aufspaltung in Einzelrisiken z. B. Aufteilung der Risiken auf mehrere Unternehmen im Rahmen einer Kooperation, Einrichtung dezentraler Standorte
Risikotransfer	– wirkungsbezogen – passiv	Übertragung des Risikos auf Dritte z. B. Versicherungen, vertragliche Regelungen mit Lieferanten
Risikovorsorge	– wirkungsbezogen – passiv	Selbsttragen der Risiken Bereitstellung ausreichender Deckungsmittel z. B. Bildung von Rücklagen und Rückstellungen

3.4.3 Phase der Risikobewertung

Im Rahmen des Risikomanagements kommt der Risikobewertung eine zentrale Bedeutung zu, da eine – nach Möglichkeit – quantitative Beurteilung der Risiken die wesentliche Grundlage für die Auswahl von Maßnahmen zur Risikobewältigung darstellt (Kremers, 2002).

3.4.3.1 Ziele und Aufgaben der Risikobewertung

Bei der Risikobewertung wird das Gefahrenpotenzial eines Risikos transparent gemacht und das potenzielle Ausmaß der Risikoauswirkungen ermittelt. Übergeordnetes Ziel der Risikobewertung ist es, Risiken entsprechend ihren potenziellen Umweltzuständen zu klassifizieren (Schierenbeck und Lister, 2002). Hierdurch soll beispielsweise auf Unternehmensebene eine Priorisierung der Risiken gemäß ihrer Gefährdung für das Unternehmen und auf räumlicher Ebene eine Priorisierung verschiedener Regionen hinsichtlich ihrer Risikobetroffenheit erreicht werden. Ausgehend hiervon kann bestimmt werden, in welchen Bereichen der Handlungsbedarf bezüglich der Risiken am größten ist, so dass begrenzte Ressourcen sowohl auf Unternehmens- als auch auf regionaler Ebene möglichst optimal für die Risikobewältigung eingesetzt werden können (Tansel, 1995).

Zur Quantifizierung von Risiken, stellen die Kenntnis der den Risiken zu Grunde liegenden Wirkzusammenhänge und die Analyse der ablaufenden Risikoprozesse und Auswirkungsmechanismen entscheidende Informationen dar (Mikus, 2001). Bei der Analyse von Risikoauswirkungen sollte hierbei unter anderem berücksichtigt werden, dass zwischen verschiedenen Risiken Interdependenzen existieren und dass sich die verschiedenen Risikoarten dadurch gegenseitig beeinflussen können. Dies kann auf verschiedenen Aggregationsebenen sowohl zu einer Verstärkung als auch zu einer Reduzierung des Risikoausmaßes führen (Nottmeyer, 2002). Diese Wechselwirkungen sollten bereits bei der Erfassung und Quantifizierung der Risiken im Rahmen der Risikobewertung mit berücksichtigt werden.

Die zur Risikobewertung eingesetzten Methoden sollten generell einigen grundlegenden Anforderungen genügen. So fordern beispielsweise Helten und Hartung, dass eine Risikobewertung auf verschiedene Risiken anwendbar, objektiv, transparent und anwenderfreundlich sein sollte (Helten und Hartung, 2002). Diese Anforderungen sind vor allem vor dem Hintergrund, dass in der Phase der Risikobewertung meist viele verschiedene Entscheidungsträger involviert sind, von besonderer Bedeutung. Da verschiedene Stakeholder meist unterschiedliche Sichtweisen und häufig subjektiv geprägte Präferenzen haben, sollten Methoden zur Risikobewertung zudem die Integration verschiedenster Bewertungskriterien sowie die Abbildung unterschiedlicher Präferenzen ermöglichen.

In den klassischen Ansätzen zur Risikobewertung wird meist – ausgehend von der versicherungsmathematischen Definition des Risikos – der Erwartungswert, der sich aus der Eintrittswahrscheinlichkeit und dem Schadensausmaß eines Risikos zusammensetzt, als Bewertungsgröße herangezogen (Hölscher, 2002). Aufgrund der multiplikativen Verknüpfung der beiden Komponenten und der dadurch bedingten Gleichbehandlung kann die Bestimmung des Erwartungswertes zu einem erheblichen Informationsverlust führen (Michaels, 1999). So kann beispielsweise die Betrachtung von Erwartungswerten bei der Risikobewertung darin resultieren, dass Risiken mit einer hohen Eintrittswahrscheinlichkeit und einem geringen Schadensausmaß gleich behandelt werden, wie Risiken mit einer sehr geringen Eintrittswahrscheinlichkeit und einem sehr hohen Schadensausmaß. Die Gleichbehandlung solch unterschiedlicher Risikostrukturen ist jedoch nicht zweckmäßig, da häufig eintretende Risiken mit geringem Schadensausmaß meist gut bewältigt werden können, Risiken mit einem sehr großen Schadensausmaß jedoch auch bei geringer Eintrittswahrscheinlichkeit zu katastrophalen Auswirkungen führen können (Kremers, 2002).

3.4.3.2 Übersicht über Methoden zur industriellen Risikobewertung

Zur Ermittlung der Risikodeterminanten (Eintrittswahrscheinlichkeit und Schadensausmaß) steht eine Vielzahl verschiedener Methoden zur Verfügung (Tixier et al., 2002). Die quantitative Bestimmung besonders der Eintrittswahrscheinlichkeit ist häufig jedoch nur eingeschränkt möglich, so dass auch semiquantitative und qualitative Ansätze herangezogen werden müssen. Die verschiedenen Bewertungsmethoden, die hauptsächlich im klassischen industriellen Risikomanagement und bei der Bewertung von Naturrisiken zum Einsatz kommen, können in *empirische Methoden, analytische Methoden* und *computerbasierte Simulationen* untergliedert werden (Mikus, 2001).

Empirische Methoden basieren auf Datenaufzeichnungen und Erfahrungen aus der Vergangenheit. Mittels **statistischer Auswertungen** wie beispielsweise Regressions-, Varianz- und Korrelationsanalysen können statistische Zusammenhänge ermittelt werden (Mikus, 2001). **Historische Simulationen**, wie sie häufig zur Bewertung von Naturrisiken eingesetzt werden, zielen ebenfalls darauf ab, Eintrittswahrscheinlichkeit und Auswirkungen auf der Basis vergangener Schadensereignisse zu modellieren (Penning-Rowsell et al., 2005). Generelle Schwäche der empirischen Methoden ist die begrenzte Datenverfügbarkeit und die Tatsache, dass die Übertragung von Daten aus der Vergangenheit auf Gegenwart und Zukunft mit großen Unsicherheiten verbunden ist (Haas, 2000). Der Vorteil dieser Methoden hingegen ist die Verwendung realer Daten (Merz, 2006).

Analytische Methoden beruhen meist auf dem Grundprinzip der **Szenarioanalyse**. Diese ermöglicht es, über eine Art „Gedankenexperiment" potenzielle Risikoauswirkungen zu identifizieren, auch wenn historische Daten nicht zur Verfügung stehen (Varum und Melo, 2010). Da im Rahmen der Risikobewertung nicht alle denkbaren Szenarios analysiert werden können, wird häufig ein **Drei-Werte-Verfahren** eingesetzt, bei dem sowohl das als am wahrscheinlichsten erachtete als auch das optimistischste und das pessimistischste Szenario untersucht werden (Bradfielda et al., 2005; Schnaars und Ziamou, 2001; Schoemaker, 1995). Spezialformen der Szenarioanalyse, die vor allem im Bereich der technischen Sicherheitsforschung häufig zum Einsatz kommen, sind die **Ausfalleffektanalyse** und die **Fehlerbaumanalyse** (Eberhard, 2002; Clifton und Ericson, 1999).

Zur *Modellierung und Simulation* von Risikoauswirkungen im Rahmen der Risikobewertung können zudem verschiedene Simulationsansätze gewählt werden. Hierzu zählen beispielsweise **Petri-Netz-Konzepte**, die sich gut zur Analyse komplexer dynamischer Systeme (z. B. Supply Chains oder Infrastruktursystems) eignen (Wu et al., 2007; Dong und Chen, 2007; Mock, 2001), Systems-Dynamic Ansätze (Min et al., 2007; Conrad et al., 2006; LeClair und O´Reilly, 2005) oder **agenten-basierte Prozesssimulationen** (Kaegi et al., 2006; Mock et al., 2005). Im Bereich der Analyse von Supply Chain Risiken werden zur Risikobewertung zudem **AHP-Modelle** (Chan und Kumar, 2007; Wu et al., 2006), stochastische **Data Evelopment Analysis (DEA) Modelle** (Olson und Wu, 2010; Wu und Olson, 2008; Talluri et al., 2006) oder auch **Bayes`sche Ansätze** eingesetzt (Lockamy III und McCormack, 2010). Zur Bewertung von Natur- und Infrastrukturrisiken werden in der Literatur häufig die monetären Schäden von Risikoereignissen (auf objektbezogener und regionaler Ebene) bestimmt. Welche **Methoden zur Schadensquantifizierung** herangezogen werden können und wie diese zur Bewertung von externen Risiken eingesetzt werden, wird im nachfolgenden Unterpunkt umfassend erläutert (Kap. 3.4.4).

Alle beschriebenen Methoden zur Risikobewertung sind mit einer Vielzahl von Unsicherheiten behaftet, die bei der Interpretation der Ergebnisse mit berücksichtigt werden müssen. Daher sollten Methoden zur Risikobewertung unbedingt Sensitivitätsanalysen beinhalten, um so den Einfluss von Daten- und Modellunsicherheiten zu quantifizieren. Werden Simulationsmodelle zur Risikobewertung herangezogen, deren Eingangsdaten mit Unsicherheiten behaftet sind, empfiehlt es sich häufig, im Rahmen der Sensitivitätsanalyse eine **Monte-Carlo-Simulation** durchzuführen (Bertsch, 2008). Diese ermöglicht es, über Zufallsziehungen, die auf der Unsicherheitsverteilung der Eingangsdaten beruhen, eine Vielzahl von Modellberechnungen durchzuführen und so die Auswirkungen der Unsicherheiten auf die Ergebnisse der Risikomodelle zu analysieren und zu verstehen.

3.4.4 Methoden zur Schadensquantifizierung

Zur Quantifizierung von direkten und indirekten Schäden können verschiedene Methoden herangezogen werden (Arellano et al., 2003). In den in der Literatur beschriebenen Ansätzen werden häufig Schäden, die durch Naturkatastrophen,

Terroranschläge oder Infrastrukturausfälle hervorgerufen wurden, analysiert (Viitanen und Haranne, 2003; Arellano et al., 2003). Hierbei werden meist der makro- oder meso-ökonomische Gesamtschaden, das Ausmaß einzelner Schadensklassen auf regionaler Ebene (z. B. Gebäudeschäden) oder der monetäre Schaden an einzelnen Objekten ermittelt (Friedland, 2009). Eine direkte Betrachtung der monetären Schäden in der Industrie findet hierbei meist nur für die Kategorie der direkten Schäden statt (van der Veen, 2003).

Die quantitative Analyse direkter und indirekter Schäden kann sowohl ex-ante in Form der Bestimmung des monetären Schadenspotenzials als auch ex-post, d. h. nach Eintritt eines Ereignisses, über die Ermittlung des tatsächlichen Schadens erfolgen und stellt damit in einigen Bereichen ein geeignetes Tool zur Risikobewertung dar (Smith und Petley, 2009; Bendimerad, 2001a). Im Bereich der Naturrisiken werden Schadensquantifizierungen beispielsweise zur groben Abschätzung von Schäden unmittelbar nach einem Ereignis eingesetzt, um so den notwendigen Umfang von Finanzhilfen oder potenzielle Versicherungsleistungen zu ermitteln (Meyer und Messner, 2007; Gewalt et al., 1996). Ex-ante hat die Quantifizierung des Schadenspotenzials meist die Bewertung des Kumulusrisikos (z. B. bei der Standortbewertung), die Berechnung von Versicherungsprämien sowie die Durchführung von Kosten-Nutzen-Analysen bei der Implementierung von Risikominderungsmaßnahmen zum Ziel (Seifert, 2009; Sayers et al., 2002).

Als Grundlage für die Entwicklung einer Methode zur Bewertung externer industrieller Risiken werden im Folgenden die wichtigsten Methoden zur monetären Ermittlung von direkten und indirekten Schäden vorgestellt und deren Einsetzbarkeit im industriellen Risikomanagement diskutiert. Hierbei muss darauf hingewiesen werden, dass sich die Methoden je nach Betrachtungsebene und Schadensart stark unterscheiden und dass derzeit keine Standardmethoden verfügbar sind (Meyer und Messner, 2007). Da die monetäre Quantifizierung von Schäden besonders im Bereich der Naturrisiken und bei Infrastrukturausfällen eine wichtige Rolle spielt, werden im Folgenden hauptsächlich Methoden zur Schadensanalyse aus diesen Bereichen vorgestellt. Diese Methoden dienen meist der Risikobewertung auf übergeordneter, räumlicher Ebene. Da bei der Bewertung von externen Risiken als Basis für die Implementierung von Risikominderungsmaßnahmen auf übergeordneter Ebene die Analyse der räumlichen Risikoauswirkungen eine zentrale Rolle spielt, stellt die Analyse dieser Methoden eine wichtige Grundlage für die Methodenentwicklung im Rahmen der vorliegenden Arbeit dar. Nach einer Darstellung der Methoden zur Schadensquantifizierung werden in diesem Abschnitt abschließend die Grenzen und Nachteile von diesen beim Einsatz im Risikomanagement aufgezeigt.

3.4.4.1 Quantifizierung direkter Schäden

Obwohl direkte Schäden (z. B. durch Naturkatastrophen) wesentlich besser untersucht sind als indirekte Schäden, kommen auch zur Quantifizierung jener keine einheitlichen Standardmethoden zum Einsatz (EMA, 2002). Dies ist hauptsächlich darin begründet, dass die Methoden je nach Ziel der Untersuchung, Betrachtungsebene oder sonstigen Rahmenbedingungen (z. B. Datenverfügbarkeit) angepasst werden müssen (Messner und Meyer, 2005). Der Prozessablauf der meisten Quantifizierungsansätze lässt sich jedoch durch eine allgemeine Vorgehensweise beschreiben, bei der lediglich einzelne Teilschritte unterschiedlich gelöst werden (Meyer, 2005). Abbildung 11 stellt das konzeptionelle Vorgehen bei der Quantifizierung von (primären) direkten Schäden auf verschiedenen Betrachtungsebenen dar.

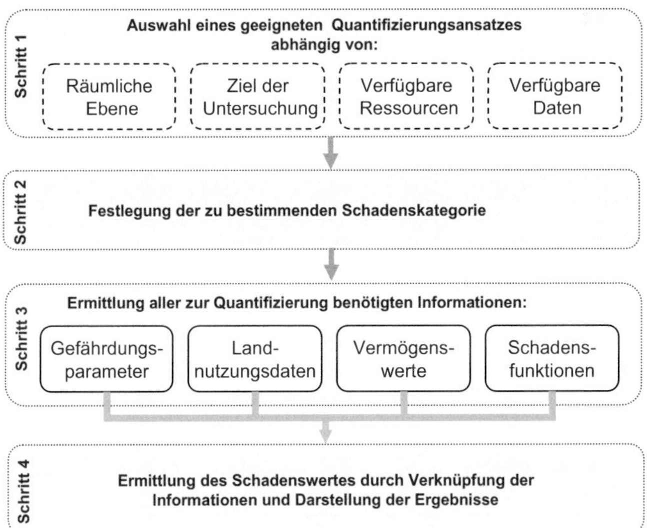

Abbildung 11: Konzeptionelles Vorgehen bei der Quantifizierung von direkten Schäden durch Naturkatastrophen (nach Messner und Meyer, 2005)

Schritt 1 dient der generellen **Identifizierung eines geeigneten Quantifizierungsansatzes**. Hierbei spielt besonders die Festlegung der räumlichen Betrachtungsskala eine entscheidende Rolle (Reese, 2003). Neben einigen objektbezogenen Ansätzen, die beispielsweise der Analyse des Schadenpotenzials einzelner

Industriestandorte dienen (Hall und Meadowcroft, 2003; Penning-Rowsell et al., 2003), werden direkte Schäden in der Industrie häufig gesamtökonomisch über meso-skalige oder makro-skalige Ansätze erfasst (Messner und Meyer, 2005; MURL, 2000).

Die Vorgehensweise im weiteren Verlauf der Schadensermittlung hängt neben der Betrachtungsebene stark von den **berücksichtigten Schadenskategorien** ab, die im **2. Schritt** der Analyse festgelegt werden (Meyer, 2005). Im Bereich der industriellen Schäden werden im Rahmen von regionalen Schadensanalysen hauptsächlich Schäden an Gebäuden und Ausrüstung in Industrieunternehmen (dem sogenannten Anlagenvermögen) betrachtet (Seifert et al., 2009). Die Schäden am Vorratsvermögen werden auf regionaler Ebene hingegen nur sehr selten berücksichtigt (Meyer und Messner, 2006).

Schritt 3 des Analyseprozesses dient der **Beschaffung aller zur Schadensermittlung benötigten Daten und Informationen**. Gefährdungsparameter dienen hierbei dazu, die räumliche Ausdehnung und die Intensität der einwirkenden Gefährdung zu bestimmen (z. B. Überflutungsfläche, Überflutungshöhe, Windstärke) (Penning-Rowsell et al., 2005). Um auf regionaler Ebene Informationen bezüglich der Exposition in die Schadensermittlung zu integrieren, werden Daten zur Landnutzung herangezogen (z. B. Corine Land Cover Daten, Daten des Amtlichen Topographisch-Kartographischen Informationssystems (ATKIS-Daten) (Elmer et al., 2010; Seifert et al., 2009; Colijn et al., 2000). Die Ermittlung von Vermögenswerten stellt in der Industrie gerade auf regionaler Ebene – aufgrund der begrenzten Verfügbarkeit statistischer Daten – eine große Herausforderung dar (Kiese und Leineweber, 2001; Behnen, 2000). In Deutschland sind derzeit nur statistische Daten zum Bruttoanlagenvermögen (Gebäude und Ausrüstungen) auf Bundes- bzw. Landesebene verfügbar, die meist über sogenannte top-down Ansätze für kleinräumigere Betrachtungen disaggregiert werden (Seifert et al., 2009; Meyer und Messner, 2007). Generell besser geeignet, aber jedoch meist aufwendiger, sind hingegen bottom-up Ansätze, bei denen die Anlagenwerte objektspezifisch ermittelt und bei Bedarf über Daten zur industriellen Exposition auf die regionale Ebene übertragen werden (Penning-Rowsell und Chatterton, 1977). Ein unter zeit- und datentechnischen Gesichtspunkten praktikabler bottom-up Ansatz ist beispielsweise der *Referenzanlagenansatz zur Ermittlung des industriellen Schadenspotenzials*, bei dem Anlagenklassen gleicher Werte identifiziert werden. Zur Bestimmung des regionalen Ausrüstungsvermögens von Unternehmen werden für die verschiedenen Anlagenklassen klassenspezifische Referenzwerte ermittelt, die anschließend über Daten zur räumlichen Verteilung der Industrie aufaggregiert werden (Geldermann et al., 2008).

Die Empfindlichkeit der Gebäude und Anlagen wird über sogenannte Schadensfunktionen ermittelt, die das Schadensausmaß in Relation zur Intensität der Gefährdung darstellen (Kok et al., 2004). Schadensfunktionen können sowohl empirisch aus Daten tatsächlicher Ereignisse (Merz et al., 2004) oder synthetisch über die Einschätzung von Experten generiert werden (Buck, 2004; Green et al., 1994).

Im letzten Schritt (**Schritt 4**) der Analyse (primärer) direkter Schäden werden alle zuvor ermittelten Informationen miteinander kombiniert. Zur Überlagerung räumlicher Informationen und zur Darstellung der räumlichen Ergebnisse sind GIS-Anwendungen besonders geeignet (NRC, 1999). Da alle Methoden zur Quantifizierung von direkten Schäden mit einer Vielzahl von Unsicherheiten verbunden sein können, müssen diese bei der Auswertung der Ergebnisse berücksichtigt und auf anschauliche Art und Weise dargestellt werden (Meyer und Messner, 2006). Neben der fehlenden Robustheit der Methoden müssen beim Einsatz aller analysierten Quantifizierungsansätze weitere methodische Schwächen berücksichtigt werden. Diese sowie die Grenzen der Einsetzbarkeit der Methoden im Rahmen der auswirkungsorientierten Risikobewertung werden in Kapitel 3.4.4.3 erläutert. Da bei der Bewertung von externen Risiken in der industriellen Produktion besonders die Berücksichtigung von indirekten Risikoeffekten eine entscheidende Rolle spielt, wird im Folgenden beschrieben, welche Methoden zur Quantifizierung indirekter Schäden eingesetzt werden können.

3.4.4.2 Quantifizierung indirekter Schäden

Ähnlich wie bei der Quantifizierung direkter Schäden wird die Quantifizierung indirekter Schäden derzeit hauptsächlich zur Schadensanalyse bei Naturkatastrophen eingesetzt (Rose, 2009; Cochrane, 2004; Okuyama, 2003). Des Weiteren spielt sie bei der Bestimmung der ökonomischen Konsequenzen bei primären und sekundären Betriebsunterbrechungen durch Infrastrukturausfälle eine Rolle (Chang et al., 2007; Rose et al., 2007; Ghajar und Billinton, 2006; Balducci et al., 2002; Koskolos et al., 1998; Lehtonen und Lemström, 1994).

Wie bereits in Kapitel 3.2.1. erläutert, können die indirekten Schäden die direkten Schäden eines Risikos übersteigen (Green und van der Veen, 2007). Das Ausmaß der indirekten Schäden wird hierbei von folgenden Faktoren beeinflusst:

- Größe der vom Ereignis betroffenen Fläche/Art der betroffenen Infrastruktur (Green und van der Veen, 2007)
- Dauer der Unterbrechung (van der Veen, 2003)
- Grad der ökonomischen Verflechtung (Cochrane, 2004)
- Betroffenheit von Unternehmen mit kritischer Bedeutung (Green und van der Veen, 2007)
- Zustand der Ökonomie vor dem Ereignis (beeinflusst Bewältigungskapazität) (Cochrane, 2004; Rose und Lim, 2002)

Die quantitative Erfassung der indirekten Schäden (durch primäre und sekundäre Betriebsunterbrechungen) stellt sowohl auf objektbezogener als auch auf regionaler Ebene eine große Herausforderung dar (van der Veen, 2003). Hierfür stehen verschiedene Methoden, die meist die Analyse der gesamtökonomischen Schäden auf regionaler Ebene zum Ziel haben, zur Verfügung (Okuyama, 2009). Die Art der zur Quantifizierung von indirekten Schäden eingesetzten Methoden wird stark von der räumlichen Skala der Untersuchung beeinflusst (Green und van der Veen, 2007). Die analysierten Ansätze zur Quantifizierung indirekter Schäden können in folgende Klassen untergliedert werden (Cochrane, 2004):

- Unternehmensbefragungen und Auswertung historischer Ereignisse
- Input-Output-Modelle
- makro-ökonomische Gleichgewichtsmodelle (Computable General Equilibrium (CGE))
- ökonometrische Modelle
- Hybridmodelle

Von diesen Methoden sind nur *Unternehmensbefragungen und die Auswertung historischer Ereignisse* für die kleinskalige Schadensanalyse (auf Ebene einzelner Unternehmen bzw. Standorte) geeignet, bei denen die durch die Betriebsunterbrechungen entstandenen Betriebsunterbrechungskosten direkt ermittelt und für die räumliche Analyse über die betrachtete Fläche aufsummiert werden (Balducci et al., 2002; Tierney, 1997). Zur Quantifizierung von Infrastrukturausfallkosten (z. B. Stromausfallkosten) werden hierzu ausgehend von historischen Schadensdaten oder Experteneinschätzungen Schadensfunktionen ermittelt, die die Ausfallkosten zur Dauer der Versorgungsunterbrechung in Bezug setzen (Balducci et al., 2002; Yin et al., 2001). Da Ausfallkosten in der Industrie sehr stark von branchenspezifischen Eigenschaften und Verbrauchcharakteristika beeinflusst werden, werden diese Schadensfunktionen sowohl unternehmens- als auch branchenspezifisch bestimmt (Dali et al., 2001). Um einen Vergleich zwischen verschiedenen Unternehmen und Branchen zu ermöglichen, werden die Schadensfunktionen in normalisierter Form dargestellt und geben beispielsweise für Unterbrechungen der Stromversorgung das Verhältnis der Ausfallkosten (in €) zur nicht gelieferten Energie (in kWh) an (Wijayatunga und Jayalath, 2008). Über die Ermittlung von Schadensfunktionen aus Ergebnissen der Unternehmensbefragung und historischen Daten können für verschiedene Ausfallszenarios zwar meist sehr realitätsnahe Schadensabschätzungen generiert werden, der Datenbedarf und der Erhebungsaufwand sind jedoch enorm (Ghajar und Billinton, 2006).

Im Bereich der Schadensanalyse von Naturkatastrophen auf mikroökonomischer Betrachtungsebene werden Unternehmensbefragungen auch in Kombination mit statistischen Daten (z. B. Bruttowertschöpfung) zur Schadensanalyse eingesetzt und so beispielsweise die ökonomischen Schäden als „nicht produzierte Bruttowertschöpfung" ermittelt (Green und van der Veen, 2007). Über Unternehmensbefragungen und die Auswertung historischer Ereignisse werden vorrangig Schäden durch primäre Betriebsunterbrechungen quantifiziert. Schäden durch die Unterbrechung von Supply Chain Prozessen und die damit verbundenen sekundären Betriebsunterbrechungen werden im Rahmen dieser Vorgehensweise gar nicht oder nur in sehr begrenztem Umfang berücksichtigt.

Im Gegensatz hierzu basieren weitere in der Literatur vorgestellte Methoden auf Modellen einer gröberen räumlichen Auflösung und sind daher besonders für makroökonomische Analysen einsetzbar, in deren Rahmen neben primären indirekten Schäden besonders auch sekundäre indirekte Schäden (durch sekundäre Betriebsunterbrechungen) erfasst werden (FEMA, 2003).

Input-Output-Modelle stellen die am häufigsten zur ökonomischen Schadensermittlung eingesetzte Methode dar (Okuyama, 2007). Input-Output-Modelle sind statische lineare Modelle, die alle Beschaffungs- und Verkaufsströme zwischen Wirtschaftsbereichen auf Basis produktionstechnischer Zusammenhänge abbilden (Rothengatter und Schaffer, 2008). Die detaillierte Darstellung der ökonomischen Verknüpfungen ermöglicht es, Kaskadeneffekte in Ökonomien, die von Schäden innerhalb eines oder mehrerer Sektoren ausgehen, abzubilden und zu quantifizieren (Rose, 2004a; Miller und Blair, 1985). Zu den Vorteilen von Input-Output-Modellen zählen der relativ geringe Datenbedarf sowie die transparente Darstellungsweise (Okuyama, 2009; Rose, 2004a). Als Nachteile müssen hingegen die Linearität, die Unabhängigkeit von Preisschwankungen, sowie das Fehlen von Kapazitätsbegrenzungen und Substitutionsmöglichkeiten bei Produkten und Importen angeführt werden (Okuyama, 2009; Okuyama, 2007). Einige dieser Nachteile wurden durch methodische Erweiterungen und Verbesserungen in den Modellen beseitigt. Beispielsweise wurden Verbesserungen unternommen, die eine flexiblere Behandlung von Importen ermöglichen (Cochrane, 1997; Boisvert, 1992), Transport- und Infrastrukturunterbrechungen besser abbilden (Cho et al., 2001; Gordon et al., 1998; Rose et al., 1997) oder Bewältigungskapazitäten berücksichtigen (Rose und Benavides, 1999).

Einen alternativen Modellierungsansatz zu Input-Output-Modellen stellen *makro-ökonomische Gleichgewichtsmodelle* (Computable General Equilibrium (CGE)-Modelle) dar (Rose und Liao, 2005; Rose und Guha, 2004; Brookshire und McKee, 1992). CGE-Modelle sind Marktsimulationsmodelle, die auf der gleichzeitigen Optimierung des Verhaltens von einzelnen Konsumenten und Firmen beruhen (Shoven und Whalley, 1992). Im Gegensatz zu Input-Output-Modellen sind CGE-Modelle nicht-linear, können auf Preisschwankungen reagieren, Input- und Importsubstitutionen abbilden und Kapazitätsgrenzen integrieren (Okuyama, 2007). CGE-Modelle können jedoch zu einer Unterschätzung der Schäden führen. Außerdem kann das optimierende Verhalten der Modelle unter Katastrophenbedingungen, die meist mit erhöhten Unsicherheiten verbunden sind, als fragwürdig angesehen werden. Einen weiteren Nachteil stellt der hohe Datenaufwand der Methodik dar (Rose, 2004b).

Ökonometrische Modelle, die auf Zeitreihen basieren, werden bisher nur selten zur Quantifizierung makroökonomischer indirekter Schäden eingesetzt (West und Lenze, 1994; Hsu et al., 1994; Ellson et al., 1984). Gründe hierfür sind besonders im hohen Datenaufwand und der Tatsache, dass primäre indirekte Schäden nicht von sekundären indirekten Schäden unterschieden werden können, zu sehen. Okuyama hält die Methode für die Abschätzung von indirekten Schäden auch deshalb für ungeeignet, weil nicht sicher ist, dass die verwendeten Zeitreihen überhaupt Katastrophenereignisse enthalten (Okuyama, 2007).

Hybridmodelle vereinen verschiedene Berechnungsalgorithmen miteinander. Daher sind sie häufig nutzerdefiniert und können sowohl Lieferausfälle und Lieferbeschränkungen als auch zeitabhängige Wiederherstellungsprozesse abbilden. Die *Multi-Hazard Loss Estimation Methodology* (HAZUS-MH) der US Federal Management Agency (FEMA) stellt das bekannteste Hybridmodell zur Schadensquantifizierung dar (FEMA, 2003). In diesem Modell ist der zentrale Berechnungsalgorithmus um eine Input-Output-Tabelle aufgebaut und mit einem integrierten Geoinformationssystem verknüpft (Cochrane, 2004).

Nahezu alle beschriebenen Modellansätze zur makroökonomischen Quantifizierung von indirekten Schäden haben neben den bereits erläuterten methodenspezifischen Vorteilen den Nachteil, dass strukturelle Veränderungen der ökonomischen Verflechtung, die durch die Reaktion betroffener Unternehmen auftreten können (z. B. durch Produktsubstitution, Lieferantenwechsel etc.) nicht oder nur eingeschränkt berücksichtigt werden. Tabelle 7 gibt einen zusammenfassenden Überblick über die Vor- und Nachteile der vorgestellten Modellierungsansätze, die zur makroökonomsichen Schadensquantifizierung eingesetzt werden können.

Aufgrund der beschriebenen Eigenschaften der Methoden und wegen den damit verbundenen Vor- und Nachteilen sind die Methoden der direkten und indirekten Schadensquantifizierung zur Risikobewertung nur begrenzt einsetzbar. Diese Aspekte werden im nachfolgenden Unterpunkt erläutert.

Tabelle 7: Vor- und Nachteile makroökonomischer Schadensquantifizierungsmethoden (nach Okuyama, 2009)

Modellierungsansatz	**Vorteile**	**Nachteile**
Input-Output-Modelle	– einfache Struktur – detaillierte Abbildung ökonomischer Verknüpfungen – viele analytische Verfahren verfügbar – einfach modifizierbar und erweiterbar – leicht mit anderen Modellen zu kombinieren	– Linearität – starre/unflexible Koeffizienten – keine Kapazitätsbeschränkungen – keine Abhängigkeit von Preisschwankungen – Überschätzung der Schäden
CGE-Modelle	– Nicht-Linearität – Berücksichtigung der Auswirkungen von Preisschwankungen – Input- und Import-substitution möglich – Berücksichtigung von Kapazitätsbeschränkungen	– zu flexibel, um Veränderungen tatsächlich zu erfassen – hoher Aufwand für Datenbeschaffung und Kalibrierung – optimierendes Verhalten bei Katastrophenbedingungen unrealistisch – Unterschätzung der Schäden
Ökonometrische Modelle	– streng statistisch – stochastische Abschätzung – zeitl. Prognosen möglich	– Datenaufwand – Nichtunterscheidbarkeit direkter Schäden und indirekter Schäden

3.4.4.3 Grenzen der Quantifizierungsmethoden bei der Risikobewertung

Obwohl mittels der vorgestellten Methoden zur Schadensquantifizierung die Auswirkungen einiger externer Risiken quantitativ (monetär) erfasst werden können, sind diese aufgrund verschiedener methodischer Nachteile nur begrenzt für die Risikobewertung im Rahmen des industriellen Risikomanagements geeignet. Besonders die Methoden zur Analyse indirekter Schäden sind mit verschiedenen Schwächen und Nachteilen verbunden, so dass hierüber die Risikoauswirkungen in der Industrie nicht angemessen berücksichtigt werden können (van der Veen, 2003).

Beispielsweise sind bei den Methoden zur Schadensquantifizierung die Ergebnisse stark von der jeweiligen Betrachtungsebene und den Rahmenbedingungen der analysierten Ereignisse bzw. Szenarios abhängig. Dies führt dazu, dass die Ergebnisse sehr ereignisspezifisch und mit verschiedenartigen Unsicherheiten behaftet sind (FEMA, 2003).

Bei den beschriebenen Methoden zur Quantifizierung der indirekten Schäden, die meist der Abschätzung der ökonomischen Gesamtschäden auf makroökonomischer Ebene dienen, werden keine industriespezifischen oder branchenspezifischen Schäden berücksichtigt. Dies hat zur Folge, dass weder industriespezifische Auswirkungsmechanismen noch die Bewältigungskapazitäten der Industrie mit berücksichtigt werden können. Des Weiteren können durch den relativ hohen Aggregationsgrad der indirekten Schadensquantifizierung einzelne negative Effekte durch positive Effekte ausgeglichen und so im Rahmen der Analyse überdeckt werden. Daher ist eine prozessorientierte Ableitung von Bewältigungsmaßnahmen auf Basis makroökonomischer Schadenspotenziale nicht möglich (Buck, 2004).

Einen weiteren Grund für die begrenzte Einsetzbarkeit der (indirekten) mikro- und mesoökonomischen Schadensquantifizierung zur Risikobewertung stellen die begrenzte Datenverfügbarkeit und der enorme Erhebungsaufwand dar. So stehen gerade im Bereich der Industrie nur sehr wenige Schadensdaten zur Auswertung von historischen Ereignissen im Rahmen von ex-post Analysen zur Verfügung. Bedingt durch die starke Heterogenität verschiedener Branchen und Industrieunternehmen können die über Unternehmensbefragungen erhobenen Daten (z. B. bei mikro-ökonomischen ex-ante Analysen) zudem nur sehr begrenzt auf andere Schadensszenarios übertragen werden (Yin et al., 2001).

Aufgrund der beschriebenen Einschränkungen verschiedener Methoden zur Risikobewertung (klassische Methoden und Methoden zur Schadensquantifizierung) ist es notwendig, weitere Ansätze zur Bewertung von externen Risiken in der industriellen Produktion zu entwickeln. Diese sollten einerseits die Bewertung externer Risiken auf verschiedenen Ebenen und andererseits die Berücksichtigung von Wechselwirkungen zwischen verschiedenen Risikoarten ermöglichen. Eine Möglichkeit hierzu stellt, wie im nachfolgenden Kapitel (Kap 3.4.5) erläutert, der Einsatz der Vulnerabilitätsanalyse zur Risikobewertung dar.

3.4.5 Bewertung von Risiken über die Analyse der Vulnerabilität

Wie die kritische Bewertung von klassischen Risikobewertungs- und Schadensquantifizierungsmethoden gezeigt hat, stellt die Quantifizierung des Risikos häufig eine große Herausforderung dar. Aufgrund der begrenzten Datenlage ist besonders die Bestimmung der Eintrittswahrscheinlichkeit der Risiken häufig gar nicht oder nur sehr grob möglich (Seifert, 2009). Da die vom Risiko betroffenen Systeme (z. B. Unternehmen, Regionen, Wertschöpfungsnetz) meist sehr komplex sind und das Ausmaß des Schadens von vielen verschiedenen Prozessen abhängt, stellt die Bestimmung des Schadensausmaßes bei der Risikoanalyse ebenfalls eine Herausforderung dar. Besonders problematisch ist hierbei die monetäre Quantifizierung der Risikoauswirkungen, da die Monetarisierung der Risikofolgen nicht immer möglich ist und neben rein ökonomischen Kriterien auch technische, soziale oder ökologische Bewertungskriterien berücksichtigt werden sollten (Kremers, 2002).

Um diese Schwierigkeiten zu bewältigen und Informationen für die Entscheidungsfindung im Risikomanagement zu generieren, kann zu einer ersten groben Bewertung von Risiken die Quantifizierung der Vulnerabilität eines Systems herangezogen werden (Birkmann und Wisner, 2006). Diese Art der Bewertung liefert zwar kein absolutes Schadenspotenzial eines Risikos, zeigt aber auf, welche Elemente besonders anfällig sind und welche Gefahren im Rahmen des Risikomanagements besonders berücksichtigt werden sollten (Wei et al., 2004; Wisner, 2002). Des Weiteren stellt die Vulnerabilitätsanalyse im Rahmen der Risikoanalyse einen wichtigen Ausgangspunkt dar, da über die Verknüpfung der Vulnerabilität mit weiteren Daten (z. B: Expositionsdaten) das Schadenspotenzial verschiedener Risiken bestimmt werden kann (Messner und Meyer, 2005).

Da die Analyse von Auswirkungsmechanismen und die Identifizierung von Vulnerabilitätsfaktoren eine wichtige Grundlage der Vulnerabilitätsanalyse bildet, stellt die Vulnerabilitätsanalyse eine sehr transparente und ursachenbezogene Methode der Risikobewertung dar (Birkmann, 2006c; Wisner et al., 2004). Die Quantifizierung der Vulnerabilität eines Systems ermöglicht es dem Entscheider, die zu Grunde liegenden Auswirkungsmechanismen besser zu verstehen, Schwachstellen zu bestimmen und so Ansatzpunkte für die Risikobewältigung zu identifizieren und diese zu priorisieren (Einarsson und Rausand, 1998). Des Weiteren ermöglicht es die prozessorientierte Herangehensweise der Vulnerabilitätsanalyse, die verschiedene Risiken nicht nur isoliert voneinander zu betrachten und erleichtert es, die Interdependenzen zwischen verschiedenen Risikoarten mit in die Risikobewertung einzubeziehen (Hossini, 2008). Da es sich bei der Vulnerabilität jedoch um keine direkt messbare Einzelgröße, sondern um ein komplexes, multidimensionales Konstrukt handelt, stellt auch die Vulnerabilitätsbestimmung eine gewisse Herausforderung dar (vgl. Kap. 2.2).

In der vielfältigen, aus verschiedenen Disziplinen stammenden Literatur zur Vulnerabilitätsanalyse wird derzeit keine strukturierte und methodisch einheitliche Vorgehensweise zur Quantifizierung der Vulnerabilität beschrieben (vgl. Kap. 2.2). Um jedoch für die Analyse der industriellen Vulnerabilität auf verschiedenen Ebenen eine strukturierte Herangehensweise anwenden zu können, wurde im Rahmen der Arbeit eine transparente Vorgehensweise für die Bestimmung der Vulnerabilität erarbeitet. Gemäß diesem Ansatz kann die Vulnerabilitätsanalyse in vier aufeinander folgende Schritte gegliedert werden:

1. Ermittlung eines grundlegenden Vulnerabilitätskonzepts
2. Analyse der Auswirkungsmechanismen und Risikoprozesse
3. Identifizierung eines gefährdungs-, objekt- und ebenenspezifischen Konzepts und Ermittlung von Vulnerabilitätsfaktoren
4. Operationalisierung des Konzepts und Quantifizierung der Vulnerabilität

Im **ersten Schritt** müssen die grundlegende Definition der Vulnerabilität, die betrachteten Dimensionen sowie die in die Vulnerabilität einfließenden Komponenten festgelegt werden. Bei der Bewertung von industriellen Risiken auf verschiedenen Ebenen eignet sich hierzu das in Kap. 2.3 entwickelte Vulnerabilitätskonzept. Darauf aufbauend wird die Vulnerabilität eines Systems von Fragilitäts-, Resilienz- und Expositionsfaktoren bestimmt (Villagrán de Léon, 2006b).

Im **zweiten Schritt** müssen die Mechanismen, die bei verschiedenen Risiken wirksam werden und das Schadensausmaß bestimmen, analysiert und dargestellt werden (vgl. Kap. 2.5). Die Bestimmung der Auswirkungsmechanismen stellt eine wichtige Grundlage für **Schritt 3** dar, in dem ein gefährdungs-, objekt- und ebenenspezifisches Vulnerabilitätskonzept entwickelt wird. Hierbei muss identifiziert werden, welche spezifischen Eigenschaften des Systems die Anfälligkeit, die Bewältigungskapazität oder die Resilienz beeinflussen (Bestimmung der Vulnerabilitätsfaktoren).

Das entwickelte Vulnerabilitätskonzept wird dann im nachfolgenden Schritt operationalisiert, um so auf möglichst objektive Weise die Vulnerabilität zu quantifizieren. Die Operationalisierung (Messbarmachung) der Vulnerabilität stellt häufig eine große Herausforderung dar (Turner et al., 2003; Cutter, 2001). Zur Operationalisierung der Vulnerabilität werden oftmals indikatorenbasierte Ansätze wie z. B. Einzelindikatoren, Indikatorensysteme oder hierarchische Indikatorenmodelle, über die die relative Vulnerabilität ermittelt wird, eingesetzt (Birkmann und Wisner, 2006; Thywissen, 2006).

Da die in die Vulnerabilitätsbestimmung eingehenden Daten mit Unsicherheiten behaftet sein können und weil die Entwicklung des Vulnerabilitätskonzepts häufig von hoher Subjektivität geprägt ist, nimmt die Durchführung einer Sensitivitätsanalyse eine zentrale Rolle ein. Sensitivitätsanalysen sollten daher bereits bei der Operationalisierung des Vulnerabilitätskonzepts berücksichtigt werden (Cutter et al., 2003).

Da die Vulnerabilität der intrinsischen Seite des Risikos entspricht (vgl. Kap. 2.3), stellt die Vulnerabilitätsanalyse einen ersten Schritt der Risikobewertung dar, der grundlegende Informationen für die Entscheidungsfindung im Risikomanagement liefert. In erster Linie kann die Quantifizierung der Vulnerabilitäten zur Schwachstellenanalyse in den betrachteten Systemen (z. B. Unternehmen, Sektor, Region) und zur Identifizierung des Handlungsbedarfs bei der Risikobewältigung herangezogen werden. Des Weiteren ermöglicht die Vulnerabilitätsanalyse aber auch einen relativen Vergleich verschiedener Risiken bezüglich eines Systems (z. B. Unternehmensstandort oder Region). Auf räumlicher Ebene dienen Vulnerabilitätsanalysen zum Risikovergleich verschiedener Regionen oder Standorte, um so sogenannte „*Risiko Hot-Spots*“ zu identifizieren (Dilley et al., 2005). Dies kann beispielsweise für die Allokation von Ressourcen im Risiko- und Krisenmanagement eine wichtige Information darstellen.

Trotz der erwähnten Vorteile der Vulnerabilitätsbestimmung zur Risikobewertung muss an dieser Stelle darauf hingewiesen werden, dass die Ergebnisse der Vulnerabilitätsanalyse im Risikomanagement lediglich einer ersten Priorisierung von Risiken und Systemen sowie der Identifizierung von Schwachstellen dienen kann. Vor der Implementierung von Risikobewältigungsmaßnahmen sollten daher, um eine wirtschaftliche Risikobewältigung zu erreichen, für die als prioritär eingestuften Risiken und Systeme (z. B. Regionen) detailliertere Risikobewertungen durchgeführt werden, bei denen zumindest eine grobe Einschätzung der Eintrittswahrscheinlichkeit mit in die Risikoanalyse einfließt.

3.5 Zusammenfassung

Im industriellen Risikomanagement, das die Steuerung und Bewältigung von Risikoauswirkungen in Unternehmen zur Aufgabe hat, kommt der Risikoanalyse, die sich aus Risikoidentifikation und Risikobewertung zusammensetzt, eine zentrale Bedeutung zu. Da die Systematisierung potenzieller Risiken eine wichtige Grundlage für die Identifizierung der Risiken darstellt, wurden verschiedene Klassifizierungsansätze vorgestellt und diskutiert. Aufgrund der ursachenbezogenen Herangehensweise ist unter den Aspekten des industriellen Risikomanagements eine Untergliederung in leistungswirtschaftliche und finanzwirtschaftliche Risiken am besten geeignet. Im Rahmen der vorliegenden Arbeit wird hierbei lediglich die externe Seite der leistungswirtschaftlichen Risiken, die sich aus externen Betriebsrisiken (z. B. Naturrisiken und Infrastrukturrisiken) und Supply Chain Risiken zusammensetzt, betrachtet. Da das Verständnis der Risikoauswirkungen eine grundlegende Voraussetzung für das Risikomanagement darstellt (z. B. für die Entwicklung von industriespezifischen Vulnerabilitätskonzepten), wurden zudem die Auswirkungen dieser externer Risiken in Industrieunternehmen analysiert.

Im Rahmen der Risikobewertung werden die von den potenziellen Risiken ausgehenden Auswirkungen quantifiziert und Gefährdungspotenziale transparent gemacht. Neben den zentralen Zielen und Aufgaben der Risikobewertung wurden in Kapitel 3 klassische Methoden der Risikobewertung sowie Methoden zur Quantifizierung von direkten und indirekten Schäden vorgestellt. Des Weiteren wurden generelle Anforderungen an Risikobewertungsverfahren identifiziert. Dies sind beispielsweise Objektivität, Transparenz und Nachvollziehbarkeit sowie die Integrierbarkeit verschiedener Bewertungskriterien.

Der Einsatz verschiedener Bewertungsmethoden kann gerade im Bereich der industriellen Risiken mit einer Vielzahl von Problemen verbunden sein. So stellen beispielsweise die Bestimmung von Eintrittswahrscheinlichkeiten von Risikoereignissen, die Quantifizierung des tatsächlichen Schadensausmaßes und die Monetarisierung der Schäden (häufig aufgrund der sehr begrenzten Datenverfügbarkeit) eine große Herausforderung dar. Außerdem wird bei den meisten gängigen Bewertungsmethoden der Umgang mit Unsicherheiten vernachlässigt.

Um diese Schwierigkeiten zu umgehen, kann die Quantifizierung der Vulnerabilität eines Systems zu einer ersten Risikobewertung herangezogen werden. Aufgrund der prozessorientierten Herangehensweise stellt die Vulnerabilitätsanalyse eine Methode dar, die – wie später gezeigt – sehr gut geeignet ist, im Rahmen des Risikomanagementprozesses verschiedene Risiken miteinander zu vergleichen und Schwachstellen sowie Handlungspotenziale aufzuzeigen. Da es sich bei der Vulnerabilität jedoch nicht um eine direkt messbare Einzelgröße, sondern um ein komplexes Konstrukt handelt, wurde ein strukturiertes Vorgehen für die Durchführung von Vulnerabilitätsanalysen, das in vier Teilschritte untergliedert werden kann, entwickelt und dargestellt.

Im Rahmen der Vulnerabilitätsanalyse selbst stellt die Operationalisierung von Vulnerabilitätskonzepten eine große Herausforderung dar, die unter methodischen Gesichtspunkten bisher wenig beleuchtet wurde. Zur Operationalisierung und quantitativen Bestimmung der Vulnerabilität sind indikatorenbasierte Methoden sehr gut geeignet. Im Folgenden werden die methodischen Grundlagen dieser Ansätze und ihre Verwendung im Rahmen der Vulnerabilitätsanalyse vorgestellt. Ausgehend hiervon wird eine Methodik zur Analyse der industriellen Vulnerabilität auf verschiedenen Ebenen entwickelt.

Kapitel 4

Entwicklung einer indikatorenbasierten Methodik zur industriellen Vulnerabilitätsanalyse

4.1 Ziele und Rahmenbedingungen der industriellen Vulnerabilitätsanalyse

Zur Reduzierung der durch externe Risiken hervorgerufenen Schäden in Industrieunternehmen müssen im Rahmen des Risikomanagements sowohl zur Risikoprävention als auch zur Risikobewältigung Entscheidungen auf verschiedenen Ebenen getroffen werden. So ist es auf der einen Seite notwendig, dass die Unternehmen selbst angemessene Risikominderungsmaßnahmen ergreifen. Die Auswirkungen von externen Risiken können jedoch durch äußere Rahmenbedingungen oder übergeordnete Effekte verursacht bzw. verstärkt werden (z. B. Ausfall kritischer Infrastrukturen). Daher ist es auf der anderen Seite auch notwendig, dass zur Reduzierung der industriellen Risiken auf administrativer Ebene (z. B. von Landesbehörden) geeignete Maßnahmen identifiziert, bewertet und umgesetzt werden (Webb et al., 1999; Tierney und Nigg, 1995). Hierzu zählen zum Beispiel Entscheidungen bezüglich der Verteilung von Ressourcen (z. B. Hilfskräfte, Notstromaggregate), Entscheidungen über die prioritäre Versorgung einzelner Regionen (z. B. mit Elektrizität, Material etc.) oder Beschlüsse über die Zuteilung von Finanzhilfen. Die Kenntnis der räumlichen industriellen Vulnerabilität als intrinsische Seite des regionalen Risikos stellt für solche Entscheidungen eine wichtige Voraussetzung dar.

Zur räumlichen Analyse der industriellen Vulnerabilität auf regionaler Ebene stehen derzeit keine geeigneten Methoden zur Verfügung. Im Folgenden wird daher basierend auf den in den Kapiteln 2 und 3 erarbeiteten risikotheoretischen Grundlagen ein methodischer Ansatz entwickelt, über den die industrielle Vulnerabilität auf räumlicher Ebene (für verschiedene Regionen) bestimmt werden kann. Um im Rahmen der räumlichen Vulnerabilitätsanalyse eine prozessorientierte Vorgehensweise und die Berücksichtigung industriespezifischer Wechselwirkungen zu ermöglichen, ist der entwickelte Ansatz zweistufig aufgebaut. Auf der ersten Stufe wird unter Berücksichtigung industriespezifischer Eigenschaften die Vulnerabilität verschiedener Industriesektoren analysiert. Zur Bestimmung der regionalen industriellen Vulnerabilität werden diese sektorspezifischen Vulnerabilitäten auf die räumliche Ebene verteilt.

Im Rahmen des entwickelten Ansatzes liegt der Fokus auf der Analyse der Vulnerabilität gegenüber Naturrisiken. Zwischen dieser Risikoart und den anderen externen Risiken existieren ausgeprägte Interdependenzen. Diese Wechselwirkungen werden in der entwickelten Methodik berücksichtigt, so dass diese auch zur Analyse der Vulnerabilität gegenüber Infrastrukturausfällen und Supply Chain Unterbrechungen eingesetzt werden kann. Da in der Industrie neben Schäden an Anlagen und Gebäuden insbesondere indirekte Schäden von Bedeutung sind, dient die entwickelte Methodik der Analyse der Vulnerabilität gegenüber primären und sekundären Betriebsunterbrechungen.

Bei der industriellen Vulnerabilität gegenüber indirekten Schäden handelt es sich um ein komplexes Konstrukt, das von diversen Fragilitäts- und Resilienzfaktoren beeinflusst wird. Daher ist die Vulnerabilität der Industrie gegenüber indirekten Schäden nicht direkt messbar. Zur Messbarmachung (Operationalisierung) eignen sich indikatorenbasierte Ansätze. Im Folgenden wird nach einer Analyse der theoretischen Grundlagen von indikatorenbasierten Methoden der derzeitige Einsatz von Indikatorenmodellen in der Vulnerabilitätsanalyse charakterisiert. Anschließend wird eine auf der Nutzwertanalyse basierende Methodik zum Aufbau hierarchischer Indikatorenmodellen entwickelt und zur Erstellung eines hierarchischen Indikatorenmodells für die industrielle Vulnerabilitätsanalyse eingesetzt.

4.2 Theoretische Grundlagen indikatorenbasierter Methoden

Indikatorenbasierte Ansätze haben sich in den verschiedensten Disziplinen zur Operationalisierung multidimensionaler Konstrukte als geeignet erwiesen (Birkmann, 2006b). Sie ermöglichen neben einer indirekten Quantifizierung der zu analysierenden Größe (z. B. der Vulnerabilität) ein verbessertes Verständnis der zu Grunde liegenden Prozesse und stellen damit ein wichtiges Informations- und Kommunikationstool dar. Um in den nachfolgenden Kapiteln den Einsatz von hierarchischen Indikatorenmodellen zur Vulnerabilitätsanalyse detailliert beschreiben zu können, werden in diesem Kapitel nach der Definition grundlegender Begriffe die methodischen Anforderungen an die Entwicklung von Indikatorensystemen aufgezeigt.

4.2.1 Definitionen und Klassifizierungsansätze

Für den Begriff *Indikator* existiert eine Vielzahl verschiedener Definitionen (Birkmann, 2006a). Gallopín definiert einen Indikator als

> *„eine Variable (nicht einen Wert), die eine operationelle Beschreibung einer Eigenschaft oder Charakteristik eines Systems darstellt"* (eigene Übersetzung) (Gallopín, 1997).

In Bezug auf die Vulnerabilität, deren indikatorenbasierte Analyse Ziel des im weiteren Verlauf der Arbeit entwickelten Systems ist, können *Vulnerabilitätsindikatoren* als

> *„Variablen, die eine operationelle Definition einer Eigenschaft eines betrachteten Systems darstellen und Informationen über die Anfälligkeit, Resilienz oder Bewältigungskapazität eines Systems bereitstellen"* (eigene Übersetzung),

beschrieben werden (Birkmann, 2006b).
Die Formulierung von Karls und Klemmer, dass

> *„ein Indikator ein statistisch messbares bzw. beobachtbares Merkmal ist, dessen Ausprägung einen bestimmten Sachverhalt bzw. eine bestimmte Größe charakterisieren soll"* (eigene Übersetzung)

macht deutlich, dass die Messbarkeit bzw. die empirische Beobachtbarkeit der als Indikatoren eingesetzten Variablen wichtige Grundvoraussetzungen sind (Karl und Klemmer, 1990). Hierbei müssen Indikatoren jedoch nicht zwingenderweise quantitative Variablen darstellen, und es können auch qualitative (nominale) Variablen oder (ordinale) Rangvariablen als Indikatoren eingesetzt werden.

Die Operationalisierung eines theoretischen Konstrukts, das über die Indikatoren beschrieben und analysiert werden soll, nimmt bei der Indikatorenentwicklung eine zentrale Bedeutung ein. Hierdurch wird den messbaren bzw. beobachtbaren Variablen eine thematische Bedeutung zugewiesen, die ihren Informationsgehalt erhöht und so Indikatoren gegenüber Variablen einen inhaltlichen Mehrwert zuweist (von Schirnding, 2002). Im Rahmen der Indikatorenentwicklung werden an den Prozess der Operationalisierung bestimmte Anforderungen gestellt, zu deren Lösung mehrere Methoden zur Verfügung stehen. Hierauf wird in Kapitel 4.2.3 vertieft eingegangen.

Die Eigenschaften und der potenzielle Einsatzbereich (z. B. Prozessorientierung, Zeitbezug, Raumbezug etc.) verschiedener Indikatoren hängen sehr stark vom Typ der Indikatoren ab. Indikatoren können nach verschiedenen Kriterien klassifiziert werden. Tabelle 8 gibt einen systematischen Überblick über die unterschiedlichen Indikatortypen.

Bei deskriptiven Indikatoren handelt es sich um rein beschreibende Indikatoren, während normative mit einer Zielgröße verbunden werden und die Abweichung zur bzw. den Erreichungsgrad der Zielvorgabe angeben (Noll und Zapf, 1994). Objektive und subjektive Indikatoren werden dahingehend unterschieden, ob sie subjektive oder objektive Merkmale beinhalten. Unter objektiven Merkmalen werden hierbei Eigenschaften verstanden, die über quantitative Methoden gemessen oder erhoben werden können. Subjektive Merkmale messen dagegen Eindrücke von Individuen, wie beispielsweise den Grad der Zufriedenheit gegenüber einem bestimmten Aspekt (Jäger, 2002). Bei der Unterscheidung zwischen Prognoseindikatoren und Diagnoseindikatoren stellt der Zeitbezug das entscheidende Klassifizierungskriterium dar. Die Klassifizierung in Prozessindikatoren (*predictive process indicators*) und Ergebnisindikatoren (*outcome indicators*) ist der Untergliederung in Ursachen- und Wirkungsindikatoren sehr ähnlich (Adger et al., 2004). Prozess- und Ursachenindikatoren beschreiben das zu analysierende System über die Abbildung und Quantifizierung von Faktoren, die die Ursache der zu charakterisierenden Größe abbilden, während Ergebnis- und Wirkungsindikatoren die untersuchte Größe mittels der Quantifizierung von Ergebnisparametern operationalisieren (Freudenberg, 2003). Prozess- und Ursachenindikatoren haben den Vorteil, dass Sie meist auf fundierten theoretischen Konzepten beruhen und so die analysierte Größe möglichst realitätsnah abbilden. Dies fördert sowohl das Problemverständnis als auch die Transparenz der Methodik (Benson, 2004).

Tabelle 8: Indikatortypen (nach Jäger, 2002 und Birkmann, 2006)

Indikatorentyp		
quantitative Indikatoren	↔	qualitative Indikatoren
deskriptive Indikatoren	↔	normative Indikatoren
objektive Indikatoren	↔	subjektive Indikatoren
Prognoseindikatoren	↔	Diagnoseindikatoren
Prozessindikatoren	↔	Ergebnisindikatoren
Ursachenindikatoren	↔	Wirkungsindikatoren
Einzelindikatoren	↔	Indikatorensysteme/Indikatorenmodelle

Im Bereich der Risiko- und der Vulnerabilitätsanalyse kommen besonders Prozess- und Ergebnisindikatoren zum Einsatz, aber auch Prognoseindikatoren spielen eine wichtige Rolle (vgl. Kapitel 4.3).

Einen Klassifizierungsansatz, bei dem die Indikatorentypen sich maßgeblich durch die methodische Vorgehensweise bei der Entwicklung unterscheiden, stellt die Differenzierung gemäß des Aggregierungs- bzw. des Verknüpfungsgrades dar. Hierdurch werden alleinstehende *Einzelindikatoren* von *Indikatorensystemen* und *Indikatorenmodellen* unterschieden (Abbildung 12). Indikatorensysteme stellen eine

> *„systematische Zusammenführung verschiedener Einzelindikatoren (und damit verschiedener Detailinformationen) hinsichtlich einer spezifischen Problematik dar"* (eigene Übersetzung) (Jäger, 2002).

Der Systembegriff verdeutlicht hierbei, dass, obwohl zwischen den Einzelindikatoren keine mathematische Verknüpfung vorgenommen wird, zumindest eine partielle (thematische) Abhängigkeit zwischen diesen besteht.

Werden die Indikatoren eines Indikatorensystems über mathematische Verknüpfungen zueinander in Beziehung gesetzt, wird von *Indikatorenmodellen* gesprochen (Nardo et al., 2005b). Eine typische Art von Indikatorenmodell stellen zusammengesetzte Indikatoren (*hierarchische Indikatorenmodelle*) dar. Diese kombinieren die Informationen mehrer Einzelindikatoren zu einem *Index* (*Composite Indicator*) (Saisana und Tarantola, 2002). Der Einsatz von hierarchischen Indikatorenmodellen ist besonders zur Operationalisierung komplexer Größen, wie z. B. der Vulnerabilität, geeignet. Ein potenzieller Nachteil von zusammengesetzten Indizes ist der durch die Aggregierung mögliche Informationsverlust. Daher sollten zusammengesetzte Indizes lediglich als Ausgangspunkt vor einer vertiefenden Analyse eingesetzt werden. Hierbei ist es wichtig, dass die Ergebnisse ergänzend in disaggregierter Form untersucht werden können, um so zum

Beispiel den Beitrag der einzelnen Dimensionen zu erfassen und damit sowohl die Stärken als auch die Schwächen hinsichtlich der analysierten Größe zu identifizieren (Freudenberg, 2003).

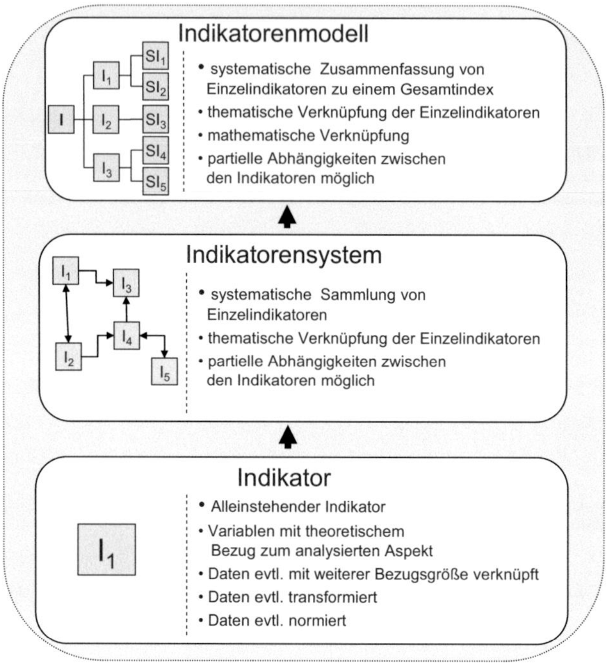

Abbildung 12: Klassifizierung von indikatorenbasierten Ansätzen entsprechend des Aggregationsniveaus (nach Birkmann, 2006)

Da im Rahmen der vorliegenden Arbeit ein hierarchisches Indikatorenmodell entwickelt wird, werden im Folgenden besonders Nutzen von und Anforderungen an Indikatorenmodelle diskutiert. Einzelindikatoren und Indikatorensystem werden hierbei nicht mehr gesondert betrachtet.

4.2.2 Einsatz und Nutzen von Indikatorenmodellen

Indikatorenmodelle kommen in vielen verschiedenen Bereichen zum Einsatz. Bereits 1812 entdeckte Georg Crome den Zeigerwert wildwachsender Pflanzen für die Agrarwirtschaft und entwickelte damit das wissenschaftliche Prinzip von Bioindikatoren (Crome, 1812). Bioindikatoren werden in der Ökologie verstärkt seit den 1920er- und 1930er-Jahren verwendet. Hierbei wird zum Beispiel der Verbreitungsgrad verschiedener Zeigerarten (Pflanzen- oder Tierarten) bestimmt, um schwerer messbare oder bestimmbare Eigenschaften, wie den Bodentyp, das Mikroklima oder die Nährstoffverfügbarkeit, abzuschätzen (Stock, 1933; Turesson, 1932; Dienst, 1924). In der Ökonomie werden Indikatoren seit den 1940er-Jahren (z. B. Bruttoinlandsprodukt, Arbeitslosenquote) zur Abschätzung und Kommunikation von aktuellen Zuständen und künftigen Entwicklungen in der Wirtschaft eingesetzt (Reich und Stahmer, 1983). Im Bereich der Sozialwissenschaften werden Indikatoren verstärkt seit den 1960er- und 1970er-Jahren entwickelt (Empacher und Wehling, 1999). In den 1960er- und 1970er-Jahren wurde zudem die Entwicklung von Umweltindikatoren voran getrieben (Marans und Strüpel, 1976; Milbrath und Sahr, 1975; Pikul, 1974). Seit den 1990er-Jahren spielen Indikatoren zur Quantifizierung der Nachhaltigkeit verschiedener Systeme eine wichtige Rolle (Pateiro Fernández, 2008; Bell und Morse, 2008; Azapagic, 2000). In den vergangenen Jahren kommen Indikatoren auch im Bereich der Risiko- und Vulnerabilitätsanalyse – meist auf räumlicher Ebene – zum Einsatz. Indikatorenbasierte Ansätze zur Risiko- und Vulnerabilitätsanalyse werden in Kapitel 4.3 detaillierter erläutert.

Generell können Indikatoren zur Entscheidungsunterstützung und Kommunikation komplexer Größen eingesetzt werden. Im Rahmen der Entscheidungsunterstützung werden Indikatoren besonders zum Vergleich verschiedener Objekte und Regionen, zur Trendanalyse, zur Frühwarnung oder zum Vergleich mit Zielvorgaben oder Standards (*Benchmarking*) herangezogen (UN/ISDR, 2008). Im Bereich des Risikomanagements dienen Indikatoren beispielsweise dazu, den Handlungsbedarf zur Risikominderung zu identifizieren, die verschiedenen Ansatzpunkte (*areas of action*) zu priorisieren und Maßnahmen zu planen (z. B. optimale Allokation von Ressourcen).

Der Vorteil indikatorbasierter Methoden gegenüber anderen Informationssystemen ist vor allem in der theorie- und problemorientierten Aufbereitung der zu analysierenden Größe zu sehen. Diese führt zu einer Reduktion der Komplexität und ist mit einer höheren Transparenz und einem besseren Verständnis des Entscheidungsproblems verbunden (Belton und Stewart, 2002). Die kurze, präzise und meist recht übersichtliche Darstellungsweise von komplexen Größen über indikatorenbasierte Methoden macht Informationen leichter zugänglich, weshalb Indikatoren (besonders auch im Rahmen der Risikokommunikation) gut als Kommunikationstool geeignet sind (Jäger, 2002).

4.2.3 Anforderungen an Indikatorenmodelle

Um eine erfolgreiche Anwendbarkeit von Indikatorenmodellen zu gewährleisten, ist es notwendig, bei der Entwicklung von Indikatorenmodellen einige Anforderungen zu berücksichtigen.

Auf die Gesamtqualität von Indikatorenmodellen haben verschiedenste Kriterien einen Einfluss (Nardo et al., 2005b). Diese hängen stark von Ziel, Nutzer und Einsatzgebiet der Indikatoren ab. Da Indikatorensysteme und -modelle grundsätzlich nur so gut wie die Elemente, aus denen sie zusammengesetzt sind, sein können, müssen die zu Grunde liegenden Einzelindikatoren verschiedenen Qualitätskriterien genügen. Des Weiteren spielen der Entwicklungsprozess selbst und die hierfür eingesetzten Methoden eine wichtige Rolle (Zhou et al., 2010).

Ein grundlegendes Kriterium, das alle Indikatoren erfüllen müssen, ist eine eindeutige Messbar- bzw. Beobachtbarkeit (Flascha, 1980). Des Weiteren sollten Indikatoren möglichst folgende Eigenschaften erfüllen (UN/ISDR, 2008; Birkmann, 2007; Jäger, 2002):

- verfügbar
- exakt/präzise
- reproduzierbar
- objektiv
- relevant/repräsentativ
- eindeutig
- theoretisch wohlbegründet/kohärent
- verständlich/interpretierbar

Des Weiteren sollten zwischen den einzelnen Indikatoren eines hierarchischen Indikatorenmodells keine Redundanzen oder Abhängigkeiten auftreten, da diese zu einer Über- oder Unterbewertung einzelner Dimensionen führen können (Munda und Nardo, 2009). Häufig stellt bei der Identifizierung geeigneter Indikatoren die Datenverfügbarkeit ein großes Problem dar (Freudenberg, 2003).

Zusätzlich zu den Anforderungen an die Qualität der einzelnen Indikatoren eines Indikatorenmodells müssen auch bei der Entwicklung des gesamten Modells Anforderungen berücksichtigt werden. Die Entwicklung eines Indikatorenmodells kann in folgende Prozessschritte untergliedert werden:

1. Entwicklung eines theoretischen Konzepts
2. Auswahl und Strukturierung geeigneter Indikatoren
3. Operationalisierung der Indikatoren/Ermittlung der Indikatorenwerte

4. Normalisierung der Indikatorenwerte
5. Gewichtung und Aggregation
6. Darstellung der Ergebnisse
7. Sensitivitätsanalyse

Diese Prozessschritte sollten nicht unabhängig voneinander betrachtet werden, sondern sind als iterative Abfolge zu verstehen (Gallopín, 1997).

Übergeordnetes Ziel bei der Entwicklung eines hierarchischen Indikatorenmodells ist es, einzelne Variablen so abzubilden und miteinander zu verknüpfen, dass die zu analysierende Größe möglichst realistisch operationalisiert wird (Freudenberg, 2003).

Die beiden Prozessschritte „Entwicklung des theoretischen Konzepts“ und „Auswahl geeigneter Indikatoren“ sind für die Indikatorenmodellentwicklung von zentraler Bedeutung und haben einen entscheidenden Einfluss auf die Gesamtqualität des Systems. Zur Operationalisierung komplexer Sachverhalte stehen verschiedene Methoden zur Verfügung (Flascha, 1980). Diese können in *Top-down* und *Bottom-up* Ansätze untergliedert werden, die jedoch auch in kombinierter Form zum Einsatz kommen. Während bei Ersteren die Auswahl der Indikatoren auf Basis der Analyse von kausalen Ursache-Wirkungsbeziehungen durchgeführt wird, orientieren sich Bottom-up Ansätze in erster Linie an der Verfügbarkeit möglicher Indikatoren (und Daten) (Jäger, 2002). Hinsichtlich der Qualität von Indikatorenmodellen sind top-down Ansätze zu bevorzugen. Bie diesen ist das Verständnis der untersuchten Größe und ihrer zu Grunde liegenden Prozesse von großer Bedeutung (Benson, 2004). Aus diesem Grund wurden in Kapitel 3.3 als Voraussetzung für die Operationalisierung der industriellen Vulnerabilität gegenüber externen Risiken, die Risikoauswirkungen in der industriellen Produktion detailliert untersucht.

Zusammenfassend kann die Operationalisierung als Aggregation von Wissen über eine zu bestimmende Größe beschrieben werden. Hierbei spielt die Strukturierung und vollständige Erfassung möglichst aller relevanter Dimensionen eine wichtige Rolle (Turner et al., 2003). Wie in jedem Modell muss bei der Entwicklung von Indikatorenmodellen eine Abwägung zwischen Vereinfachung und Genauigkeit getroffen werden. Um Indikatorenmodelle übersichtlich zu halten, sollten bei der Indikatorenauswahl nicht zu viele Einzelindikatoren in das Modell integriert werden.

Insgesamt sind die einzelnen Prozessschritte bei der Entwicklung von hierarchischen Indikatorenmodellen den Phasen der multi-kriteriellen Entscheidungsunterstützung sehr ähnlich. Auf die Zusammenhänge dieser beiden Ansätze sowie die genaue methodische Vorgehensweise bei der Entwicklung von hierarchischen Indikatorenmodellen wird in Kapitel 4.4 ausführlich eingegangen. Im Folgenden werden die spezifischen Eigenschaften von Risiko- und Vulnerabilitätsindizes charakterisiert und bereits existierende Indikatorenansätze zur Vulnerabilitäts- und Risikoanalyse beschrieben.

4.3 Indikatorenmodelle zur Risiko- und Vulnerabilitätsanalyse

Zur Operationalisierung der Vulnerabilität von Systemen gegenüber verschiedenen Risikoarten werden häufig hierarchische Indikatorenmodelle eingesetzt. Im Bereich der Naturrisiken fordert die UN in ihrem im Jahr 2005 erarbeiteten Hyogo Framework of Action 2005-2015 explizit, Indikatorensysteme zur Risiko- und Vulnerabilitätsanalyse auf verschiedenen räumlichen Ebenen zu entwickeln (UN/ISDR, 2005).

4.3.1 Spezifische Anforderungen an Indikatorenmodelle zur Risiko- und Vulnerabilitätsanalyse

Die Quantifizierung der Vulnerabilität über ein Indikatorenmodell stellt den Brückenschlag zwischen theoretischen Vulnerabilitätskonzepten und der Entscheidungsfindung im Rahmen des Risikomanagements dar. Die Ergebnisse der indikatorenbasierten Vulnerabilitätsbewertung können zum Beispiel als Grundlage für die Entscheidungsunterstützung bei der Planung von Risikominderungsmaßnahmen eingesetzt werden.

Die klare Festlegung des Ziels und der Funktion eines Indikatorenmodells ist eine der wichtigsten Grundlagen für die Entwicklung von Indikatorensystemen zur Vulnerabilitätsanalyse. Hiervon hängen die verwendete Entwicklungsmethodik, die Auswahl der Indikatoren sowie das Design des gesamten Indikatorenmodells ab. Zu Beginn der Entwicklung eines Indikatorenmodells zur Vulnerabilitätsanalyse muss daher klar definiert werden, von welchem System die Vulnerabilität, gegenüber welcher Gefährdung untersucht werden soll und welche Dimension der Vulnerabilität hierbei betrachtet wird.

Um die Vulnerabilität eines Systems in seiner ganzen Komplexität abbilden und operationalisieren zu können, müssen möglichst alle für den Untersuchungszweck relevanten Dimensionen (z. B. industrielle Vulnerabilität, soziale Vulnerabilität) und die verschiedenen Vulnerabilitätskomponenten (Anfälligkeit/Fragilität, Exposition und Resilienz) in das Indikatorensystem integriert werden (Wisner, 2002). Die Abbildung der verschiedenen Komponenten wird in

Indikatorenmodellen über die Kombination von Fragilitäts- und Resilienzindikatoren realisiert (Kelly und Adger, 2000). Hierzu ist häufig die Integration von quantitativen und qualitativen Faktoren innerhalb eines Indikatorenmodells notwendig (Lonergan et al., 2001).

Des Weiteren weist Birkmann darauf hin, dass Indikatorenmodelle zur Risiko- und Vulnerabilitätsanalyse nicht nur die Operationalisierung der Vulnerabilität gegenüber direkten Schäden zum Ziel haben sollten (Birkmann, 2007). Vielmehr ist es wichtig, dass auch die Vulnerabilität gegenüber indirekten oder intangiblen Effekten, die über herkömmliche Bewertungsmethoden weitaus schwieriger zu erfassen sind, in die indikatorenbasierte Analyse integriert werden sollte

Wie bereits in Kapitel 4.2.1 beschrieben, kommen im Bereich der Risiko- und Vulnerabilitätsanalyse sowohl Prozessindikatoren als auch Ergebnisindikatoren zum Einsatz. Während bei der prozessorientierten Methodik Fragilitäts- und Resilienzfaktoren als Vulnerabilitätstreiber über die Analyse der Risikoauswirkungen ermittelt werden, werden bei der ergebnisorientierten Herangehensweise Charakteristika, über die sich die Vulnerabilität eines Systems manifestiert, zur Abbildung der Vulnerabilität eingesetzt (z. B. Schadenssumme historischer Schadensereignisse, Anzahl der Todesfälle vergangener Naturkatastrophen). Adger et al. sprechen bei der Entwicklung von prozessorientierten Vulnerabilitätsindikatoren von einer deduktiven Vorgehensweise, die auf dem theoretischen Verständnis von kausalen Zusammenhängen beruht (Adger et al., 2004). Die auf statistischen Zusammenhängen basierende Entwicklung von Ergebnisindikatoren wird hingegen als induktiv bezeichnet. Da bei einer ergebnisorientierten Identifizierung von Vulnerabilitätsindikatoren aufgrund der historischen Datenbasis eher die historische Vulnerabilität von Objekten oder Regionen bewertet wird, ist für die Ermittlung der aktuellen oder zukünftigen Vulnerabilität die prozessorientierte Herangehensweise besser geeignet. Des Weiteren verbessert eine prozessorientierte Methodik das Verständnis der Vulnerabilität. Sie ermöglicht so aufgrund des höheren Informationsgehaltes ein ursachenorientiertes Aufzeigen von Schwachstellen sowie die direkte Ableitung von Handlungsmaßnahmen für das Risikomanagement.

Da sowohl die Vulnerabilitätsprozesse als auch die Schadenscharakteristika auf verschiedenen Betrachtungsebenen (z. B. Unternehmen/Industriesektor, regional/national/global) unterschiedlich sein können, sollten Indikatoren nicht von der räumlichen Skala auf die Objektebene übertragen werden. Ebenso muss bei der Entwicklung von Vulnerabilitätsindikatoren berücksichtigt werden, dass Vulnerabilitätsprozesse nicht nur auf der betrachteten Ebene ablaufen, sondern dass auf den einzelnen Ebenen verschiedene Prozessen gleichzeitig wirksam werden und zum Teil miteinander in Wechselwirkung stehen (Cash und Moser, 2000).

Da bei verschiedenen Risikoarten (Gefährdungen) unterschiedliche Vulnerabilitätsprozesse und damit auch unterschiedliche Vulnerabilitätsfaktoren wirksam werden, müssen bei der Bewertung der Vulnerabilität neben generischen Vulnerabilitätsindikatoren (die bei allen Gefährdungsarten von Bedeutung sind) auch gefährdungsspezifische Vulnerabilitätsindikatoren berücksichtigt werden. Das heißt, obwohl die Vulnerabilität eines Systems oder Objektes keine direkte Funktion der Gefährdung selbst ist, müssen für verschiedene Gefährdungsarten verschiedene Vulnerabilitätsindikatoren bestimmt werden oder generische Indikatoren zumindest unterschiedlich gewichtet werden.

4.3.2 Existierende Indikatorenmodelle zur Vulnerabilitätsanalyse und Risikobewertung

Die meisten der im Bereich der Risikoanalyse existierenden Indikatorenmodelle wurden zur Quantifizierung der Vulnerabilität gegenüber Naturrisiken und der Bestimmung der Vulnerabilität gegenüber den Folgen des Klimawandels entwickelt (Gall, 2007). Tabelle 9 gibt einen zusammenfassenden Überblick über die Ziele und charakteristischen Eigenschaften verschiedener in der Literatur beschriebener Indikatorenmodelle.

Die Indikatorenmodelle unterscheiden sich vor allem hinsichtlich der konkreten Analyseziele, des Indikatorentyps, der Betrachtungsebene, der berücksichtigten Vulnerabilitätsdimension sowie hinsichtlich der im Indikatorenset integrierten Vulnerabilitätskomponenten (Fragilität, Resilienz, Exposition).

Sowohl die methodischen als auch die inhaltlichen Eigenschaften der Indikatorenmodelle werden vor allem durch das mit dem Ansatz verfolgte Ziel bestimmt. Die verschiedenen Ziele von indikatorenbasierten Vulnerabilitätsanalysen können in drei Untergruppen untergliedert werden (Jordan und Lorenzoni, 2000):

- Vergleichende Vulnerabilitätsanalyse für Regionen oder Objekte (Dilley et al., 2005; Cardona et al., 2004; Cutter et al., 2003)
- Trendanalyse zur Bestimmung der zukünftigen Vulnerabilität (Adger et al., 2004)
- Analyse zum verbesserten Verständnis der Vulnerabilitätsprozesse (Cardona, 2005)

Während zur vergleichenden Vulnerabilitätsanalyse von Regionen oder Objekten Prozessindikatoren und Ergebnisindikatoren geeignet sind, können Trendanalysen und prozessorientierte Vulnerabilitätsuntersuchungen lediglich über Prozessindikatoren realisiert werden (vgl. Kap. 4.3.1).

Ein weiteres Unterscheidungskriterium zwischen den existierenden Indikatorenansätzen stellt die Betrachtungsebene dar. Die meisten in der Literatur beschriebenen Indikatorenmodelle dienen der räumlichen Analyse der Vulnerabilität. Die Betrachtungsskalen reichen hierbei von der lokalen, über die regionale bis hin zur nationalen Ebene. Während einige der beschriebenen Ansätze zur globalen Vulnerabilitätsanalyse entwickelt wurden, können andere Modelle nur zur Analyse der Vulnerabilität in bestimmten Regionen (z. B Lateinamerika, USA, Entwicklungsländer) eingesetzt werden. Bei systemorientierten Ansätzen können entweder einzelne Objekte, Objektklassen (z. B. Sektoren) oder räumliche Objektgruppierungen untersucht werden (Villagrán de Léon, 2006a). Diese systemorientierten/objektbezogenen Ansätze sind in der Literatur jedoch bisher nur sehr selten vertreten.

Als weiteres, in der Übersichtstabelle nicht erfasstes, Unterscheidungsmerkmal kann der Aggregationsgrad der Indikatorenmodelle verstanden werden. Während beispielsweise beim *Social Vulnerability Index (SoVI)* (Cutter et al., 2003), der zur Klasse der hierarchischen Indikatorenmodelle gezählt werden kann, viele Sub-Indikatoren zu einem einzigen Index zusammengefasst werden, werden die Ergebnisse beim *Predictive Indicator of Vulnerability (PIV)* für vier Indikatorengruppen getrennt dargestellt (Adger et al., 2004).

Bei den untersuchten Indikatorenmodellen werden sowohl beim Ansatz von Cardona et al. als auch bei der von Cutter et al. vorgestellten Methodik Fragilitäts- und Resilienzfaktoren berücksichtigt (Cutter et al., 2003). Adger et al. integrieren in ihrem Modell Indikatoren, die die Anfälligkeit von Ländern gegenüber den Folgen des Klimawandels widerspiegeln sowie Indikatoren zur Darstellung der Adaptionskapazitäten (Adger et al., 2004).

Die meisten der analysierten Indikatorenmodelle dienen der Untersuchung der sozialen Vulnerabilitätsdimension, konzentrieren sich also auf die Verwundbarkeit der Gesellschaft. In einigen wenigen werden auch ökonomische und ökologische Aspekte der Vulnerabilität berücksichtigt. Die Vulnerabilität von Industrieunternehmen oder industriellen Systemen wird hingegen lediglich im *Sector Indicator Approach* von Villagrán de Léon explizit untersucht (Villagrán de Léon, 2006a). Hierbei findet die Vulnerabilität der Industrie gegenüber indirekten Schäden (z. B. Betriebsunterbrechungen) jedoch keine Berücksichtigung.

Um im nachfolgenden Teil das im Rahmen der Arbeit entwickelte Indikatorenmodell zur Analyse der industriellen Vulnerabilitätsdimension beschreiben zu können, wird in den folgenden Unterpunkten eine auf der Nutzwertanalyse basierende Methodik zur Entwicklung von hierarchischen Indikatorenmodellen vorgestellt.

Tabelle 9: Überblick über existierende Indikatorenmodelle zur Vulnerabilitätsanalyse

Bezeichnung des Indikatoren-systems	***Disaster Risk Index***	***Hotspots***	***Americas Indicator Programme***	***Social Vulnerability Index***	***Predictive Indicator of Vulnerability***	***Sector Indicator Approach***
Institution/ Autoren	UNEP[3]/ UNDP[4] (2004)	Weltbank, Dilley et al., (2005)	Inter-American Development Bank (IADB), Cardona et al.,(2004) Cardona, 2005	Cutter et al. (2003)	Tyndall Center for Climate Change, Adger et al. (2004)	Villagran de León (2006a)
Teil-Indizes	1 Index: DRI	2 Indizes: Mortality Indicator; Economic loss indicator	4 Indizes, darunter: PVI – PrEVWlent Vulnerability Index; RMI – Risk Management Index	1 Index: SoVI	1 Index: PIV	Verschiedene spezifische Indizes auf Objektebene (z. B. Sektoren, Haushalte, Industrie; Gebäude, Kultur-objekte)
Ziel des Indikatoren-systems	Relativer Vergleich der Vulnerabilität von Staaten gegenüber Naturgefahren	Identifizierung globaler Risiko-Hotspots gegenüber Naturgefahren	Relativer Vergleich der Vulnerabilität von Staaten gegenüber Naturgefahren	Relativer Vergleich der Vulnerabilität von Städten gegenüber Naturgefahren	Trendanalysen zur Vulnerabilität von Staaten gegenüber den Folgen des Klimawandels	Ermittlung der absoluten Vulnerabilität von Objekten/Sektoren
Indikatorentyp	Ergebnisindikator	Ergebnisindikator	Prozessindikator	Prozessindikator	Prozessindikator	Prozessindikator
Skala	nationale Ebene	sub-nationale/ regionale Ebene	nationale Ebene	sub-regionale/lokale Ebene	nationale Ebene	Objektebene

[3] United Nations Environmental Programme (UNEP, 2004)
[4] United Nations Development Programme (UNDP, 2004)

Bezeichnung des Indikatoren-systems	***Disaster Risk Index***	***Hotspots***	***Americas Indicator Programme***	***Social Vulnerability Index***	***Predictive Indicator of Vulnerability***	***Sector Indicator Approach***
Betrachtete Region/Objekt	global	global	Lateinamerika	USA	Entwicklungsländer	Fallstudien in verschiedenen Sektoren und Regionen
Berücksichtigte Vulnerabilitäts-dimension	soziale Vulnerabilität	sozio-ökonomisches Risiko	sozio-ökonomische Vulnerabilität	soziale Vulnerabilität	soziale, ökonomische und ökologische Vulnerabilität	Objektspezifische Vulnerabilität
Berücksichtigte Vulnerabilitäts-komponenten	keine gezielte Betrachtung von Vulnerabilitäts-faktoren, da Ergebnisindikator	keine gezielte Betrachtung von Vulnerabilitäts-faktoren, da Ergebnisindikator	Fragilität, Resilienz, Bewältigungs-kapazität	Fragilität und Resilienz	Fragilität und Adaptionskapazität	spezifische Fragilität, Einteilung von Objekteigenschaften in Vulnerabilitäts-klassen
Datenbasis	UN-Daten, EM-DAT[5]	Weltbank-Daten, UN-Daten	UN-Daten, nationale Zensusdaten	US-Zensusdaten	EM-DAT, Human Development Index, UNEP-Daten	Empirische Daten aus Fallstudien

[5] Emergency Events Database EM-DAT, WHO Collaborating Centre for Research on the Epidemiology of Disasters (CRED)

4.4 Übertragung der Nutzwertanalyse auf die indikatorenbasierte Vulnerabilitätsanalyse

Die in Kapitel 4.2.3 beschriebenen iterativen Prozessschritte bei der Entwicklung von hierarchischen Indikatorenmodellen sind den Phasen der multikriteriellen Entscheidungsanalyse sehr ähnlich. Daher ist es möglich, Methoden der Mehrziel-entscheidungsunterstützung, wie beispielsweise die Nutzwertanalyse, auf die Entwicklung eines hierarchischen Indikatorenmodells und damit auf die indikatorenbasierte Vulnerabilitätsanalyse zu übertragen. In Abbildung 13 werden die Hauptphasen der Nutzwertanalyse dargestellt und den entsprechenden Schritten bei der Entwicklung von hierarchischen Indikatorenmodellen zugeordnet.

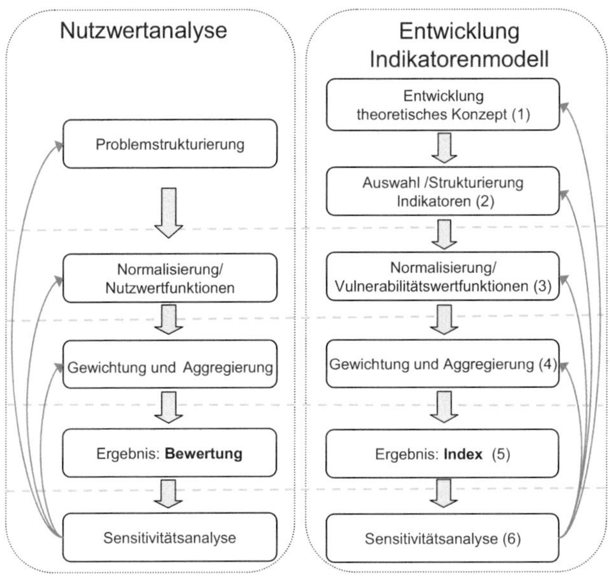

Abbildung 13: Hauptphasen bei der Nutzwertanalyse und der Indikatorenmodellentwicklung

Im Folgenden wird nach einer detaillierten Erläuterung der Prozessschritte 1 und 2, die der Entwicklung des theoretischen Konzepts sowie der Auswahl und Strukturierung der Indikatoren dienen, die methodische Vorgehensweise bei der Normalisierung sowie der Gewichtung und Aggregierung der Einzelindikatoren zu einem Gesamtindex dargestellt. Die in diesem Kapitel erarbeiteten methodischen Aspekte der Indikatorenmodellentwicklung stellen die Grundlage für die Entwicklung des in Kapitel 4.5 beschriebenen Indikatorenmodells zur Analyse der industriellen Vulnerabilität gegenüber indirekten Schäden dar.

4.4.1 Entwicklung des theoretischen Konzepts und Indikatorenauswahl

Die Auswahl der Indikatoren stellt im Rahmen der Operationalisierung komplexer Größen einen zentralen Punkt dar und bildet die Grundlage für das gesamte Indikatorenmodell. Ausgangspunkt für die Identifizierung geeigneter Indikatoren zur Vulnerabilitätsanalyse ist das theoretische Konzept, das die Vulnerabilität detailliert beschreibt (Freudenberg, 2003). Sowohl bei der Entwicklung des theoretischen Konzepts als auch bei der Auswahl der Indikatoren sollten die mit dem Indikatorenmodell verfolgten Ziele (z. B. Einsatz zur Entscheidungsunterstützung oder als Kommuniktionstool) berücksichtigt und nutzergruppenspezifische Anforderungen einbezogen werden (Birkmann, 2006a).

Übergeordnetes Ziel der Operationalisierung ist es, anhand eines entwickelten theoretischen Konzepts möglichst viele relevante Vulnerabilitätsfaktoren zu identifizieren und diese durch messbare Indikatoren abzubilden (Flascha, 1980).

In hierarchischen Indikatorenmodellen wird die Vulnerabilität in verschiedene Dimensionen strukturiert, die dann in einzelne Indikatoren untergliedert und über diese abgebildet werden (Abbildung 14).

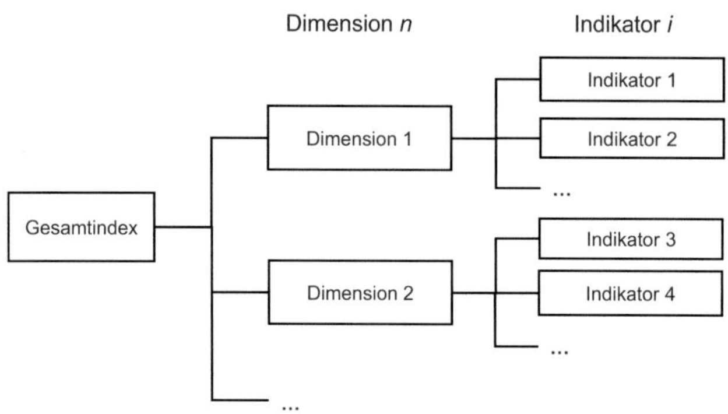

Abbildung 14: Struktur eines hierarchischen Indikatorenmodells (hier für zwei Dimensionen mit jeweils zwei Indikatoren)

Bei der Entwicklung eines hierarchischen Indikatorenmodells stellt die Erfassung und Abbildung aller für die Beschreibung der Vulnerabilitätsdimensionen eine große Herausforderung dar. Des Weiteren müssen im Rahmen der Operationalisierung von komplexen Größen (z. B. der Vulnerabilität) die Zusammenhänge zwischen den identifizierten Einzelindikatoren analysiert und möglichst realitätsnah über mathematische Verknüpfungen abgebildet werden (Nardo et al., 2005a).

Um alle relevanten Dimensionen der Vulnerabilität zu erfassen, sind zur Operationalisierung kausalanalytische top-down Methoden besonders geeignet. Hierbei werden die der Vulnerabilität zu Grunde liegenden Ursache-Wirkungsbeziehungen analysiert und so relevante Einflussfaktoren auf inhaltlich fundierter Basis identifiziert. Diese Einflussfaktoren können dann über geeignete Indikatoren dargestellt und zur Quantifizierung der Vulnerabilität herangezogen werden (Jäger, 2002). Da die Vulnerabilität eines Systems durch dessen Anfälligkeit und durch dessen Resilienz (z. B. Bewältigungskapazität) bestimmt wird, müssen zur Operationalisierung der Vulnerabilitätsdimensionen sowohl Fragilitäts- als auch Resilienzfaktoren identifiziert und aus diesen Vulnerabilitätsindikatoren abgeleitet werden.

Da die Indikatoren einer Dimension dieselben Zusammenhänge beschreiben und über die verschiedenen Dimensionen ein gemeinsames Konzept charakterisiert wird, werden zwischen den einzelnen Indikatoren sowie zwischen den Dimensionen häufig Wechselwirkungen wirksam. Diese Abhängigkeiten können in Indikatorenmodellen dazu führen, dass gleichbedeutende Dimensionen über- bzw. unterbewertet werden (Belton und Stewart, 2002; Hager und Meyer, 1996). Um dies ausgleichen zu können, ist es im Rahmen der Modellentwicklung wichtig, die Abhängigkeiten quantitativ zu beschreiben und in das Modell (z. B. über Gewichtungskorrekturfaktoren) zu integrieren (vgl. Kapitel 5.1).

Zusätzlich zum theoretischen Konzept müssen bei der Auswahl der Indikatoren einige weitere Kriterien berücksichtigt werden: Neben dem Betrachtungszeitraum und der Verfügbarkeit von Daten spielt vor allem die Betrachtungsebene eine wichtige Rolle. Die Vulnerabilität kann auf verschiedenen räumlichen Ebenen oder Aggregationsniveaus durch unterschiedliche Kausalzusammenhänge beeinflusst werden. Daher müssen zur Beschreibung der Vulnerabilität auf verschiedenen Ebenen unterschiedliche Indikatoren herangezogen werden.

Um das Indikatorenmodell so verständlich und transparent wie möglich zu halten, sollte die Anzahl der Indikatoren auf eine überschaubare Menge begrenzt sein (Tunstall, 1994), die die relevantesten Teilaspekte der industriellen Vulnerabilität gegenüber indirekten Schäden erfasst (UN/ISDR, 2008).

Da es sich bei der Entwicklung des theoretischen Konzepts und der Auswahl von Indikatoren häufig um sehr subjektive Prozessschritte handelt, sollten die einzelnen Entwicklungsschritte klar erläutert und dokumentiert werden, um so einen möglichst hohen Grad an Transparenz zu erzielen (Nardo et al., 2005b).

An die Auswahl der Indikatoren schließt sich die Ermittlung der Indikatorenwerte an. Hierzu können direkt gemessene Daten, statistisch erhobene Daten oder auch Experteneinschätzungen herangezogen werden. Um die erhobenen Indikatorenwerte in das Indikatorenmodell zu integrieren und untereinander vergleichbar zu machen, müssen die Indikatorenwerte häufig vor dem Aggregationsschritten einer Aufbereitung unterzogen werden (vgl. Kapitel 6.2). So kann es beispielsweise beim Vergleich von unternehmens- oder sektorspezifischen Eigenschaften notwendig sein, die Indikatorenwerte auf andere Kenngrößen (z. B. Bruttowertschöpfung, Beschäftigtenzahlen) zu beziehen, um die Indikatorenwerte von Industriesektoren unterschiedlicher Größe miteinander vergleichbar zu machen.

Die ermittelten Werte der Indikatoren können in einer Wertetabelle zusammengefasst werden. Diese enthält die Indikatorenwerte $m_i(s_j)$ jedes betrachteten Systems s_j (z. B. Industriesektoren) für jeden Indikator i ($1 \leq i \leq n$). Eine exemplarische Wertetabelle stellt Tabelle 10 dar.

Tabelle 10: Exemplarische Wertetabelle eines hierarchischen Indikatorenmodells

bewertetes System/ Indikator [Einheit]	System 1	System 2	System 3
I_1 [E_1]	$m_1(s_1)$	$m_1(s_2)$	$m_1(s_3)$
I_2 [E_2]	$m_2(s_1)$	$m_2(s_2)$	$m_2(s_3)$
I_3 [E_3]	$m_3(s_1)$	$m_3(s_2)$	$m_3(s_3)$

4.4.2 Normalisierung der Indikatorenwerte/Ermittlung von Vulnerabilitätswerten

Nach der Identifizierung der Indikatoren und ihrer hierarchischen Strukturierung ist es notwendig, ein Modell zu identifizieren, das die Werte der Einzelindikatoren zu einem Vulnerabilitätswert in Beziehung setzt und damit die Grundlage für die Aggregation der Werte der Einzelindikatoren zu einem Gesamtindex schafft.

Da die Indikatorenwerte meist in verschiedenen Einheiten gemessen werden, ist es, um die Integration der verschiedenen Indikatoren innerhalb eines Modells zu ermöglichen, nötig, die Indikatorenwerte auf einer einheitlichen Skala zwischen 0 und 1 abzubilden (zu normalisieren). Hierzu werden in der vorliegenden Arbeit im Rahmen der Vulnerabilitätsanalyse sogenannte Vulnerabilitätswertfunktionen entwickelt. Diese sind den Nutzwertfunktionen der Nutzwertanalyse ähnlich und dienen ebenfalls dazu die einzelnen Indikatorenwerte miteinander vergleichbar zu machen und so verschiedene Alternativen hinsichtlich mehrerer Kriterien bewerten zu können.

Eine Vulnerabilitätswertfunktion kann für jeden Indikator i als

$$v_i \begin{cases} \mathbb{R} \rightarrow [1,0] \\ m_i(s_j) \mapsto v_i\left(m_i(s_j)\right) \end{cases} \qquad [4]$$

definiert werden, wobei v_i eine stetige Funktion sein muss. Hierbei zeigt der Wert 1 die höchste relative Vulnerabilität und der Wert 0 die geringste relative Vulnerabilität an. Um den Zusammenhang zwischen qualitativen Variablen und der Vulnerabilität ebenfalls abbilden zu können, müssen diese stets auf $\mathbb{R}$ transformiert werden.

Vulnerabilitätswertfunktionen dieser Art können verschiedene Formen annehmen. In dieser Arbeit werden sowohl lineare als auch exponentielle Vulnerabilitätswertfunktionen eingesetzt. Lineare Vulnerabilitätswertfunktionen stellen die einfachste Form der Vulnerabilitätswertfunktion dar. Lineare Vulnerabilitätswertfunktionen, die zur Normalisierung von Fragilitätsindikatoren (bei denen hohe Indikatorenwerte die Vulnerabilität erhöhen) eingesetzt werden, werden durch

$$v_i\left(m_i(s_j)\right) = \frac{m_i(s_j) - m_i^{min}(s_j)}{m_i^{max}(s_j) - m_i^{min}(s_j)} \qquad [5]$$

definiert. Entsprechend werden lineare Vulnerabilitätswertfunktionen für Indikatoren, die durch Resilienzfaktoren abgebildet werden und bei denen hohe Merkmalsausprägungen eine Verringerung der Vulnerabilität bedingen, als:

$$v_i\left(m_i(s_j)\right) = \frac{m_i^{max}(s_j) - m_i(s_j)}{m_i^{max}(s_j) - m_i^{min}(s_j)} \qquad [6]$$

definiert. Abbildung 15 zeigt die über die Gleichungen [5] und [6] dargestellten Vulnerabilitätswertfunktionen.

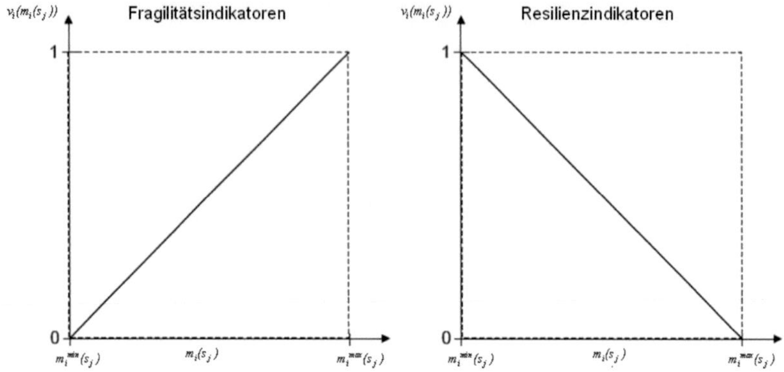

Abbildung 15: Lineare Vulnerabilitätswertfunktionen $v_i(m_i(s_j))$

In einigen Fällen kann der Zusammenhang zwischen Indikatorenwert und Vulnerabilität über nicht-lineare beispielsweise exponentielle Vulnerabilitätswertfunktionen (vgl. Abbildung 16) dargestellt werden. Ein monoton ansteigender bzw. absteigender Einfluss eines Indikators auf den relativen Vulnerabilitätswert kann über eine Ein-Parameter-Darstellung definiert werden, bei der der Wert ρ_i die Krümmung der Vulnerabilitätswertfunktion des Indikators *i* bestimmt (Kirkwood, 1997):

$$\text{Für } \rho \neq \pm\infty: \; v_i(m_i(s_j)) = \frac{1-\exp\left(-\Delta m_i(s_j)/\rho_i\right)}{1-\exp\left(-\dfrac{m_i^{\max}(s_j)-m_i^{\min}(s_j)}{\rho_i}\right)}; \qquad [7]$$

für $\rho \to \pm\infty$ konvergiert diese Funktion gegen die Grenzfunktion:

$$v_i(m_i(s_j)) = \frac{\Delta m_i(s_j)}{m_i^{\max}(s_j)-m_i^{\min}(s_j)} \qquad [8]$$

mit

$$\Delta m_i(s_j) = \begin{cases} m_i(s_j) - m_i^{\min}(s_j) & \text{für ansteigende Vulnerabilitätswertfunktionen} \\ m_i^{\max}(s_j) - m_i(s_j) & \text{für abnehmende Vulnerabilitätswertfunktionen} \end{cases}$$

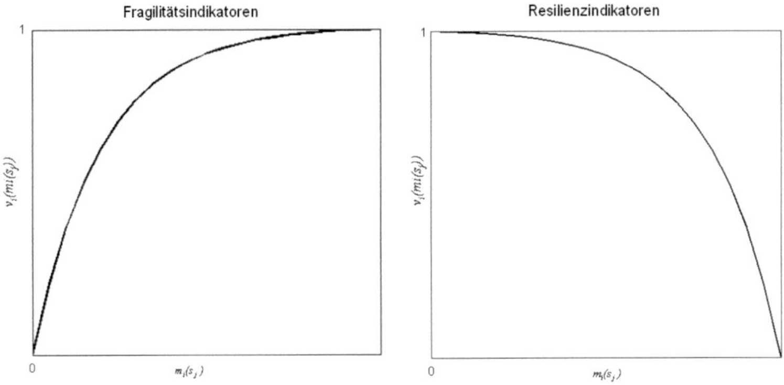

Abbildung 16: Exponentielle Vulnerabilitätswertfunktionen $v_i(m_i(s_j))$ mit $\rho_i = 0.2$

Die Auswahl und Definition der Vulnerabilitätswertfunktionen stellt einen stark subjektiven Schritt der Indikatorenmodellentwicklung dar, der jedoch entscheidenden Einfluss auf den Gesamtindex hat. Daher ist es notwendig, bei der Definition der Vulnerabilitätswertfunktionen sowohl die Verteilung der Indikatorenwerte $m_i(s)$ der betrachteten Systeme s als auch den inhaltlichen Zusammenhang zwischen einem Vulnerabilitätsfaktor und der Vulnerabilität zu berücksichtigen. Sind die Abweichungen der Indikatorenwerte zwischen den bewerteten Systemen eher gering, ist der Einsatz von linearen Vulnerabilitätswertfunktionen sinnvoll. Treten dagegen bei den Indikatorenwerten für einzelne Systeme Ausreißer auf, bilden exponentielle Vulnerabilitätswertfunktionen den Zusammenhang zwischen Indikatorenwert und relativer Vulnerabilität meist besser ab (Bertsch, 2008).

4.4.3 Gewichtung und Aggregation der Indikatorenwerte

Im folgenden Entwicklungsschritt werden die Einzelindikatoren des hierarchischen Indikatorenmodells zu einem Gesamtindex zusammengefasst, der die relative Gesamtvulnerabilität eines Systems abbildet.

Zur Aggregation der Indikatorenwerte können verschiedene Aggregationsmethoden eingesetzt werden (Zhou et al., 2010). Hinsichtlich der Qualität des Indikatorenmodells stellt die Auswahl der Aggregationsmethode einen kritischen sowie komplexen Schritt dar, bei dem es darauf ankommt, die einzelnen Dimensionen der betrachteten Größe möglichst aussagekräftig miteinander zu verknüpfen (Zhou et al., 2006; Nardo et al., 2005a).

Eine einfache aber sehr transparente Aggregationsmethode, die sowohl in der klassischen Nutzwertanalyse als auch bei der Entwicklung verschiedener hierarchischer Indizes zum Einsatz kommt, ist die lineare (additive) Aggregation (Nardo et al., 2005b; Debreu, 1960). Hierbei wird die Gesamtvulnerabilität $v(s_j)$ eines Systems s_j über die gewichtete Summe der normalisierten Indikatorenwerte $v_i(m_i(s_i))$ bestimmt (Belton und Stewart, 2002):

$$v(s_j) = \sum_{i=1}^{n} w_i v_i(m_i(s_j)) \qquad [9]$$

Wie in der klassischen Nutzwertanalyse bildet das Gewicht w_i hierbei meist die relative Bedeutung eines Indikators i (also eines Vulnerabilitätsfaktors) für die Gesamtvulnerabilität ab (häufig als *Importance-Gewicht* bezeichnet). In einigen Indikatorenmodellen werden aber über die Gewichtung auch andere Indikatoreneigenschaften wie beispielsweise die Datenqualität, die Datenverfügbarkeit oder die statistische Zulänglichkeit der Daten modelliert (Nardo et al., 2005b). Im Rahmen der vorliegenden Arbeit werden über die Gewichtung sowohl die relative Bedeutung der Indikatoren ($w_i^{\mathrm{Im}\,p}$) als auch statistische Beziehungen (w_i^{Stat}) und kausale Abhängigkeiten (w_i^{Dep}) berücksichtigt (vgl. Kap. 5 und Kap. 6.3).

In einem hierarchischen Indikatorenmodell muss die Gewichtung auf jeder der Ebenen der Indikatorenhierarchie, also sowohl für die Einzelindikatoren als auch für die Dimensionen, festgelegt werden. Das Gesamtgewicht w_i eines Einzelindikators oder einer Dimension ergibt sich aus der Multiplikation der Einzelgewichte auf jeder hierarchischen Ebene entlang des Pfades in der Indikatorenhierarchie bis hin zum betrachteten Einzelindikator (bzw. bis hin zur betrachteten Dimension). Auf Ebene der Einzelindikatoren umfasst der Gewichtungsvektor $w = (w_1,...,w_n)$ die Gewichte aller Einzelindikatoren i ($i = (1,...,n)$). Hierbei muss sichergestellt sein, dass w_i die Bedingungen

$$\sum_{i=1}^{n} w_i = 1, \qquad w_i \geq 0 \text{ für alle } i \qquad [10]$$

erfüllt.

Zur Ermittlung der Indikatorengewichte können – je nach Bedeutung der Gewichte – verschiedene Methoden eingesetzt werden. Neben statistischen Methoden stehen insbesondere partizipatorische Methoden zur Verfügung. Da die Gewichtung nicht nur auf Datenkorrelationen, sondern auch auf theoretischen Zusammenhängen basieren sollte, sind jedoch die partizipatorischen Methoden zur Ermittlung der Indikatorengewichte meist besser geeignet.

Die einfachste der partizipatorischen Methoden stellt die *DIRECT-weighting* Methode dar, bei der die Gewichtungsfaktoren direkt über eine Punkteverteilung von den Anwendern des Indikatorenmodells bestimmt werden. Zwei weitere Gewichtungsmethoden, bei denen die Indikatorengewichte über die verhältnismäßige Zuweisung von Punkten bestimmt werden, sind die SWING-Methode und die SMART-Prozedur. Bei der SWING-Methode werden zuerst 100 Punkte an den Indikator mit der größten relativen Bedeutung für die Vulnerabilität verteilt; den anderen Indikatoren werden dann entsprechend ihrer relativen Wichtigkeit Punkte zugewiesen (von Winterfeldt und Edwards, 1986). Die SMART-Prozedur läuft nach einem ähnlichem Prinzip ab, hierbei werden jedoch im ersten Schritt 10 Punkte an den Indikator mit der geringsten Bedeutung verteilt, der dann als die Referenz für die weitere Punkteverteilung herangezogen wird (von Winterfeldt und Edwards, 1986). Neben diesen Methoden kann die Indikatorengewichtung mittels des Analytic Hierarchy Process (AHP) (Saaty, 1980) bestimmt werden. Hierbei wird die relative Bedeutung der Einzelindikatoren über einen paarweisen Vergleich der Indikatorenbedeutung ermittelt (Bertsch, 2008).

Zur Ermittlung der Bedeutungs-Gewichte innerhalb eines hierarchischen Modells können die beschriebenen Methoden sowohl einzeln als auch in Kombination miteinander eingesetzt werden. Generell ist bei allen Methoden aufgrund ihrer starken Subjektivität eine transparente Erläuterung und Dokumentation der Gewichtungsmethode eine zentrale Voraussetzung für die Qualität des entwickelten Gesamtindexes (Saisana und Tarantola, 2002).

Nach Gewichtung der Indikatoren und Dimensionen werden die Indikatorenwerte zu einem Gesamtindex zusammengefasst. Bei der Nutzwertanalyse kommt hierfür aufgrund der einfachen Anwendbarkeit und der für die Entscheidungsträger guten Verständlichkeit sehr häufig die lineare Aggregationsmethode zum Einsatz (Keeney und Raiffa, 1976). Voraussetzung für die Anwendung der linearen Aggregationsmethode ist die vollständige präferentielle Unabhängigkeit der einzelnen Variablen untereinander (Debreu, 1960). Präferentielle Unabhängigkeit zwischen zwei Variablen A1 und A2 herrscht dann vor, wenn die Präferenzen des Entscheidungsträgers bezüglich der Werte von Variable A1 unabhängig von der Ausprägung der Variable A2 sind (French et al., 2000) Vollständige präferentielle Unabhängigkeit existiert dann, wenn auch A2 präferentiell unabhängig von A1 ist (Clemen, 2001). Bezüglich der Vulnerabilität wird im Folgenden angenommen, dass die präferenzielle Unabhängigkeit zwischen den einzelnen

Indikatoren gegeben ist und daher die lineare Aggregationsmethode zur Zusammenfassung der einzelnen Indikatoren eingesetzt werden kann.

Aufgrund der additiven Verknüpfung der einzelnen Elemente wird bei der linearen Aggregation von einer vollständigen Kompensierbarkeit zwischen den Variablen ausgegangen. Dies entspricht im Fall der Vulnerabilität jedoch nicht immer der Realität, da beispielsweise die Gesamtvulnerabilität eines Systems mit starker Ausprägung eines Fragilitätsindikators nicht zwingend durch die schwache Ausprägung eines anderen Fragilitätsindikators (oder durch die starke Ausprägung eines Resilienzindikators) ausgeglichen werden kann. Ebenso kann zum Beispiel eine stark ausgeprägte Resilienzeigenschaft eines Systems auch nur zu einer Reduzierung der Vulnerabilität hinsichtlich der Dimension, zu der die Eigenschaft selbst zählt, beitragen.

Neben den bereits erwähnten präferentiellen Abhängigkeiten sind bei der linearen Aggregation zwischen den Indikatoren weitere Arten von Abhängigkeiten – nämlich statistische oder kausale Abhängigkeiten – kritisch zu bewerten. Dies kann eine Unter- bzw. Übergewichtung von Einzelindikatoren oder Vulnerabilitätsdimensionen nach sich ziehen (vgl. Kapitel 5.1).

Eine weitere Aggregationsmethode, die bisher bei der Entwicklung von hierarchischen Indikatorenmodellen nur selten zum Einsatz kam, von einigen Autoren unter bestimmten Voraussetzungen aber als besser geeignet bewertet wird, ist die multiplikative Aggregationsmethode (Zhou et al., 2010; Ebert und Welsch, 2004). Hierbei werden die Einzelindikatoren *i* über die Multiplikation der gewichteten und normalisierten Indikatorenwerte $v(x_i)$ zur Gesamtvulnerabilität zusammengefasst:

$$v(s_j) = \prod_{i=1}^{n} v_i(m_i(s_j))^{w_i} \qquad [11]$$

Gegenüber der linearen Aggregationsmethode hat die multiplikative Aggregationsmethode den Vorteil, dass hier lediglich eine teilweise Kompensierbarkeit zwischen den Variablen zu Grunde gelegt wird (Nardo et al., 2005a). Dies entspricht bei Abbildung der Vulnerabilität eher der Realität. Jedoch wirken sich bei dieser Form der Aggregation Änderungen im Bereich niedriger Indikatorenwerte (bei Fragilitätsindikatoren) stärker auf die Gesamtvulnerabilität des betrachteten Systems aus als Wertänderungen im Bereich hoher Merkmalsausprägung. Dies kann zu einem abgeschwächten Einfluss der Fragilitätsfaktoren auf die Gesamtvulnerabilität führen. Dies sollte, um Informationsverluste bezüglich der Gesamtvulnerabilität zu vermeiden, beim Einsatz der multiplikativen Aggregationsmethode in Indikatorenmodellen berücksichtigt werden. Des Weiteren können durch die multiplikative Verknüpfung sowohl Daten- als auch Modellunsicherheiten verstärkt werden (Belton und Stewart, 2002).

Neben den vorgestellten Aggregationsmethoden sind in Indikatorenmodellen auch weitere Aggregationsmethoden, wie beispielsweise die Aggregation über die Bestimmung des gewichteten geometrischen Mittels (Esty et al., 2005; Kang, 2002) oder die Aggregation über nicht-kompensatorische Outranking-Ansätze, denkbar (Munda und Nardo, 2009; Munda, 2005). Bei der Entwicklung des im Nachfolgenden beschriebenen Indikatorenmodells zur industriellen Vulnerabilitätsanalyse sollen jedoch lediglich die additive und die multiplikative Aggregation berücksichtigt werden.

Nach Anwendung der jeweiligen Aggregationsmethode können die Ergebnisse zur Gesamtvulnerabilität der untersuchten Systeme auf unterschiedliche Art und Weise dargestellt werden. Um einen Informationsverlust zu verhindern, ist es beispielsweise notwendig, bei der Visualisierung der Ergebnisse darauf zu achten, dass nicht nur der Gesamtvulnerabilitätswert dargestellt wird, sondern auch die Beiträge der Dimensionen bzw. Einzelindikatoren ersichtlich werden. Hierzu sind zum Beispiel Spinnnetzdiagramme und zusammengesetzte Säulen- oder Balkendiagramme geeignet (Abbildung 17).

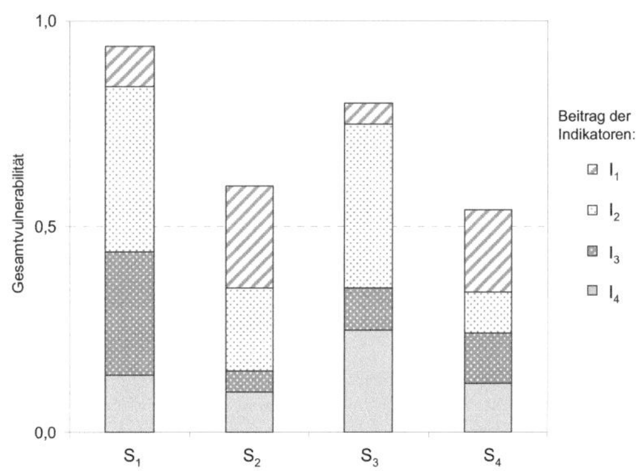

Abbildung 17: Beispielhafte Darstellung der Gesamtvulnerabilität in einem zusammengesetzten Säulendiagramm

Ähnlich wie bei der Nutzwertanalyse sollten aufgrund verschiedener Arten von Unsicherheiten im Rahmen der Entwicklung von Indikatorenmodellen Sensitivitätsanalysen durchgeführt werden. Welche Unsicherheiten die Robustheit von

Indikatorenmodellen beeinflussen und wie diese quantifiziert werden können, wird in Kapitel 5.2 erläutert.

4.5 Entwicklung eines hierarchischen Indikatorenmodells zur Analyse der indirekten industriellen Vulnerabilität

4.5.1 Rahmenbedingungen und Ziele des Indikatorenmodells

Wie bereits erläutert, wurde das im Folgenden vorgestellte Indikatorenmodell für die Analyse der industriellen Vulnerabilität gegenüber indirekten Schäden bei Naturrisiken entwickelt. Ziel ist es, über das Modell Informationen über die industrielle Vulnerabilität auf räumlicher Ebene zu generieren und dabei Wechselwirkungen zwischen verschiedenen Risikoarten zu berücksichtigen.

Das hierarchische Indikatorenmodell folgt hierzu einem zweistufigen Aufbau. Auf erster Stufe wird die Vulnerabilität verschiedener Industriesektoren mittels hierarchisch strukturierter Indikatoren, die über die in Kapitel 4.4 beschriebene Methodik miteinander verknüpft sind, bestimmt. In Stufe zwei werden die so ermittelten sektorspezifischen Vulnerabilitätswerte entsprechend der räumlichen Verteilung der Industrie in der betrachteten Region regionalisiert.

Diese Vorgehensweise wurde gewählt, um einerseits Informationen über die räumliche Vulnerabilität zur Entscheidungsunterstützung im Risikomanagement auf übergeordneter Ebene (z. B. Bund, Land) zu generieren. Anderseits soll hierdurch aber auch die Berücksichtigung von sektorspezifischen Eigenschaften und Prozessen in der Industrie ermöglicht werden.

Im Folgenden wird ausgehend von den in Kapitel 2 und 3 erarbeiteten risikotheoretischen Grundlagen ein theoretisches Konzept für die industrielle Vulnerabilität gegenüber indirekten Schäden entwickelt. Aus diesem werden anschließend Fragilitäts- und Resilienzindikatoren zur Abbildung der zentralen Vulnerabilitätsdimensionen abgeleitet und in einem hierarchischen Indikatorenmodell operationalisiert.

4.5.2 Theoretisches Konzept der industriellen Vulnerabilität gegenüber indirekten Schäden

Um eine möglichst hohe Aussagekraft des entwickelten Indikatorenmodells zu erreichen, wurden die Indikatoren in einem top-down Ansatz auf Basis der Ursache-Wirkungsbeziehungen identifiziert. Daher stellen die in Kapitel 3.3 herausgearbeiteten Auswirkungen von Naturrisiken eine wichtige Grundlage für die Identifizierung von Vulnerabilitätsfaktoren und deren Abbildung im Indikatorenmodell dar. In der Industrie können indirekte Schäden durch Naturkatastrophen maßgeblich von Infrastrukturausfällen und Supply Chain Unterbrechungen verstärkt werden. Um diese Wechselwirkungen zu berücksichtigen, müssen zur Identifizierung relevanter Vulnerabilitätsfaktoren auch die Auswirkungen dieser Risikoarten berücksichtigt werden.

Bei der Definition des theoretischen Konzepts für die industrielle Vulnerabilität sollten möglichst alle relevanten Vulnerabilitätsdimensionen erfasst werden. Zur Abbildung der industriellen Vulnerabilität ist es daher notwendig neben Fragilitätsfaktoren, die zu einer Erhöhung der industriellen Vulnerabilität beitragen, auch Resilienzfaktoren abzubilden, die die Bewältigungskapazität der Industrie erfassen. Um Vulnerabilitätsfaktoren für Industriesektoren zu identifizieren, ist es sinnvoll die allgemeinen Ziele und Prozesse von Industrieunternehmen genauer zu betrachten.

Allgemeines Ziel von Industrieunternehmen ist es, Produkte (Sachgüter und Dienstleistungen) herzustellen, zu verkaufen und so die Bedürfnisse von Kunden zu befriedigen. Diese primären Sachziele können in die drei Basisfunktionen Produktion, Beschaffung und Absatz untergliedert werden (Kummer et al., 2006) (vgl. Abbildung ***18***). Die Produktion kann hierbei als der gelenkte Einsatz von Produktionsfaktoren zur Herstellung bzw. Fertigung von Gütern und zur Erzeugung von Dienstleistungen verstanden werden (Bloech et al., 2008). Zu den für die Produktion erforderlichen Produktionsfaktoren zählen menschliche Arbeitsleistung, Betriebsmittel (Maschinen, Werkzeuge, Gebäude), Betriebsstoffe (z. B. Energie, Wasser, Schmierstoffe etc.) und Werkstoffe (Roh-, Hilfsstoffe, Halbfabrikate etc.) (Gutenberg, 1983). Hierbei können Betriebsstoffe und Werkstoffe zu Verbrauchsfaktoren zusammengefasst werden (Ellinger und Haupt, 1996). Die Versorgung eines Industrieunternehmens mit Verbrauchsfaktoren ist Aufgabe der Beschaffung. Maßnahmen zum Verkauf der erstellten Leistungen werden unter dem Begriff Absatz zusammengefasst. Die Logistik, die sowohl Transport- als auch Lager- und Umschlagsvorgänge umfasst, stellt eine Koordinierungsfunktion dar und dient der Steuerung der Material- und Informationsflüsse vom Zulieferer bis zum Kunden. Daher hat die Logistik vor allem für die Unternehmensbereiche Beschaffung und Absatz eine zentrale Bedeutung.

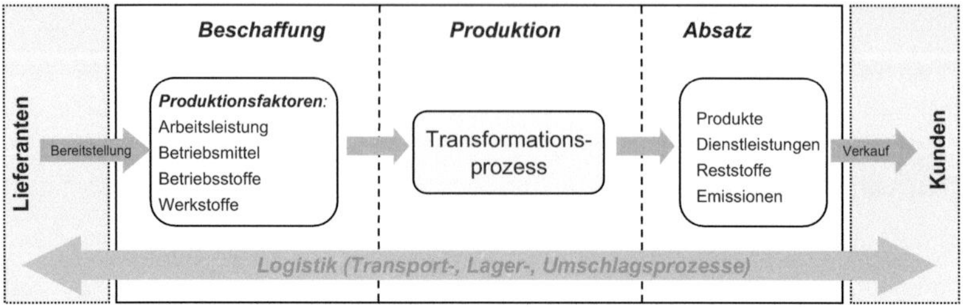

Abbildung 18: Produktionssystem und Produktionsfaktoren

Die Analyse des Produktionsprozesses sowie die Betrachtung typischer Auswirkungen externer Risiken zeigt, dass Schäden durch indirekte Betriebsunterbrechungen in der Industrie immer dann entstehen, wenn die Produktionsfaktoren nicht zur gewünschten Zeit oder im benötigten Umfang zur Verfügung stehen. Des Weiteren können Unterbrechungen der Transportprozesse zu Störungen in den Bereichen Beschaffung und Absatz führen und so eine Unterbrechung der leistungswirtschaftlichen Prozesse nach sich ziehen.

Wie anfällig ein System für das Auftreten von Betriebsunterbrechungen ist, kann also über die Abhängigkeit der Produktionsprozesse von verschiedenen Produktionsfaktoren und Hilfsprozessen (z. B. Transportprozessen) abgebildet werden. Daher werden diese Abhängigkeiten im entwickelten Indikatorenmodell zur Abbildung der Vulnerabilität gegenüber indirekten Schäden (primäre und sekundäre Betriebsunterbrechungen) erfasst. Hierzu werden alle relevanten Faktoren, die die Abhängigkeiten der Industriesektoren von Produktionsfaktoren entweder erhöhen (Fragilitätsfaktoren) oder abschwächen (Resilienzfaktoren), über einzelne Indikatoren im Modell erfasst.

Die verschiedenen Abhängigkeiten und ihre zugehörigen Vulnerabilitätsfaktoren (Fragilitäts- und Resilienzfaktoren) können in verschiedenen Vulnerabilitätsdimensionen, die die Vulnerabilität gegenüber indirekten Schäden maßgeblich beeinflussen, untergliedert werden. Basierend auf der Charakterisierung der Risikoauswirkungen in Kapitel 3.3 und der Analyse der Abhängigkeiten der industriellen Produktion von verschiedenen Produktionsfaktoren wurden für das Modell vier Vulnerabilitätsdimensionen identifiziert:

- Verwundbarkeit durch Betriebsmittelausfälle
- Verwundbarkeit durch Personalausfälle
- Verwundbarkeit durch Infrastrukturausfälle
- Verwundbarkeit durch Supply Chain Ausfälle

Welche Indikatoren zur Abbildung der vier Vulnerabilitätsdimensionen und den zu Grunde liegenden Abhängigkeiten herangezogen werden, wie diese Auswahl begründet werden kann und über welche Variablen die Indikatoren operationalisiert und quantifiziert werden können, wird in den nachfolgenden Abschnitten erläutert.

4.5.3 Ableitung und Operationalisierung von Indikatoren aus Fragilitäts- und Resilienzfaktoren

Zur Abbildung der vier Vulnerabilitätsdimensionen wurden auf Basis von Literaturrecherchen und Auswirkungsanalysen vergangener Naturkatastrophen relevante Fragilitäts- und Resilienzfaktoren identifiziert, die über Indikatoren im Modell dargestellt werden. Abbildung 19 zeigt die hierarchische Gesamtstruktur des entwickelten Indikatorenmodells. Die vier Vulnerabilitätsdimensionen und die ihnen zu Grunde liegenden Abhängigkeiten werden über 16 Indikatoren, die zu einem Gesamtvulnerabilitätsindex aggregiert werden können, abgebildet.

Wie in Kapitel 4.2 erläutert, sollten die ausgewählten Indikatoren verschiedene Qualitätskriterien erfüllen. Neben diesen Qualitätskriterien spielt bei der Auswahl der Indikatoren jedoch häufig auch die Verfügbarkeit von Daten eine entscheidende Rolle. Aufgrund der Komplexität der industriellen Vulnerabilität ist es daher nicht möglich, alle Vulnerabilitätsfaktoren in das Indikatorenmodell zu integrieren. Entscheidend ist aber, die zentralen Faktoren zu identifizieren und über verfügbare Daten im Modell zu berücksichtigen. Um das Indikatorenmodell im in Kapitel 6 beschriebenen Anwendungsbeispiel zur industriellen Vulnerabilitätsanalyse einsetzen zu können, wurde die Datenverfügbarkeit bereits bei der Auswahl der Indikatoren mitberücksichtigt.

Zur Erläuterung der Indikatorenauswahl wird im Folgenden für jede der Vulnerabilitätsdimensionen beschrieben, welche Faktoren die Abhängigkeiten innerhalb der jeweiligen Dimension beeinflussen und über welche Indikatoren diese abgebildet werden.

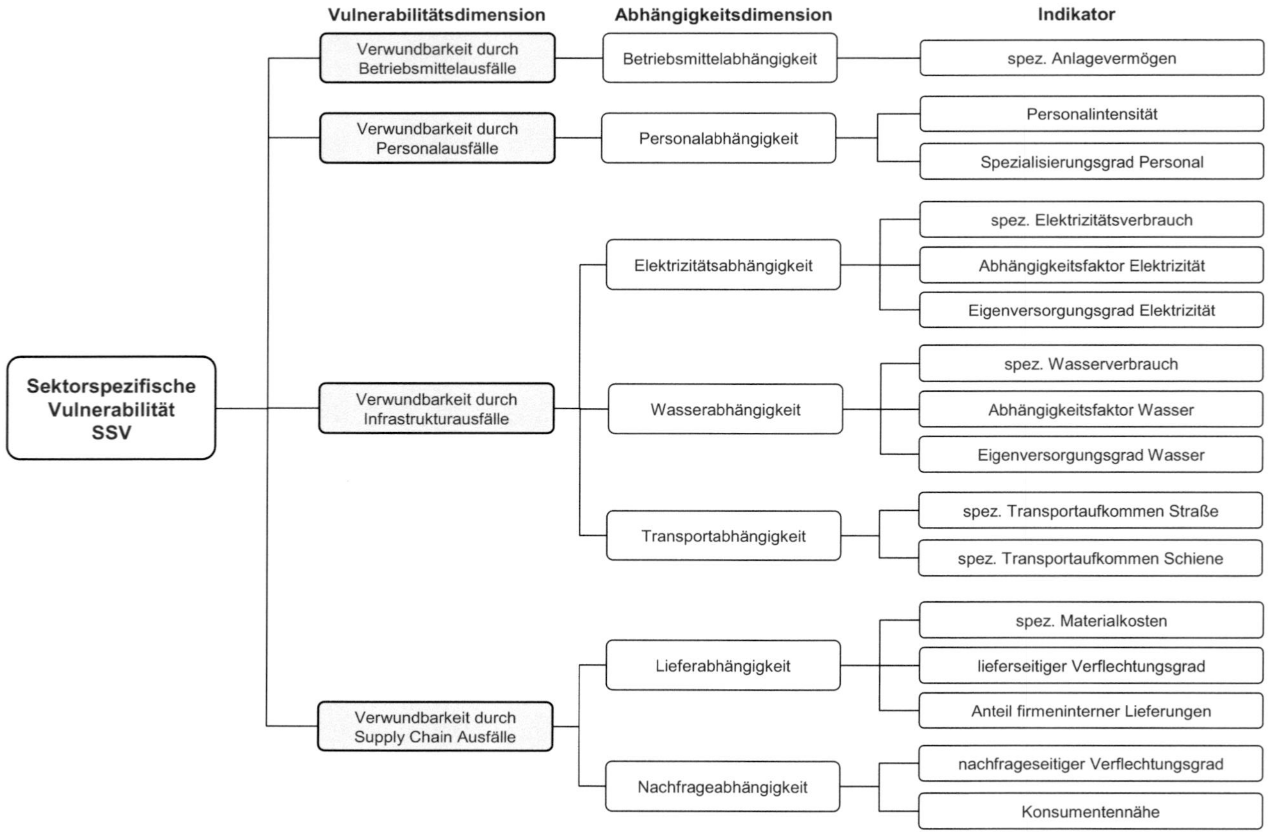

Abbildung 19: Hierarchisches Indikatorenmodell zur Analyse der sektorspezifischen Vulnerabiliät gegenüber indirekten Effekten

Neben der Erörterung, welche Faktoren mit welcher Begründung als Vulnerabilitätsindikatoren ausgewählt wurden, wird hier auch erläutert, welche zusätzlichen Indikatoren zur Integration in das Indikatorenmodell geeignet wären, jedoch aufgrund der begrenzten Datenverfügbarkeit derzeit nicht berücksichtigt werden können. Zudem wird die Operationalisierung der einzelnen Indikatoren durch quantifizierbare Variablen beschrieben.

4.5.3.1 Indikatoren zur Abbildung der „Verwundbarkeit durch Betriebsmittelausfälle"

Durch physikalische Schäden können bei Naturkatastrophen häufig Betriebsmittel wie Anlagen, Maschinen, Werkzeuge oder sonstige Einrichtungen (z. B. interne Transportsysteme) nicht mehr eingesetzt werden, so dass hierdurch die Produktionsprozesse zum Erliegen kommen (Bendimerad et al., 2000). Wie hoch die Verwundbarkeit der Produktionsprozesse und damit auch die Wahrscheinlichkeit für das Auftreten von Betriebsunterbrechungen aufgrund dieser direkten Schäden ist, hängt von mehreren Faktoren ab.

Den wichtigsten Einflussparameter auf diese Vulnerabilitätsdimension stellt die funktionelle Abhängigkeit der Produktionsprozesse von den Betriebsmitteln dar. Das heißt, die Vulnerabilität eines Sektors ist davon abhängig, in welchem Umfang die Produktionsprozesse auf funktionierende Betriebsmittel angewiesen sind. Für die Abhängigkeit von Betriebsmitteln insgesamt ist aber auch die Bewältigungskapazität des Systems bezüglich der Betriebsmittel von Bedeutung (Abbildung 20).

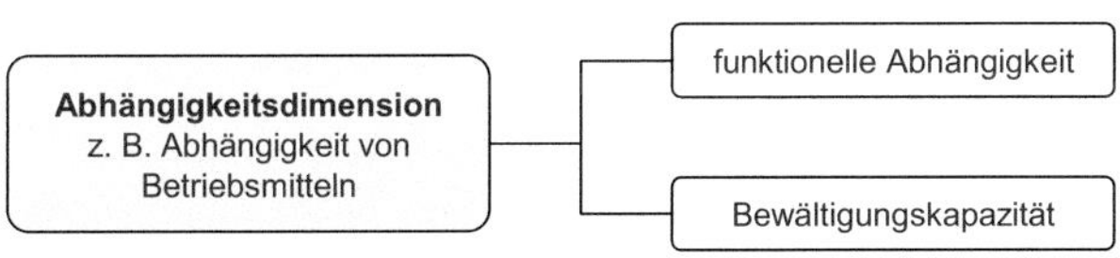

Abbildung 20: Einflussdimensionen auf die Abhängigkeit von Produktionsfaktoren

Es ist also zusätzlich ausschlaggebend, wie schnell beschädigte Anlagen und Maschinen repariert und wieder eingesetzt werden können (Durukal et al., 2008). Da sowohl im Normalfall als auch besonders nach Eintreten einer Naturkatastrophe weniger spezialisierte Betriebsmittel leichter wiederbeschafft oder repariert werden können, stellt der Spezialisierungsgrad der Betriebsmittel einen entscheidenden Faktor für die Bewältigungskapazität eines Systems dar (Suzuki, 2002). Da die Produktionsanlagen in der Gruppe der Betriebsmittel (gefolgt von Werkzeugen und sonstigen Geräten) den größten und wichtigsten Anteil ausmachen, wird im entwickelten Indikatorenmodell zur Abbildung der Abhängigkeit von Betriebsmitteln lediglich die Abhängigkeit der Industriesektoren von Anlagen berücksichtigt.

Auf Sektorenebene kann weder die funktionelle Anlagenabhängigkeit noch der Spezialisierungsgrad der Anlagen direkt bestimmt werden. Um diese Abhängigkeitsdimension im entwickelten Indikatorenmodell dennoch berücksichtigen zu können, kann als Näherungswert für diese beiden Vulnerabilitätsfaktoren das *spezifische Anlagenvermögen* der Sektoren herangezogen werden. Das *spezifische Anlagenvermögen* kann sowohl in Industriesektoren mit großem Anlagenbestand als auch in Industriesektoren mit hoch spezialisierten und daher teuren Anlagen große Werte annehmen. Unter der Annahme, dass Sektoren, die viele oder hoch spezialisierte Anlagen benötigen, stärker vom Ausfall der Produktionsanlagen betroffen sind bzw. diese im Falle einer Beschädigung aufgrund ihrer Anzahl oder ihres Spezialisierungsgrades langsamer wiederbeschafft werden können, kann über diesen Wert die Abhängigkeit eines Industriesektors von Anlagen zumindest näherungsweise abgeschätzt werden. Nachteil der Operationalisierung dieser Abhängigkeitsdimension allein über das *spezifische Anlagenvermögen* ist, dass hierbei der Spezialisierungsgrad der Anlagen und sein Einfluss auf die Bewältigungskapazität bei Störungen nicht getrennt von der funktionellen Abhängigkeit betrachtet werden kann.

Der Indikator *spezifisches Anlagenvermögen* bildet für jeden der untersuchten Industriesektoren das Bruttoanlagenvermögen in Anlagen zu Wiederbeschaffungspreisen in Relation zu der Anzahl der funktionellen Einheiten oder zur Größe eines Sektors ab. Da Sektoren mit zunehmendem *spezifischem Anlagenvermögen* anfälliger für Betriebsunterbrechungen werden, stellt das *spezifische Anlagenvermögen* einen Fragilitätsindikator dar.

4.5.3.2 Indikatoren zur Abbildung der „Verwundbarkeit durch Personalausfälle“

Empirische Studien zu Naturkatastrophen und deren Auswirkungen auf Industrieunternehmen zeigen, dass die eigene Betroffenheit der Mitarbeiter und die eingeschränkte Mobilität der Arbeitskräfte bei Naturkatastrophen häufig dazu führen, dass für einen ungestörten Ablauf der Produktionsprozesse nicht ausreichend Arbeitsleistung zur Verfügung steht (Webb et al., 1999; Tierney, 1997; Tierney und Dahlhamer, 1997; Tierney und Dahlhammer, 1995; Tierney und Nigg, 1995).

Im entwickelten Indikatorenmodell wurden zur Operationalisierung der Abhängigkeit von der Arbeitsleistung der Mitarbeiter (Personalabhängigkeit) die *Per-*

sonalintensität und der *Spezialisierungsgrad der Mitarbeiter* der Industriesektoren ausgewählt (vgl. Abbildung 20).

Der Auswahl des Indikators *Personalintensität* liegt die Annahme zu Grunde, dass Sektoren, in denen viele Mitarbeiter zur Aufrechterhaltung der Produktionsprozesse benötigt werden, anfälliger für Betriebsunterbrechungen sind als Sektoren, in denen die Prozesse auch mit wenigen Arbeitern durchgeführt werden können. Der Indikator *Personalintensität* kann im entwickelten Indikatorenmodell für jeden der untersuchten Industriesektoren über die Relation der Anzahl der Mitarbeiter zur Anzahl der funktionellen Einheiten (z. B. Betriebe) oder zur Größe eines Sektors quantifiziert werden (vgl. Kap. 5.4.2.1). Die *Personalintensität* stellt einen Fragilitätsfaktor dar, da gemäß den getroffenen Annahmen mit steigender *Personalintensität* die Verwundbarkeit eines Sektors zunimmt und dieser anfälliger für Betriebsunterbrechungen wird.

Eine Operationalisierung der Personalabhängigkeit allein über die *Personalintensität* würde jedoch wichtige personalspezifische Aspekte vernachlässigen. So spielt beispielsweise der Ausbildungsgrad der Mitarbeiter eine wichtige Rolle. Zum einen ist es für die Vulnerabilität von großer Bedeutung, ob Mitarbeiter zur Bewältigung von Krisen und Notfällen angemessen ausgebildet sind, da durch geschultes und flexibel einsetzbares Personal Produktionsprozesse eher aufrecht erhalten und so Produktionsunterbrechungen schneller wieder behoben werden können. Des Weiteren kann das erforderliche Ausbildungsniveau eines Industriesektors aber auch einen vulnerabilitätsverstärkenden Effekt haben, nämlich beispielsweise dann, wenn spezialisierte Mitarbeiter zur Aufrechterhaltung der Produktionsprozesse oder zur Wiederinbetriebnahme von Anlagen benötigt werden, diese aber nicht in ausrechendem Umfang zur Verfügung stehen. Während die mit der krisenspezifischen Ausbildung verbundene Erhöhung der Bewältigungskapazität nicht im Indikatorenmodell auf Sektorenebene erfasst werden kann, wird der *Spezialisierungsgrad der Mitarbeiter* als Fragilitätsfaktor berücksichtigt. Der *Spezialisierungsgrad der Mitarbeiter* wird für Industriesektoren über die durchschnittlichen Personalkosten pro Beschäftigtem quantifiziert.

4.5.3.3 Indikatoren zur Abbildung der „Verwundbarkeit durch Infrastrukturausfälle"

Wie die Analyse verschiedener Erdbeben- und Hochwasserereignisse gezeigt hat, können beim Ausfall kritischer Infrastruktursysteme in Industrieunternehmen erhebliche indirekte Schäden durch primäre und sekundäre Betriebsunterbrechungen auftreten (Chang und Falit-Baiamonte, 2003; Webb et al., 2002;

Bendimerad et al., 2000; Tierney, 1997; Tierney, 1994). In Industrieunternehmen hängen viele verschiedene Unternehmensfunktionen vom ungestörten Funktionieren kritischer Infrastrukturen ab (vgl. Kap 3.3.3). Indirekte Schäden können besonders durch Unterbrechungen der Elektrizitätsversorgung (Chang und Falit-Baiamonte, 2003; Murray und Sapone, 1987) und der Wasserversorgung (Adachi und Ellingwood, 2008; Chang et al., 2002) sowie durch die Störung von Transportsystemen (Chang, 2000; Gordon et al., 1998; Boarnet, 1996) ausgelöst werden. Auswirkungsanalysen von Naturkatastrophen haben zudem gezeigt, dass auch die Unterbrechung der Gasversorgung oder die Störung von Informations- und Kommunikationssystemen in der industriellen Produktion weitreichende Folgen haben können (Oh et al., 2010).

Aufgrund der begrenzten Datenverfügbarkeit werden im Folgenden lediglich die Abhängigkeiten von der Wasser- und der Stromversorgung sowie die Verwundbarkeit durch die Unterbrechung verschiedener Transportsysteme berücksichtigt. Die offene Struktur des hierarchischen Indikatorenmodells ermöglicht es jedoch, Indikatoren zur Berücksichtung weiterer Infrastruktursysteme bei entsprechender Datenverfügbarkeit zu ergänzen.

Die Verwundbarkeit gegenüber Infrastrukturausfällen ist umso höher, je weniger Produktionsschritte ohne das Funktionieren der entsprechenden Infrastrukturen aufrecht erhalten werden können (Chang et al., 2002). Im Indikatorenmodell wird diese funktionelle Abhängigkeit für die Elektrizitäts- und die Wasserversorgung über *Abhängigkeitsfaktoren* aus der Literatur operationalisiert. Diese zeigen an, welcher Anteil der Produktion bei einer Versorgungsunterbrechung eingestellt werden muss, und stellen damit Fragilitätsindikatoren dar (ATC, 2002). Für Transportinfrastrukturen stehen solche Abhängigkeitsfaktoren auf Sektorenebene derzeit nicht zur Verfügung. Daher wird die Abhängigkeit der Industriesektoren von verschiedenen Transportsystemen über das *spezifische Transportaufkommen* abgebildet.

Die Verwundbarkeit durch Infrastrukturausfälle hängt jedoch nicht nur von der funktionellen Abhängigkeit, sondern auch von der Bewältigungskapazität der Industrieunternehmen ab (Abbildung 20). Diese wird zum Beispiel dadurch erhöht, dass Möglichkeiten für eine alternative Versorgung vorhanden sind und so dem Ausfall öffentlicher Infrastruktursysteme zumindest partiell aus eigenen Kräften entgegen gewirkt werden kann. Die Bewältigungskapazität ist beispielsweise dann hoch, wenn eigene Versorgungssysteme zur Verfügung stehen oder Backup-Systeme vorgehalten werden. Für die leitungsgebundenen Infrastrukturen wird die Bewältigungskapazität im entwickelten Indikatorenmodell über den spezifischen Verbrauch der Sektoren *(spezifischer Elektrizitätsverbrauch, spezifischer Wasserverbrauch) und den Eigenversorgungsgrad (Eigenversorgungsgrad Elektrizität, Eigenversorgungsgrad Wasser)* operationalisiert. Bei der Abbildung der Bewältigungskapazität über den *spezifischen Verbrauch* wird angenommen, dass es schwieriger ist, große Strom- oder Wassermengen über alternative Quellen in ausreichendem Umfang zu decken, als dies bei einem geringeren Versorgungsbedarf der Fall wäre. Während es sich bei diesen Indikatoren also um Fragilitätsfaktoren handelt, stellen die Indikatoren *Eigenversorgungsgrad Elektrizität* und *Eigenversorgungsgrad Wasser* Resilienzfaktoren dar.

Die Operationalisierung der Transportabhängigkeit der Industriesektoren über das *spezifische Transportaufkommen* wurde ausgewählt, da bei einem großen *spezifischen Transportaufkommen* die Wahrscheinlichkeit, dass es zu Störungen im Transportablauf kommt, größer ist als bei einem geringeren Transportaufkommen. Im Indikatorenmodell wird das *spezifische Transportaufkommen auf Straßen und Schiene* erfasst. Die Abhängigkeit vom Luftverkehr kann im Anwendungsbeispiel in Kapitel 6 keine Berücksichtigung finden, da güterspezifische Daten zu Transportleistungen im Luftverkehr in Deutschland seit einigen Jahren nicht mehr erhoben werden.

Zur Quantifizierung der Indikatoren zur Abbildung des *spezifischen Verbrauchs* wurde jeweils der Verbrauch (z. B. Wasser oder Elektrizität) in Relation zur Anzahl der funktionellen Einheiten bzw. zur Größe eines Sektors ermittelt (Kap. 6.2.3). Ebenso wurde die Transportabhängigkeit über die Relation der güterspezifischen Transportleistung zur Anzahl der funktionellen Einheiten oder zur Größe eines Sektors bestimmt. Die *Eigenversorgungsgrade* wurden über das Verhältnis der selbst generierten Versorgungsmenge zum Gesamtverbrauch berücksichtigt.

4.5.3.4 Indikatoren zur Abbildung der „Verwundbarkeit durch Supply Chain Ausfälle“

Die Verwundbarkeit der Industrie gegenüber Supply Chain Unterbrechungen hängt sehr stark von unternehmensspezifischen Faktoren (z. B. Komplexität der Supply Chain, Lieferantenstrategie, Distanz zu den Lieferanten, Grad des Outsourcings, Qualität des Business Continuity Planning) ab. Daher stellt die Erfassung von Vulnerabilitätsfaktoren, die zur Abbildung der Anfälligkeit von Industriesektoren gegenüber Supply Chain Unterbrechungen geeignet sind, eine Herausforderung dar. Basierend auf einigen im Folgenden näher erläuterten Annahmen ist es aber möglich, Proxyvariablen, die zur Abschätzung der Anfälligkeit von Industriesektoren herangezogen werden können, abzuleiten.

Supply Chain Risiken können in verschiedene Unterrisiken (z. B. Lieferausfallrisiko, Nachfragerisiko) untergliedert werden und stehen zu anderen industriellen Risikoarten in enger Beziehung (vgl. Kap. 3.3.4). Um also die Vulnerabilität von Sektoren gegenüber Supply Chain Unterbrechungen zu erfassen, müssen die Anfälligkeiten der betrachteten Industriesektoren hinsichtlich der wichtigsten Unterrisiken erfasst werden (Kersten und Hohrath, 2007; Wagner und Bode, 2006). Im entwickelten Indikatorenmodell wird zur Operationalisierung der Verwundbarkeit der Industriesektoren gegenüber Lieferausfällen die *Lieferabhängigkei*t und zur Darstellung der Verwundbarkeit der Industriesektoren durch negative Effekte auf Seite der Nachfrage die *Nachfrageabhängigkeit* berücksichtigt.

Die lieferseitige Abhängigkeit der verschiedenen Industriesektoren wird im entwickelten Indikatorenmodell durch die *spezifischen Materialkosten* (Verhältnis der Materialkosten eines Sektors zur Größe/Anzahl der funktionellen Einheiten eines Sektors, Bestimmung vgl. Kap. 3.4.4) und den *Anteil firmeninterner Lieferungen* abgebildet. Zudem wird zur Abbildung der *Lieferabhängigkeit* der *Grad der lieferseitigen Verflechtung*, der Aussagen über die Auswirkungen von materialstrom-aufwärts gelegenen Störungen auf einen Sektor ermöglicht, erfasst.

Die Auswahl des Indikators *spezifische Materialkosten* beruht auf der Annahme, dass Industriesektoren immer dann besonders von Materiallieferungen abhängig sind, wenn sie diese in großem Umfang benötigen oder, wenn sie auf Materialien mit hohem Spezialisierungsgrad, der sich ebenfalls über hohe Materialkosten ausdrückt, angewiesen sind. Bei einer großen benötigten Materialmenge kann davon ausgegangen werden, dass die Wahrscheinlichkeit, dass eines oder mehrere Teile bei Eintreten eines externen Ereignisses nicht verfügbar sind, höher ist als bei einer geringen Menge an benötigen Materialien. Der Spezialisierungsgrad beeinflusst die Materialabhängigkeit dadurch, dass es im Falle einer Supply Chain Unterbrechung bei spezialisierten Materialien besonders schwierig ist, diese auf alternative Weise zu beschaffen oder zu substituieren. Nachteil des Indikators *spezifische Materialkosten* ist, dass die in ihm enthaltenen Informationen nicht in die Unterindikatoren Materialintensität und Spezialisierungsgrad der Materialien untergliedert werden können. Ursache hierfür ist die Tatsache, dass auf Basis der statistischen Daten nicht identifiziert werden kann, ob die hohen Materialkosten eines Sektors durch den Bedarf an teuren Materialien (mit hohem Spezialisierungsgrad) verursacht werden oder in der großen Menge der benötigten Materialien begründet sind. Da aber sowohl ein hoher Spezialisierungsgrad als auch eine große benötigte Materialmenge die Materialabhängigkeit eines Industriesektors erhöht, werden die *spezifischen Materialkosten* zur Abbildung der Lieferabhängigkeit im Indikatorenmodell eingesetzt. Da die Verwundbarkeit gegenüber Lieferausfällen mit steigenden *spezifischen Materialkosten* ansteigt, handelt es sich hierbei um einen Fragilitätsfaktor.

Der *Anteil firmeninterner Lieferungen*, der über Kennzahlen der Input-Output-Rechnung erfasst werden kann (vgl. Kap. 5.4.4.1), stellt einen weiteren Faktor dar, der Aufschluss über die Lieferabhängigkeit von Sektoren gibt. Sektoren, in denen große Teile der Materialien, die im Unternehmen weiterverarbeitet werden, aus firmeneigener Produktion stammen, sind weniger auf externe Lieferungen angewiesen und damit weniger vulnerabel.

Der *Grad der lieferseitigen Verflechtung* der Sektoren kann im Indikatorenmodell über einen sektorspezifischen *Verflechtungsindex*, der über die Bestimmung eines Backward-Multiplikators auf Basis der nationalen Input-Output-Tabellen berechnet werden kann, operationalisiert werden. Dieser *lieferseitige Verflechtungsindex* gibt Aufschluss darüber, wie stark sich materialstrom-aufwärts gelegene Störungen auf diesen Sektor auswirken können. Geringe Verflechtungsindizes zeigen hierbei eine geringe Verwundbarkeit der Sektoren an, so dass es sich bei diesem Indikator, wie schon bei den *spezifischen Materialkosten,* um einen Fragilitätsfaktor handelt.

Einen Nachteil, den die Indikatoren zur Abbildung der Lieferabhängigkeit aufweisen, stellt die Nichtberücksichtigung der Kritikalität der benötigten Lieferungen dar. Wird die Verwundbarkeit lediglich über die Menge und den Wert der benötigten Materialien bestimmt, wird beispielsweise vernachlässigt, dass unabhängig von diesen Parametern auch schon das Nicht-Verfügbarsein einzelner kritischer Materialien in der industriellen Produktion zu Betriebsunterbrechungen führen kann. In dem im Folgenden dargestellten Fallbeipiel ist es jedoch nicht möglich, diesen Faktor auf Sektorenebene zu bestimmen. Daher wird dieser Aspekt im entwickelten Indikatorenmodell derzeit nur indirekt über die Tatsache, dass bei einer hohen benötigten Materialmenge im Fall einer Supply Chain Unterbrechungen auch der Ausfall von kritischen Teilen wahrscheinlicher ist, berücksichtigt.

Die Nachfrageabhängigkeit wird im Indikatorenmodell über den *Grad der nachfrageseitigen Verflechtung* und einen Proxywert für die *Konsumentennähe,* die über Kennzahlen der Input-Output-Rechnung ermittelt wird, operationalisiert. Der *nachfrageseitige Vernetzungsgrad* wird in Ergänzung zum *lieferseitigen*

Verflechtungsindex über einen *nachfrageseitigen Verflechtungsindex* erfasst (vgl. Kap. 6.2.4). Dieser *nachfrageseitige Verflechtungsindex* ist ein Maß dafür, wie stark sich Nachfrageänderungen auf diesen Sektor auswirken können und kann über die Berechnung eines Forward-Multiplikators bestimmt werden. Aufgrund seines vulnerabilitätsverstärkenden Einflusses handelt es sich bei diesem Indikator ebenfalls um einen Fragilitätsindikator.

Die *Konsumentennähe* stellt hingegen einen Resilienzfaktor dar. Die Verwendung dieses Indikators beruht auf der Annahme, dass Industriesektoren, die näher am Endverbraucher liegen, weniger von sekundären Betriebsunterbrechungen betroffen sind, da diese etwaige Nachschwankungen schneller antizipieren und dadurch auch besser bewältigen können. Zur Quantifizierung der *Konsumentennähe* wird aus den Daten der nationalen Input-Output-Rechnung als Näherungswert der Anteil des Konsums privater Haushalte und des Staates an der gesamten Verwendung der Güter der einzelnen Industriesektoren ermittelt (vgl. Kap. 6.2.4).

In Tabelle 11 sind alle Indikatoren, die zur Abbildung der identifizierten Abhängigkeitsdimensionen ausgewählt wurden, sowie deren Einflussdimension bezüglich der Vulnerabilität dargestellt.

Tabelle 11: Übersicht über die Indikatoren und Abhängigkeitsdimensionen des Indikatorenmodells

Indikator		Abhängigkeits-dimension	Einflussdimension/ Indikatortyp
I_1	spez. Anlagenvermögen (AV)	Betriebsmittel-abhängigkeit	funktionelle Abhängigkeit/ Fragilitätsindikator
I_2	Personalintensität (PI)	Personalabhängigkeit	funktionelle Abhängigkeit/ Fragilitätsindikator
I_3	Spezialisierungsgrad/ Spez. Personalkosten (SP)	Personalabhängigkeit	funktionelle Abhängigkeit/ Fragilitätsindikator
I_4	ATC-Abhängigkeitsfaktor Elektrizität (EA)	Elektrizitätsabhängigkeit	funktionelle Abhängigkeit/ Fragilitätsindikator
I_5	spez. Elektrizitätsverbrauch (EV)	Elektrizitätsabhängigkeit	Bewältigungskapazität/ Fragilitätsindikator
I_6	Eigenversorgungsgrad E-lektrizität (EVE)	Elektrizitätsabhängigkeit	Bewältigungskapazität/ Resilienzindikator
I_7	ATC-Abhängigkeitsfaktor Wasser (WA)	Wasserabhängigkeit	funktionelle Abhängigkeit/ Fragilitätsindikator
I_8	Eigenversorgungsgrad Wasser (EVW)	Wasserabhängigkeit	Bewältigungskapazität/ Resilienzindikator
I_9	spez. Wasserverbrauch (WV)	Wasserabhängigkeit	Bewältigungskapazität/ Fragilitätsindikator
I_{10}	spez. Transportaufkommen Straße (TAS)	Transportabhängigkeit	funktionelle Abhängigkeit/ Fragilitätsindikator
I_{11}	spez. Transportaufkommen Schiene (TAE)	Transportabhängigkeit	funktionelle Abhängigkeit/ Fragilitätsindikator
I_{12}	spez. Materialkosten (MK)	Lieferabhängigkeit	funktionelle Abhängigkeit/ Fragilitätsindikator
I_{13}	lieferseitiger Verflechtungs-index (LVI)	Lieferabhängigkeit	funktionelle Abhängigkeit/ Fragilitätsindikator
I_{14}	Anteil firmeninterner Liefe-rungen (FIL)	Lieferabhängigkeit	funktionelle Abhängigkeit/ Resilienzindikator
I_{15}	nachfrageseitiger Verflech-tungsindex (NVI)	Nachfrageabhängigkeit	funktionelle Abhängigkeit/ Fragilitätsindikator
I_{16}	Konsumentennähe (KN)	Nachfrageabhängigkeit	funktionelle Abhängigkeit/ Resilienzindikator

4.6 Grenzen und Schwächen von Indikatorensystemen bei der Vulnerabilitätsanalyse

Indikatorenmodelle stellen ein geeignetes Instrument zur Darstellung und Quantifizierung nicht direkt messbarer Größen, wie beispielsweise der Vulnerabilität, dar. Aufgrund einiger sowohl methodischer als auch inhaltlicher Schwächen und Nachteile können Indikatorenmodelle bei der Vulnerabilitätsanalyse jedoch auch zu irreführenden oder unrobusten Ergebnissen führen (Freudenberg,

2003). Die Grenzen von Indikatorenmodellen können sich hierbei aus der generellen methodischen Vorgehensweise bei der Modellentwicklung, aus dem fehlerhaften Einsatz der Modelle oder der ungeeigneten Repräsentation der Ergebnisse ergeben (Huggins, 2003; Saisana und Tarantola, 2002). Des Weiteren treten beim Einsatz von Vulnerabilitätsindikatoren einige Herausforderungen auf, die sich aus den spezifischen Anforderungen des Risikomanagements ergeben.

Unter methodischen Aspekten sind bei einer kritischen Betrachtung der Entwicklung von hierarchischen Indikatorenmodellen vor allem die hohe Subjektivität einzelner Methodenschritte und die damit verbundenen Unsicherheiten aufzuführen. Im Rahmen des Entwicklungsprozesses können wie bei der Nutzwertanalyse vor allem die Indikatorenauswahl, die Festlegung von Vulnerabilitätswertfunktionen, die Indikatorengewichtung sowie die Auswahl der Aggregationsmethode von hoher Subjektivität geprägt sein (Nardo et al., 2005b).

Hauptproblem bei der Auswahl geeigneter Indikatoren ist, dass aufgrund der hohen Komplexität der Vulnerabilität und der begrenzten Datenverfügbarkeit eine vollständige und realitätsnahe Abbildung durch Indikatoren nur schwer erreicht werden kann. Dies kann beispielsweise zu einer Über- oder Unterrepräsentation der heterogenen Dimensionen innerhalb des Indikatorenmodells führen (Jäger, 2002). Die Gewichtung der einzelnen Indikatoren hat meist einen großen Einfluss auf die Ergebnisse eines Indikatorenmodells. Daher ist es für die Qualität eines Indikatorenmodells von entscheidender Bedeutung, dass die Gewichte über ausgewiesene Methoden ermittelt werden (vgl. Kap. 4.4.3 und 5.1.3) und der Einfluss auf das Gesamtergebnis in transparenter Art und Weise dargestellt wird (Cox et al., 1992).

Um den mit der Subjektivität verbundenen Unsicherheiten Rechnung zu tragen, sollten die Ergebnisse von hierarchischen Indikatorenmodellen durch Sensitivitätsanalysen ergänzt werden (Grupp und Mogee, 2004). Diese Anforderung wird bisher in nur sehr wenigen der in der Literatur beschriebenen Indikatorenmodellen umgesetzt (Saisana et al., 2005b). Das nachfolgende Kapitel beschreibt, wie für das entwickelte Indikatorenmodell Sensitivitätsanalysen durchgeführt werden können.

Eine weitere methodische Schwäche hierarchischer Indikatorenmodelle (mit linearer Aggregation) stellt die Verzerrung der Ergebnisse durch Abhängigkeiten zwischen den einzelnen Indikatoren und zwischen den Dimensionen dar. Interdimensionelle und intradimensionelle Abhängigkeiten können auf der einen Seite zur Überbewertung einzelner Teilaspekte und auf der anderen Seite zur Unterbewertung einzelner Vulnerabilitätsdimensionen führen. Wie diese Abhängigkeiten in hierarchischen Indikatorenmodellen analysiert und berücksichtigt werden können, wird ebenfalls in Kapitel 5.1 erläutert.

Die unzureichende Erläuterung von Indikatorenmodellen sowie die unangemessene Repräsentation der Ergebnisse können ebenfalls zu fehlerhaften Schussfolgerungen führen. Hierbei ist besonders der durch die Aggregation mögliche Informationsverlust zu nennen (Zhou et al., 2010). Um die Aussagefähigkeit von Indikatorenmodellen zu erhöhen und einer Missinterpretation der Ergebnisse vorzubeugen, sollten disaggregierte Darstellungsweisen für die Präsentation der Ergebnisse gewählt werden. Für die Vulnerabilitätsanalyse ist hierbei wichtig, dass neben den Werten der Gesamtvulnerabilität auch der jeweilige Beitrag der verschiedenen Vulnerabilitätsdimensionen sowie der Einfluss der einzelnen Indikatoren ersichtlich werden.

Generell sollten Ergebnisse zusammengesetzter Indikatoren nicht als objektive „Ideallösung" dargestellt werden. Vielmehr ist es wichtig, die methodische Vorgehensweise in Verbindung mit den Ergebnissen zu erläutern und in transparenter Form darzustellen, um so das Verständnis bezüglich der Vorgehensweise zu erhöhen und eine kritische Diskussion der Ergebnisse zu ermöglichen (Nardo et al., 2005a; von Schirnding, 2002). Des Weiteren sollten Indikatorenmodelle vorrangig zu einer ersten Einschätzung herangezogen werden, um so Stärken und Schwächen sowie Ansatzpunkte für weitere Analysen zu identifizieren.

Für den Einsatz im industriellen Risikomanagement müssen Indikatorenmodelle einige spezielle Anforderungen erfüllen (vgl. Kap. 4.3.1). Unter Berücksichtigung dieser Aspekte ist besonders die begrenzte Datenverfügbarkeit sowie die eingeschränkte Übertragbarkeit von Indikatorenmodellen (z. B. auf andere Ebenen) als Nachteil der indikatorenbasierten Vulnerabilitätsanalyse zu nennen.

Zudem stellt die Ermittlung der *relativen* Vulnerabilität einen weiteren Nachteil dar. Die relative Betrachtung der Vulnerabilität ermöglicht lediglich einen relativen Vergleich zwischen den betrachteten Systemen (z. B. zwischen Industriesektoren oder Regionen) und liefert keinen absoluten Wert der Vulnerabilität. Dies ermöglicht zwar die Identifizierung von kritischen Bereichen, räumlichen Hotspots oder zentralen Vulnerabilitätstreibern. Die Ableitung von konkreten Handlungsmaßnahmen für das Risikomanagement auf Ebene des einzelnen betrachteten Systems ist jedoch nur in begrenztem Umfang möglich.

Da es sich bei der indikatorenbasierten Vulnerabilitätsanalyse um eine statische Betrachtungsweise der Vulnerabilität von Systemen handelt, ist es kaum möglich, zeitliche Veränderungen und dynamische Prozesse der Vulnerabilität und des Risikos abzubilden (Birkmann, 2007).

Die hier angeführten Nachteile und Schwächen von Indikatorenmodellen sind nicht als Ausschlusskriterien für den Einsatz von Indikatorenmodellen zu sehen. Es ist jedoch wichtig, die mit hierarchischen Indikatorenmodellen verbundenen Schwächen zu erkennen und sie im Rahmen des Entwicklungsprozesses zu berücksichtigen und zu dokumentieren (Nardo et al., 2005b).

4.7 Zusammenfassung

Indikatorenbasierte Methoden werden in vielen Bereichen zur Operationalisierung komplexer, nicht direkt messbarer Größen eingesetzt. Da die Vulnerabilität von Systemen nicht direkt quantifizierbar ist, stellt der Einsatz von Indikatorenmodellen eine geeignete Methode zur Vulnerabilitätsanalyse dar. Um über Indikatorenmodelle transparente und robuste Ergebnisse für die Entscheidungsunterstützung im Risikomanagement zu generieren, müssen sowohl die im Indikatorenmodell verwendeten Einzelindikatoren als auch die eingesetzten Entwicklungsmethoden verschiedenen Qualitätsanforderungen genügen.

Im ersten Teil dieses Kapitels wurden diese Anforderungen, nach einer umfassenden Definition der Begriffe der Indikatorentheorie, analysiert und herausgearbeitet. Um neben den allgemeinen Anforderungen an Indikatorenmodelle die für die Vulnerabilitätsanalyse notwendigen speziellen Anforderungen zu ermitteln, wurden anschließend existierende Indikatorenmodelle zur Vulnerabilitätsanalyse untersucht und strukturiert beschrieben. Diese Indikatorenmodelle unterscheiden sich hinsichtlich einer Vielzahl von Eigenschaften wie beispielsweise dem Analyseziel, dem Indikatorentyp, der Betrachtungsebene sowie bezüglich der im Indikatorenmodell berücksichtigten Vulnerabilitätsdimensionen und -komponenten. Die Analyse der existierenden Modelle hat gezeigt, dass derzeit zur Analyse der industriellen Vulnerabilität gegenüber indirekten Schäden durch Naturkatastrophen keine Indikatorenmodelle zur Verfügung stehen.

Daher wurde im zweiten Teil dieses Kapitels ein hierarchisches Indikatorenmodell zur Analyse der industriellen Vulnerabilität entwickelt. Augrund der zentralen Bedeutung indirekter Schäden, die bei Naturkatastrophen durch primäre und sekundäre Betriebsunterbrechungen entstehen, zielt das entwickelte Modell auf den Vergleich der Vulnerabilität gegenüber indirekten Risikoeffekten ab. Zum Aufbau des hierarchischen Indikatorenmodells wurde eine auf der Nutzwertanalyse basierende Methodik entwickelt, die die zentralen Phasen Indikatorenauswahl, Normalisierung, Gewichtung und Aggregation umfasst.

Ausgehend von den in der industriellen Produktion benötigten Produktionsfaktoren und den Auswirkungen von Naturkatastrophen wurden zur Abbildung der industriellen Vulnerabilität die vier zentralen Vulnerabilitätsdimensionen *Verwundbarkeit durch Betriebsmittelausfälle*, *Verwundbarkeit durch Personalausfälle*, *Verwundbarkeit durch Infrastrukturausfälle* und *Verwundbarkeit durch Supply Chain Unterbrechungen* identifiziert und über 16 Indikatoren operationalisiert.

Wie in einer anschließenden kritischen Betrachtung von Indikatorenmodellen zur Vulnerabilitätsanalyse deutlich wurde, stellen hierarchische Indikatorenmodelle eine geeignete Methodik zur Vulnerabilitätsanalyse dar, sind aber mit einigen methodischen Schwächen und Nachteilen behaftet.

Im nachfolgenden Kapitel werden besonders die methodischen Schwächen von hierarchischen Indikatorenmodellen beleuchtet. Hierzu werden die verschiedenen Arten von Unsicherheiten in hierarchischen Indikatorenmodellen beschrieben und neben Methoden zur Sensitivitätsanalyse auch Ansätze zur Analyse und Berücksichtigung von Abhängigkeiten zwischen den Indikatoren entwickelt.

Kapitel 5

Berücksichtigung von Abhängigkeiten und Unsicherheiten in Indikatorenmodellen

In hierarchischen Indikatorenmodellen können Abhängigkeiten zwischen den Indikatoren zu einer Über- oder Unterbewertung einzelner Vulnerabilitätsdimensionen führen und so die Ergebnisse der Vulnerabilitätsanalyse verzerren. In den in der Literatur beschriebenen Indikatorenmodellen zur Risikobewertung werden Abhängigkeiten zwischen Indikatoren derzeit weder analysiert noch bei der Modellentwicklung berücksichtigt. In diesem Kapitel werden nach einer Charakterisierung der mit den Abhängigkeiten verbundenen Probleme sowohl statistische als auch expertenbasierte Methoden zur Abhängigkeitsanalyse vorgestellt. Um die Ergebnisse der Abhängigkeitsanalyse in die Vulnerabilitätsanalyse zu integrieren, werden zudem Methoden, die eine Berücksichtigung der Indikatorenstruktur im Rahmen der Modellentwicklung ermöglichen, vorgestellt bzw. entwickelt.

Des Weiteren können in hierarchischen Indikatorenmodellen verschiedene Arten von Unsicherheiten zu unrobusten Ergebnissen führen. Um den vorhandenen Unsicherheiten Rechnung zu tragen, ist es im Rahmen der Entwicklung eines hierarchischen Indikatorenmodells notwendig, Sensitivitätsanalysen durchzuführen. In den existierenden Indikatorenmodellen zur Vulnerabilitätsanalyse werden

Unsicherheiten bislang nur sehr selten und in begrenztem Umfang berücksichtigt. In diesem Kapitel werden daher nach einer Klassifizierung der Unsicherheiten in Indikatorenmodellen Ansätze zur Sensitivitätsanalyse aufgezeigt.

5.1 Abhängigkeiten in Indikatorenmodellen

In hierarchischen Indikatorenmodellen, die auf multi-kriteriellen Entscheidungsmethoden wie beispielsweise der Nutzwertanalyse basieren, führen Abhängigkeiten zwischen den einzelnen Indikatoren zu einer Verzerrung der Ergebnisse. Sind die Indikatoren einer hierarchischen Indikatorenstruktur nicht vollständig unabhängig voneinander, führt dies zu einer Über- bzw. Unterbewertung einzelner Indikatoren oder Dimensionen (Wu, 2008). Bei zusammengesetzten Vulnerabilitätsindizes können so beispielsweise einzelne Fragilitätsaspekte im Indikatorenmodell mehrfach berücksichtigt werden, was gleichzeitig zu einer Vernachlässigung oder Nichtberücksichtigung anderer Vulnerabilitätsaspekte führt. Meist ist es jedoch nicht möglich, die Indikatoren so zu wählen, dass eine vollständige Unabhängigkeit erreicht wird (Saisana und Tarantola, 2002).

Des Weiteren können die Abhängigkeiten zwischen den Indikatoren bei der Festlegung der Bedeutungsgewichte $w_i^{\mathrm{Im}\,p}$ von Experten gar nicht oder nur in begrenztem Umfang mit erfasst werden. Der Grund hierfür ist sowohl in der hohen Anzahl der Indikatoren als auch vor allem in der Tatsache zu sehen, dass zwischen den Indikatoren nicht nur direkte, sondern auch indirekte Abhängigkeiten existieren. Dies führt dazu, dass einzelne Indikatoren auch ohne direkten Einfluss andere Indikatoren positiv oder negativ beeinflussen können.

Um die mit den Abhängigkeiten verbundenen negativen Effekte (z. B. ungewollte Überbewertung) zu vermeiden, ist es notwendig, die Abgängigkeiten zwischen den Indikatoren zu untersuchen und im Indikatorenmodell zu berücksichtigen (z. B. durch Anpassung der Indikatorenstruktur bzw. -auswahl, Modifizierung der Indikatorengewichtung).

Zur Analyse der Abhängigkeiten können sowohl multivariate statistische Methoden (z. B. Faktorenanalyse) als auch expertenbasierte Ansätze zur Strukturanalyse, wie die *Decision Making Trial and Evaluation Method* (DEMATEL), herangezogen werden (vgl. Kap. 5.1.2). Während über Erstere lediglich statistische Abhängigkeiten erfasst werden können, ermöglicht die DEMATEL-Methode die Analyse kausaler Strukturen.

Im Folgenden wird beschrieben, wie sowohl statistische Methoden als auch die DEMATEL-Analyse zur Abhängigkeitsanalyse in hierarchischen Indikatorenmodellen eingesetzt und weiterentwickelt werden können. Nach einer Charakterisierung der methodischen Vorgehensweise wird hierbei zudem erläutert, wie aus den Ergebnissen der Abhängigkeitsanalyse Anpassungen am Indikatorenmodell vorgenommen werden können, um so die Ergebnisse der Vulnerabilitätsanalyse von Verzerrungen durch Abhängigkeiten zu bereinigen. Im Bereich der statistischen Methoden existieren hierzu bereits erste Ansätze, in denen die Ergebnisse der Strukturanalyse über die Indikatorengewichtung in Indikatorenmodellen berücksichtigt und Gewichtungsfaktoren auf Basis der Faktorenanalyse ermittelt werden. Die DEMATEL-Analyse wurde hingegen bislang lediglich zur qualitativen Analyse von interkriteriellen Beziehungstrukturen eingesetzt. Zur Integration der kausalen Strukturbeziehungen in quantitativer Form (z. B. in Indikatorenmodelle) wurden bisher noch keine Ansätze entwickelt.

5.1.1 Statistische Methoden zur Analyse der Abhängigkeiten

Mittels bi- und mutivariater statistischer Methoden können die statistischen Abhängigkeiten zwischen mehreren Indikatoren untersucht werden. Methoden, die zur Analyse der in den Daten inhärenten Abhängigkeitsstrukturen eingesetzt werden können, sind beispielsweise die Korrelationsanalyse nach Pearson, die Hauptkomponenten- bzw. Faktorenanalyse sowie die Bestimmung des Cronbach α (Nardo et al., 2005b). Diese Analysen ermöglichen es, Aussagen darüber zu treffen, ob in einem Indikatorenmodell verschiedene (statistische) Dimensionen ausgeglichen berücksichtigt sind und liefern so für die Entwicklung von Indikatorenmodellen wichtige Informationen (Manly, 1994).

Beim Einsatz statistischer Analysen im Rahmen der Indikatorenmodellentwicklung muss berücksichtigt werden, dass statistische Methoden nur zur Erfassung von in den Daten inhärenten Abhängigkeiten geeignet sind und diese keinen Aufschluss über kausale Zusammenhänge liefern können. Des Weiteren sollte die statistische nicht mit stochastischer Unabhängigkeit gleichgesetzt werden, da über die oben genannten Methoden lediglich lineare statistische Zusammenhänge zwischen den Indikatoren erfasst werden können (Leyer und Wesche, 2007). Eine weitere Begrenzung des Einsatzes statistischer Methoden bei der Entwicklung von Indikatorenmodellen ist durch die Tatsache gegeben, dass durch statistische Methoden lediglich direkte Abhängigkeiten und nicht auch indirekte Einflussbeziehungen zwischen den Indikatoren (über mehrere Einflussstufen hinweg) bestimmt werden können.

Im Folgenden wird erläutert wie mittels der genannten statistischen Informationen über die Datenstruktur von Indikatorenmodellen generiert werden können

(Kapitel 5.1.1.1 und 5.1.1.2) und wie aus diesen Erkenntnisse zur Entwicklung von Indikatorenmodellen abgeleitet werden können (Kapitel 5.1.3).

5.1.1.1 Bestimmung der Korrelationskoeffizientenmatrix nach Pearson

Um eine erste Aussage über die empirischen Abhängigkeiten von Indikatoren machen zu können, kann der Korrelationskoeffizienten r_{xy} nach Pearson bestimmt werden, der über das gemeinsame Streuungsverhalten (Kovarianz s_{xy}) zweier Variablen $x, y \in \mathbb{R}^n$ Informationen über deren Zusammenhang liefert (Bol, 2004):

$$s_{xy} = \frac{1}{1-n}\sum_{i=1}^{n}(x_i - \bar{x})(y_i - \bar{y}) \qquad [12]$$

$$r_{xy} = \frac{s_{xy}}{\sqrt{s_x^2 s_y^2}}, \text{ wobei } -1 \leq r_{xy} \leq 1 \qquad [13]$$

Dabei sind $\bar{x}$ und $\bar{y}$ die Mittelwerte, s_x^2 und s_y^2 die Varianz von x bzw. y. Eine sehr übersichtliche Darstellungsform der Korrelation mehrerer Variablen bietet die Korrelationsmatrix R (Schlittgen, 2009). Dabei sind x_j und x_k Spalten einer $n \times n$-dimensionalen Matriix:

$$R = r_{jk} \quad \text{mit } r_{x_j x_k} = r_{jk} \qquad [14]$$

Allerdings wird hier nicht die multivariate Streuung, sondern lediglich der uni- und bivariate Zusammenhang aller Indikatoren erfasst. Nach Schlittgen kann zur Interpretation von Korrelationskoeffizienten folgende Daumenregel eingesetzt werden (Schlittgen, 2009):

Tabelle 12: Interpretation von Korrelationskoeffizienten (nach Schlittgen, 2009)

Bereich	Interpretation
$\lvert r_{xy} \rvert = 0$	**keine Korrelation**
$0 < \lvert r_{xy} \rvert \leq 0,5$	**schwache Korrelation**
$0,5 < \lvert r_{xy} \rvert < 0,8$	**mittlere Korrelation**
$0,8 \leq \lvert r_{xy} \rvert < 1$	**hohe Korrelation**
$\lvert r_{xy} \rvert = 1$	**perfekte Korrelation**

Bei der inhaltlichen Interpretation von Korrelationskoeffizienten muss berücksichtigt werden, dass diese lediglich statistische Abhängigkeiten, die nicht unbedingt die zwischen den Indikatoren existierenden Kausalzusammenhänge widerspiegeln, abbilden.

Aus der Korrelationsanalyse von Indikatorensets können für die Indikatorenentwicklung verschiedene Informationen abgeleitet werden. So kann auf Basis einer statistischen Abhängigkeitsanalyse sowohl die Indikatorenauswahl (z. B. Auswahl lediglich schwach korrelierter Indikatoren) und die Indikatorenstrukturierung (Zusammenfassung statistisch korrelierter Indikatoren) als auch die Indikatorengewichtung (Reduzierung der Gewichtung stark korrelierter Indikatoren) unterstützt werden.

Eine Methode, die häufig zur Ableitung von Gewichtungsfaktoren auf Basis multivariater Abhängigkeiten zum Einsatz kommt, ist die *multiple Regressionsanalyse* (Backhaus et al., 2000). Bei dieser Methode wird der Zusammenhang zwischen mehreren Variablen x_i $(i \in \{1,..,n\})$ und einer bekannten Größe $\hat{Y}$ ermittelt, so dass die Gewichte der einzelnen Variablen (Indikatoren) direkt aus den Regressionskoeffizienten b_n und a bestimmt werden könnte:

$$\hat{Y} = a + b_1 x_1 + \ldots + b_n x_n \qquad [15]$$

Die multiple Regression kann jedoch bei Indikatorenmodellen nicht zur Ableitung von statistisch begründeten Gewichtungsfaktoren herangezogen werden, da $\hat{Y}$ hier nicht bekannt ist, sondern der über das Modell zu quantifizierenden Größe (hier die Vulnerabilität) entspricht (Muldur, 2001).

5.1.1.2 Faktorenanalyse

Eine Methode, mit der nicht nur uni- und bivariate, sondern auch multivariate Abhängigkeiten zwischen mehreren Indikatoren erfasst werden können, stellt die Faktorenanalyse dar. Die Faktorenanalyse zählt zu den explorativen Analysemethoden und ermöglicht es, die einem Datensatz zu Grunde liegenden Strukturen sowie die dadurch beschriebenen Dimensionen zu identifizieren. Ausgehend von der Korrelationsmatrix mehrerer Variablen werden im Rahmen einer Faktorenanalyse die Originaldaten so transformiert, dass die durch ein Set von Q Variablen $z_1, z_2, \ldots, z_Q$ beschriebene Varianz durch m voneinander unabhängigen Linearkombinationen (Faktoren) $F_1, F_2, \ldots, F_m$ erklärt werden kann und $m < Q$ ist (Hartung und Elpelt, 1994).

Das Standardverfahren der Faktorenanalyse kann in die folgenden Schritte untergliedert werden (Nardo et al., 2005b):

1. Bestimmung der Korrelationsmatrix (vgl. Kap. 5.2.1.1)
2. Extraktion der Faktoren
3. Bestimmung der Faktorladungen bzw. Kommunalitäten
4. Bestimmung der Anzahl beizubehaltender Faktoren
5. Rotation der Faktoren

Die Korrelationsmatrix spiegelt die Eignung der Ausgangsdaten zur Faktorenanalyse wider, die aus den Korrelationen zwar nicht immer direkt ersichtlich ist, jedoch über statistische Prüfkriterien wie den Bartletttest oder das Kaiser-Meyer-Olkin-Kriterium (KMO) nachgewiesen werden kann (Kaiser und Rice, 1974). Da der Bartlettest sehr stark von der Stichprobengröße beeinflusst wird, ist das KMO-Kriterium meist besser geeignet (Backhaus et al., 2000). Nach Cureton und D'Agostino ist eine Korrelationsmatrix mit einem KMO-Wert < 0,5 nicht für eine Faktorenanalyse geeignet, wünschenswert wäre ein Wert > 0,8 (Cureton und D'Agostino, 1993).

Zur Extraktion der Faktoren wird im Rahmen der Entwicklung von hierarchischen Indikatorenmodellen häufig die Hauptkomponentenanalyse eingesetzt (Nicolett et al., 2000). Welche der so identifizierten Faktoren beibehalten werden sollen, kann über verschiedene Kriterien bestimmt werden (Dunteman, 1989). Gemäß dem häufig angewendeten Kaiser-Kriterium werden alle Faktoren mit einem Eigenwert $\geq$ 1 beibehalten. Das Varianz-Kriterium sieht hingegen vor, genau so viele Faktoren auszuwählen, dass diese 90 % (seltener auch 80 %) der Varianz der Variablen erklären (Bernard, 2006). Eine graphische Methode zur Bestimmung der beizubehaltenden Faktoren stellt die Scree-Plot-Methode dar. Hierbei werden die Eigenwerte der Faktoren in einem Eigenwertediagramm (Scree-Plot) sukzessive hintereinander aufgetragen und alle Faktoren bis zu einem plötzlichen Abfall der Steigung beibehalten (Schlittgen, 2009).

Zur Rotation der Faktoren wird meist die Varimax-Rotation angewandt (Backhaus et al., 2000). Durch die Rotation wird die Summe der Eigenwerte nicht verändert. Da hierdurch jedoch verhindert wird, dass viele Variablen auf dieselben Faktoren hoch laden, wird durch die Rotation die Interpretierbarkeit der Analyseergebnisse erhöht.

Im Rahmen der Entwicklung von hierarchischen Indikatorenmodellen können so über die Faktorenanalyse die statistischen Dimensionen eines Indikatorensets identifiziert werden. Dies ermöglicht neben der Gruppierung der Indikatoren vor allem die Konstruktion von Indikatorengewichtungen (Nardo et al., 2005b) (vgl.

Kap 5.1.3). Des Weiteren können auf Basis der Faktorenanalyse Indikatorensets mit vielen Variablen in Indikatorensets mit einer geringeren Indikatorenanzahl umgewandelt werden. Wie die Erkenntnisse aus der Faktorenanalyse in hierarchischen Indikationenmodellen berücksichtigt werden können, wird im nachfolgenden Abschnitt erläutert.

5.1.2 Berücksichtigung statistischer Abhängigkeiten in Indikatorenmodellen

Um statistische Abhängigkeiten zwischen Indikatoren zu bereinigen, können die Ergebnisse der statistischen Abhängigkeitsanalyse auf verschiedene Weise in hierarchische Indikatorenmodelle integriert werden. In verschiedenen existierenden Indikatorenmodellen, werden beispielsweise die Ergebnisse der Faktorenanalyse zu einer Anpassung der Indikatorenzusammensetzung eingesetzt (Cutter et al., 2010b; Cutter et al., 2003; Huggins, 2003). Hierbei wird die Anzahl der Indikatoren dadurch reduziert, dass die ursprünglichen Indikatoren auf Basis statistischer Zusammenhänge zu einer geringeren Anzahl an neuen Indikatoren zusammengefasst und über die in der Faktorenanalyse extrahierten Komponenten abgebildet werden (Freudenberg, 2003). Aufgrund der häufig begrenzten inhaltlichen Interpretierbarkeit der Komponenten ist eine Anpassung der Indikatorenzusammensetzung auf Basis der Faktorenanalyse jedoch nicht immer sinnvoll.

Um in zusammengesetzten Indizes die statistischen Abhängigkeiten dennoch zu berücksichtigen und auszugleichen, können die Indikatorengewichtungen auf Basis statistischer Analysen ermittelt werden. In Anlehnung an die Methode von Nicolett et al. können über die Faktorenanalyse statistische Indikatorengewichte w_i^{Stat} berechnet werden, so dass diese den Informationsgehalt der Indikatorendaten widerspiegeln und überlappende Informationen ausgeglichen werden (Nicolett et al., 2000).

Tabelle 13 zeigt ein Beispiel zur Berechnung statistisch begründeter Gewichtungsfaktoren nach Nicolett et al.. Den Ausgangspunkt der Berechnung stellen sogenannte Zwischenindikatoren dar, die den in der Faktorenanalyse ermittelten Faktoren entsprechen. Unter der Annahme, dass das normierte Quadrat der Faktorladung dem Anteil an der Varianz eines Indikators entspricht, der durch den jeweiligen Faktor erklärt wird, kann für jeden der Faktoren (Zwischenindikatoren) in einem ersten Berechnungsschritt das Gewicht der Einzelindikatoren ermittelt werden (Schritt (A) des in Tabelle 13 dargestellten Berechnungsbeispiels).

Im nächsten Schritt können, da die normierte Summe der quadrierten Faktorladungen (Summe quadrierte Faktorladungen = erklärte Varianz eines Faktors, (B)) dem Anteil eines Faktors an der erklärten Gesamtvarianz entspricht, die Gewichtungen der Faktoren (Zwischenindikatoren) zur Bildung des Gesamtindikator bestimmt werden (C). Durch Multiplikation dieser Faktorengewichte (C) mit den zuvor ermittelten Gewichten der Einzelindikatoren (A) erhält man die indikatorenspezifischen Zwischengewichte der Zwischenindikatoren (D), die für jeden der Indikatoren (über alle Faktoren) zu einem statistisch bestimmten Endgewicht aufsummiert werden können (E).

Da im Rahmen der Faktorenanalyse nur die in den Daten inhärenten linearen Abhängigkeiten erfasst werden und indirekte und nicht-lineare Einflussbeziehungen nicht berücksichtigt werden, sollte in hierarchischen Indikatorenmodellen der alleinige Einsatz von statistischen Gewichtungsfaktoren kritisch hinterfragt werden. Vielmehr ist es wichtig, dass die Gewichte zudem die Bedeutung der einzelnen Indikatoren sowie die tatsächlichen, z. B. über Experteneinschätzungen bestimmten, kausalen Abhängigkeiten widerspiegeln. Um dies umzusetzen werden in der vorliegenden Arbeit zusätzlich zur statistischen Analyse der Indikatoren, die Beziehungsstrukturen auch über die expertenbasierte DEMATEL-Methode analysiert, die im Folgenden beschrieben wird.

5.1.3 Expertenbasierte Methoden zur Abhängigkeitsanalyse

Im Bereich der expertenbasierten Methoden ist besonders die *Decision Making Trial and Evaluation Laboratory Method (DEMATEL-Methode)* zur Analyse von Abhängigkeitsstrukturen zwischen verschiedenen Variablen geeignet. Im Folgenden wird erläutert, wie die klassische DEMATEL-Analyse zur Strukturanalyse in hierarchischen Indikatorenmodellen eingesetzt werden kann. Anschließend wird die Fuzzy-DEMATEL-Analyse, die die klassische DEMATEL-Analyse mit Ansätzen der Fuzzy-Logik verknüpft, erläutert und weiterentwickelt. Die Fuzzy-DEMATEL-Analyse ermöglicht es, den mit der Unschärfe von Experteneinschätzung verbundenen Unsicherheiten Rechnung zu tragen. Diese Unsicherheiten betreffen lediglich die Einschätzungen der Abhängigkeiten und sind nicht mit den allgemeinen Unsicherheiten in Indikatorenmodellen zur verwechseln. Diese werden im zweiten Teil dieses Kapitels (Kap. 5.2) diskutiert.

Tabelle 13: Beispiel zur Bestimmung der Indikatorengewichtungen auf Basis der Faktorenanalyse (nach Nicolett et al. 2000)

	Zwischenindikator I			**Zwischenindikator II**			**Gesamtgewicht**
	Faktorladung	***(A)** norm. Quadrat der Faktorladung* (Gewicht der Einzelindikatoren)	***(D)** Produkt aus (A) und (C)* (indikatorspez. Zwischengewichte der Zwischenindikatoren)	*Faktorladung*	***(A)** norm. Quadrat der Faktorladung* (Gewicht der Einzelindikatoren)	***(E)** Produkt aus (A) und (C)* (indikatorspez. Zwischengewichte der Zwischenindikatoren)	**(E)** statstisch ermitteltes Gesamtgewicht der Indikatoren w_i^{Stat}
I_1	0,79	0,30	0,20	-0,01	0,00	0,00	**0,20**
I_2	0,77	0,28	0,19	0,28	0,05	0,02	**0,21**
I_3	0,76	0,28	0,19	0,05	0,00	0,00	**0,19**
I_4	0,52	0,13	0,09	0,48	0,14	0,04	**0,13**
I_5	0,18	0,02	0,01	0,84	0,43	0,14	**0,15**
I_5	-0,01	0,00	0,00	0,78	0,37	0,12	**0,12**
***(B)** Erklärte Varianz (Summe der quadrierten Faktorladung)*	*2,54*			*1,17*			
***(C)** Erklärte Varianz/ Gesamtvarianz (Gewichtung der Faktoren)*	*0,68*			*0,32*			

5.1.3.1 DEMATEL-Analyse

Die DEMATEL-Methode wurde 1974 von Fontela und Gabus am Battelle Memorial Institute in Genf zur Strukturierung und Lösung komplexer Problemsituationen entwickelt (Fontela und Gabus, 1976). Die Methode wurde bereits in den verschiedensten Bereichen zur Analyse der Ursache-Wirkungsbeziehungen zwischen verschiedenen Variablen eingesetzt. Anwendungsgebiete sind beispielsweise die Bewertung von Kriterien zur industriellen Standortplanung (Lin und Tzeng, 2009) die Auswahl von Kriterien zur Bewertung von Personalkompetenzen (Wu et al., 2010; Wu und Lee, 2007). Ebenso wurde die Methode zur Risikopriorisierung (Seyed-Hosseini et al., 2006), zur Bewertung von Managementsystemen (Tsai und Chou, 2009) oder in der Flugzeugsicherheitsanalyse eingesetzt (Liou et al., 2008).

Die DEMATEL-Analyse stellt eine Analyse-Methode dar, über die komplexe Ursache-Wirkungszusammenhänge zwischen verschiedenen Kriterien (z. B. Indikatoren) erfasst, quantifiziert und in einem Strukturmodell anschaulich dargestellt werden können (Wu, 2008). Im Vergleich zu den statistischen Methoden hat die DEMATEL-Anlyse den Vorteil, dass über sie nicht nur statistische Zusammenhänge, die in den eingesetzten Daten inhärent sind, sondern kausale Abhängigkeiten auf Basis von Experteneinschätzungen erfasst werden. Dies ist besonders dann von Bedeutung, wenn die Abhängigkeitsstrukturen zwischen den Vulnerabilitätsfaktoren im Normalfall und nach Eintritt einer Katastrophe voneinander abweichen. Während unter Normalbedingung meist ausreichend Daten zur Verfügung stehen, sind diese unter Extrembedingungen meist nicht verfügbar, so dass hier statistische Analysemethoden nur begrenzt einsetzbar sind.

In hierarchischen Indikatorenmodellen ist die DEMATEL-Analyse dazu geeignet, die strukturellen Abhängigkeiten zwischen den einzelnen Indikatoren besser zu verstehen, diese zu quantifizieren und zu visualisieren. Neben der Bestimmung der Stärke der Abhängigkeiten zwischen den Indikatoren können über die expertenbasierte Abhängigkeitsanalyse so Schlüsselindikatoren bestimmt bzw. Ursache- und Effektindikatoren unterschieden werden.

Die Ergebnisse der DEMATEL-Analyse ermöglichen für das im Rahmen der Arbeit entwickelte Indikatorenmodell sowohl methodische als auch inhaltliche Rückschlüsse. Unter inhaltlichen Gesichtspunkten kann beispielsweise abgeleitet werden, über die Anpassung welcher (Ursache)-Indikatoren die industrielle Vulnerabilität im Rahmen des Risikomanagements am effizientesten reduziert werden kann. Hinsichtlich methodischer Aspekte kann auf Basis der kausalen Strukturanalyse in erster Linie die Auswahl der Indikatoren überprüft werden. So wird durch die Darstellung der Abhängigkeitsbeziehungen beispielsweise deutlich, welche Indikatoren dieselbe Vulnerabilitätsdimension abbilden, bzw. welche der Vulnerabilitätsdimensionen nur durch einzelne Indikatoren operationalisiert werden. Des Weiteren können die Ergebnisse der expertenbasierten Abhängigkeitsanalyse in quantitativer Form in das entwickelte Indikatorenmodell integriert werden, um die existierenden Anhängigkeiten (z. B. durch eine Anpassung der Indikatorengewichtung) auszugleichen und so einer Unter- bzw. Überbewertung einzelner Vulnerabilitätsfaktoren oder -dimensionen vorzubeugen. Wie eine Anpassung der Gewichtungsfaktoren in hierarchischen Indikatorenmodellen genau erfolgen kann, wird im Anschluss an die Beschreibung der klassischen und der Fuzzy-DEMATEL-Analyse erläutert (vgl. Kap. 5.1.3).

Ausgangspunkt für die DEMATEL-Analyse stellt ein gerichteter Digraph dar, der die Abhängigkeiten zwischen den untersuchten Indikatoren abbildet (Abbildung 21). Ausgehend hiervon werden im Rahmen einer DEMATEL-Analyse nicht nur die direkten Abhängigkeiten berücksichtigt, sondern es können auch indirekte Abhängigkeiten über mehrere Kanten des Digraphen und Rückkopplungen erfasst werden (Tamura und Akazawa, 2005).

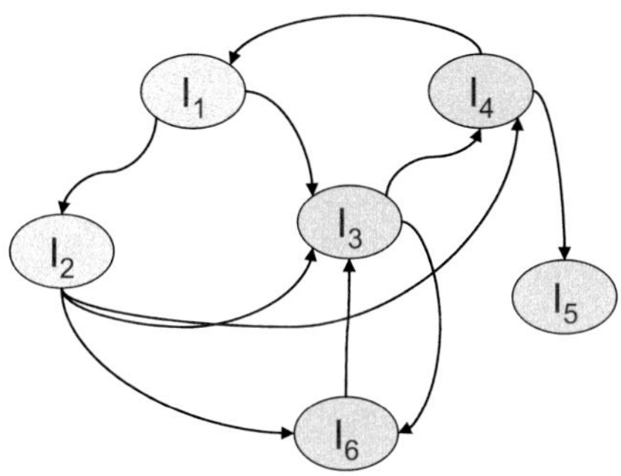

Abbildung 21: Beispieldigraph D^* als Ausgangspunkt der DEMATEL-Analyse mit den Beispielindikatoren I_1-I_6

Die DEMATEL-Methode kann in vier Schritte untergliedert werden (Shih et al., 2010; Dytczak und Ginda, 2008; Tzeng et al., 2007).

Im **ersten Schritt** wird der Digraph auf Basis von Experteneinschätzungen ermittelt. Hierbei schätzen verschiedene Experten den Grad der direkten Einflüsse zwischen allen Indikatoren eines Indikatorenmodells auf einer Skala von 0 bis 4 ab (0 = kein Einfluss, 1 = niedriger Einfluss, 2 = mittlerer Einfluss; 3 = starker Einfluss, 4 = sehr starker Einfluss). Während Experten die direkten und indirekten Abhängigkeiten bei der Festlegung von Bedeutungsgewichten in Indikatorenmodellen nur sehr begrenzt mit erfassen können, ist das alleinige Abschätzen von direkten Abhängigkeiten über einen paarweisen Vergleich zwar mit einer gewissen Subjektivität verbunden aber auch bei einer relativ großen Anzahl von Indikatoren noch zu bewältigen.

Der so auf Basis von Experteneinschätzungen ermittelte Digraph kann als *direkte Einflussmatrix M* dargestellt werden. M stellt hierbei eine *n*x*n* Matrix dar, wobei *n* der Anzahl der Indikatoren entspricht. In M bildet die *i*-te Zeile den direkten Abhängigkeitsgrad des Indikators *i* auf alle anderen Indikatoren *j = 1,...,n ab*. Da sich die einzelnen Indikatoren selbst nicht direkt beeinflussen, wird den Elementen der Hauptdiagonalen der Wert 0 zugewiesen. So kann beispielsweise der Beispieldigraph D^* über die Matrix M^* abgebildet werden:

$$M^* = \begin{pmatrix} 0 & 2 & 3 & 0 & 0 & 0 \\ 0 & 0 & 3 & 4 & 0 & 4 \\ 0 & 0 & 0 & 2 & 0 & 4 \\ 1 & 0 & 0 & 0 & 1 & 0 \\ 0 & 0 & 0 & 0 & 0 & 0 \\ 0 & 0 & 4 & 0 & 0 & 0 \end{pmatrix} \qquad [16]$$

Basierend auf der Methode von Fontela und Gabus wird in **Schritt Zwei** aus der *direkten Einfluss-Matrix* M die *normalisierte direkte Einfluss-Matrix* N gebildet:

$$N = s \cdot M \qquad [17]$$

mit

$$s = \frac{1}{\max_{i=1,\dots,n} \sum_{j=1}^{n} M_{ij}} \qquad [18]$$

Die normalisierte direkte Einfluss-Matrix N wird in **Schritt Drei** zur Ermittlung der totalen direkten-indirekten Einfluss-Matrix T eingesetzt, die neben den direkten Abhängigkeiten auch die indirekten Abhängigkeiten abbildet. Die Normalisierung der *direkten Einfluss-Matrix* N stellt hierbei die Konvergenz von T sicher (Lin und Tzeng, 2009), so dass:

$$T = \lim_{\omega \to \infty} (N + N^2 + \dots + N^{\omega}) = N(I - N)^{-1} \qquad [19]$$

Ausgehend von der totalen Einfluss-Matrix T können verschiedene Indizes berechnet werden, die über die Abhängigkeitsstrukturen der Indikatoren Aufschluss geben. Über die Zeilen- bzw. die Spaltensumme der Elemente in T können in **Schritt 4** der „Degree of dispatching“ P_i und der „Degree of receiving“ R_i bestimmt werden:

$$P_i = \sum_{j=1}^{n} T_{ij} \qquad [20]$$

$$R_i = \sum_{i=1}^{n} T_{ij} \qquad [21]$$

Während P_i anzeigt, wie stark ein Indikator andere Indikatoren beeinflusst, verdeutlicht R_i wie stark der Indikator I_i, entsprechend der Experteneinschätzungen von allen anderen Indikatoren des Indikatorenmodells beeinflusst wird. Aus diesen Kennzahlen können weitere strukturspezifische Kennzahlen wie der Positionswert s^+ und der Relationswert s^- bestimmt werden:

$$s_i^+ = P_i + R_i \qquad [22]$$

$$s_i^- = P_i - R_i \qquad [23]$$

Diese beiden Charakteristika zeigen an, welche Rolle ein Indikator im gesamten Indikatorenmodell spielt. Der s_i^+-Wert verdeutlicht hierbei das Ausmaß der gesamten Wechselwirkungen, die ein Indikator mit allen anderen Indikatoren eingeht und wird daher auch als Zentralitätsgrad bezeichnet (Dytczak und Ginda, 2008). s_i^- hingegen spiegelt die Nettowechselwirkung eines Indikators wider, so dass dieser Wert Informationen darüber liefert, ob ein Indikator zur Gruppe der Ursacheindikatoren (*cause group*) oder zur Gruppe der Effektindikatoren (*effect group*) gezählt werden kann. Während bei Ersteren ($s_i^- > 0$) der Einfluss, den sie selbst auf andere Indikatoren ausüben, überwiegt, ist bei der Gruppe der Effektindikatoren ($s_i^- < 0$) die Beeinflussung durch andere Indikatoren des Indikatorenmodells größer als der von diesen Indikatoren ausgehende Einfluss (Wu et al., 2010).

Die DEMATEL-Methode bietet mehrere Möglichkeiten, die Ergebnisse graphisch darzustellen. Beispielsweise können die Ursache-Wirkungsstrukturen der Indikatoren in einem sogenannten *Causal-Diagram* visualisiert werden, in dem die Positionswerte der Indikatoren gegen die Relationswerte der Indikatoren aufgetragen werden (Abbildung 22). Ein Indikator, der beispielsweise im rechten oberen (positiven) Bereich des *Causal-Diagrams* angesiedelt ist, zeichnet sich durch starke Wechselwirkungen mit den anderen Indikatoren aus, wobei der von diesem Indikator ausgehende Einfluss größer ist als die auf den Indikator einwirkenden Wechselwirkungen.

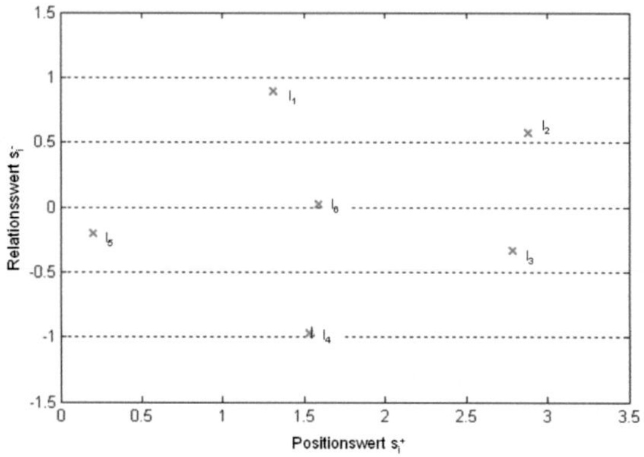

Abbildung 22: Causal-Diagram am Beispiel des Beispieldigraphen D^*

Eine weitere Visualisierungsmöglichkeit bietet die Erstellung einer sogenannten *Impact-Relation Map* aus der totalen Einfluss-Marix T (Abbildung 23).

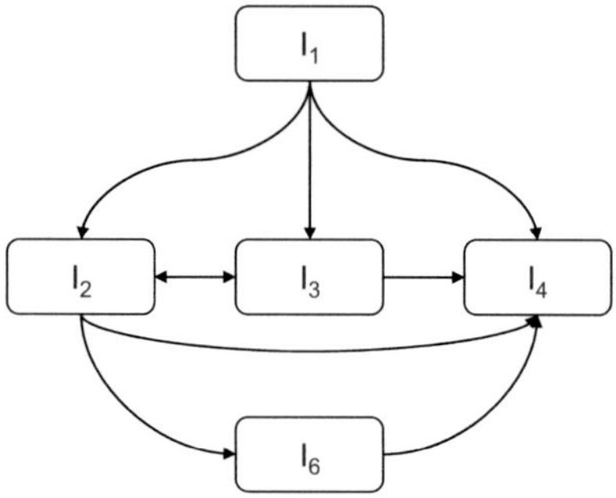

Abbildung 23: Impact-Relation Map am Beispiel des Beispieldigraphen D^* mit M^*; Grenzwert $\hat{t} = 0{,}19$

Da eine vollständige Abbildung aller in T enthaltener Elemente t_{ij} zu einer sehr unübersichtlichen Darstellung führen würde, erfordert diese Darstellungsweise die Auswahl eines Grenzwertes $\hat{t}$, der anzeigt, ab welchem Grad der indirekten und direkten Abhängigkeit eine Wechselwirkung im *Impact-Relation Map* dargestellt werden soll (Darstellung in der Impact-Relation Map für alle $t_{ij} \geq \hat{t}$). Für die graphische Darstellung spielt die Festlegung des Grenzwertes eine wichtige Rolle, da je nach Grenzwert in der *Impact-Relation Map* Elemente hinzukommen oder wegfallen. Li und Tzeng setzen zur Bestimmung des Grenzwertes $\hat{t}$ einen Maximum Mean De-Entropy (MMED) Algorithmus ein (Li und Tzeng, 2009). Der Grenzwert $\hat{t}$ kann auch graphisch über die Darstellung der direkten-indirekten Einflüsse t_{ij} (der Größe nach sortiert) ermittelt werden. Hierbei wird der Grenzwert $\hat{t}$ entsprechend des Wertes t_{ji} gewählt, bei dem es zu einem plötzlichen Abfall der Werte von t_{ij} kommt (Hiete et al., 2010a).

Aus der graphischen Darstellung der DEMATEL-Ergebnisse sowie den charakteristischen Kennzahlen kann somit bestimmt werden, welche Indikatoren dieselbe Dimension der Vulnerabilität beschreiben bzw. welche Indikatoren bereits über andere Indikatoren abgedeckt werden. Die Kenntnis der Indikatorenstruktur stellt besonders bei der methodischen Entwicklung von hierarchischen Indikatorenmodellen eine wichtige Information dar. So kann auf Basis der Ergebnisse die Indikatorenauswahl überprüft und z. B. durch das Entfernen einzelner Indikatoren das Indikatorenmodell angepasst werden. Aufgrund der vielfältigen wechselseitigen direkten und indirekten Abhängigkeiten auch zwischen den verschiedenen Indikatoren muss eine Reduzierung der Indikatorenzahl jedoch nicht zwangsläufig zu einer Verringerung der Abhängigkeiten führen. Um die existierenden Abhängigkeiten bei gleichbleibender Indikatorenzusammenstellung auszugleichen, müssen die Ergebnisse der Strukturanalyse in quantitativer Form in das Indikatorenmodell integriert werden. Der Vorteil der Anpassung des Indikatorenmodells auf Basis der DEMATEL-Analyse ist, dass hier im Gegensatz zur statistischen Abhängigkeitsanalyse kausale Einflussbeziehungen sowie direkte und indirekte Abhängigkeiten erfasst werden können. Wie auf Basis der charakteristischen Kennzahlen die Indikatorengewichte angepasst und so die Einflüsse zwischen den Indikatoren in hierarchischen Indikatorenmodellen berücksichtigt werden können, wird in Kap. 5.1.4 erläutert.

5.1.3.2 Fuzzy-DEMATEL

Aufgrund der Ungenauigkeit und Vagheit der (subjektiven) Experteneinschätzungen, die zur Bestimmung der direkten Einfluss-Matrix herangezogen werden, kann die DEMATEL-Analyse mit Unsicherheiten verbunden sein (Gheorghe und Vamanu, 2004b). Neben einer unvollständigen Erfassung aller Abhängigkeiten aufgrund von nicht vollständigen Informationen führt vor allem die Unschärfe linguistischer Formulierungen zu Ungenauigkeiten und den damit verbundenen Unsicherheiten (Lin und Wu, 2008). Die Unschärfe der linguistischen Formulierungen ist hierbei darin begründet, dass der Grad der Abhängigkeiten nur sehr schwer über einen exakten Wert abgebildet werden kann (Herrera et al., 2000).

Um der mit den linguistischen Formulierungen verbundenen Unschärfe Rechnung zu tragen (nicht zu verwechseln mit den allgemeinen Unsicherheiten in Indikatorenmodellen), wird in der vorliegenden Arbeit die Fuzzy-DEMATEL-Analyse, die die klassische DEMATEL-Analyse mit Ansätzen der Fuzzy-Logik verknüpft, weiterentwickelt und eingesetzt.

Die Fuzzy-Logik ermöglicht die Abbildung und Handhabung von Unschärfe und Vagheit mittels mathematischer Modelle (Al-Najjar und Alsyouf, 2003; Chang und Yeh, 1998), so dass hierdurch besonders die Unschärfe linguistischer Formulierungen berücksichtigt werden kann (Tseng, 2009a; Wu und Lee, 2007). Die Fuzzy-Logik ist vom menschlichen Umgang mit Komplexität und Ungenauigkeit inspiriert und fasst ungenaue Aussagen zu Bündeln zusammen, so dass bestimmte Wertemengen anhand von Ununterscheidbarkeiten, Ähnlichkeiten, oder anderer funktioneller Kriterien gebündelt werden (Zadeh, 2008).

Linguistische Variablen, deren Werte nicht Zahlen, sondern natürlichsprachliche Formulierungen sind (Wörter, Phrasen oder Sätze) (von Altrock, 1996), können mittels der Fuzzy-Logik ausgedrückt werden (Wu und Lee, 2007). Eine Fuzzy-Menge $\tilde{E}$ ist eine Teilmenge eines Gegenstandsbereichs Ω. In der klassischen Mengenlehre kann ein Element ω einer Menge E entweder zugehörig sein oder nicht. Die entsprechende Zugehörigkeitsfunktion ist $\mu_E : \Omega \rightarrow \{0,1\}$ mit $\mu_E(\omega) = \begin{cases} 1, & \omega \in E \\ 0, & \omega \notin E \end{cases}$. Dagegen erlaubt die Fuzzy-Logik auch partielle Zugehörigkeiten zu einer Menge. Dabei wird eine Fuzzy-Menge $\tilde{E}$ durch die Zugehörigkeitsfunktion $\mu_{\tilde{E}} : \Omega \rightarrow [0,1]$ beschrieben. Der Wert $\mu_{\tilde{E}}(\omega)$ steht für den Wahrheitsgrad, dass ω zu $\tilde{E}$ gehört (Klir und Folger, 1988). Zugehörigkeitsfunktionen können verschiedene Formen haben. Häufig kommen hierbei dreiecksförmige Zugehörigkeitsfunktionen zum Einsatz, die gut für die Abbildung subjektiver Einschätzungen geeignet sind (Liou et al., 2008).

In der Literatur sind einige wenige Arbeiten zu finden, die Ansätze der Fuzzy-Logik mit der DEMATEL-Analyse kombinieren (Tseng, 2009a; Tseng, 2009b; Lin und Wu, 2008; Liou et al., 2008; Wu und Lee, 2007). Diese Ansätze unterscheiden sich jedoch hinsichtlich der methodischen Vorgehensweise, hinsichtlich der Art der Zugehörigkeitsfunktion sowie hinsichtlich der verwendeten Defuzzyfizierungsmethoden. Von den beschriebenen Ansätzen führen lediglich Lin und Wu eine DEMATEL-Analyse auf Basis von Fuzzy-Zahlen durch (Lin und

Wu, 2008). Alle anderen Ansätze setzen die Fuzzy- Logik lediglich bis zur Aggregierung verschiedener Experteneinschätzungen zur direkten Einfluss-Matrix M ein (Tseng, 2009a; Tseng, 2009b; Lin und Wu, 2008; Liou et al., 2008; Wu und Lee, 2007). Zur Abbildung linguistischer Variablen werden in allen beschriebenen Arbeiten dreiecksförmige Zugehörigkeitsfunktionen eingesetzt. Verglichen mit dreiecksförmigen Zugehörigkeitsfunktionen spiegeln trapezförmige Zugehörigkeitsfunktionen die Einschätzung von Experten jedoch besser wider, da sie aufgrund des maximalen Zugehörigkeitsintervalls ein breiteres Spektrum an möglichen Einschätzungen erlauben. Aus diesem Grund wird nach einer Erläuterung der wichtigsten Definitionen zur Fuzzy-Logik mit trapezförmigen Zugehörigkeitsfunktionen die Weiterentwicklung der Fuzzy-DEMATEL-Analyse unter Einsatz trapezförmiger Zugehörigkeitsfunktionen beschrieben.

Fuzzy-Logik mit trapezförmigen Zugehörigkeitsfunktionen

Eine trapezförmige Zugehörigkeitsfunktion $\mu(x)$ kann über vier Parameter $a \leq b \leq c \leq d$ abgebildet werden. Für $x \in \mathbb{R}$ ist μ durch,

$$\mu(x) = \begin{cases} 0, & x \leq a \\ \dfrac{x-a}{b-a}, & a < x \leq b \\ 1 & b < x \leq c \\ \dfrac{d-x}{d-c}, & c < x \leq d \\ 0, & x \geq d \end{cases} \qquad [24]$$

gegeben. Dementsprechend kann eine trapezförmige Fuzzy-Zahl als Quadrupel *(a ,b ,c, d)* definiert werden. Trapezförmige Zugehörigkeitsfunktionen erleichtern die Modellierung unsicherer linguistischer Informationen. Dreiecksförmige Funktionen, Intervallfunktionen oder deterministische (Einzelwert-) Funktionen stellen Spezialfälle der Trapezform dar. Trapeze können sowohl symmetrisch als auch asymmetrisch sein.

Im Vergleich zu komplexeren Zugehörigkeitsfunktionen (z. B. exponentielle Zugehörigkeitsfunktionen) zeichnen sich Trapezfunktionen durch eine relativ einfache Ermittlung der zur Abbildung benötigten Parameter aus.

Im Folgenden werden einige arithmetische Operationen für Fuzzy-Zahlen, die auf Trapezfunktionen beruhen, dargestellt:

Seien $\tilde{F}_1 = (a_1, b_1, c_1, d_1)$ und $\tilde{F}_2 = (a_2, b_2, c_2, d_2)$ zwei trapezförmige Fuzzy-Zahlen.

Dann ist auch

$$\tilde{F}_1 \oplus \tilde{F}_2 := (a_1 + a_2, b_1 + b_2, c_1 + c_2, d_1 + d_2) \qquad [25]$$

eine Fuzzy-Zahl (Mateos und Jimenez, 2009). Die Multiplikation mit einem Skalar $k \in \mathbb{R}$ ergibt sich aus:

$$k \cdot \hat{F}_1 := (k \cdot a_1, k \cdot b_1, k \cdot c_1, k \cdot d_1) \qquad [26]$$

Die Multiplikation zweier Fuzzy-Zahlen muss jedoch nicht zwangsweise eine trapezförmige Fuzzy-Zahl ergeben (Abbasbandy und Amirfakhrian, 2006).

Es ist jedoch möglich, das Ergebnis durch eine trapezförmige Fuzzy-Zahl zu approximieren:

$$\tilde{F}_1 \otimes \tilde{F}_2 \cong (a_1 \cdot a_2, b_1 \cdot b_2, c_1 \cdot c_2, d_1 \cdot d_2) \qquad [27]$$

Diese Näherung wird in der Literatur häufig eingesetzt und wird auch im Folgenden im Rahmen der Fuzzy-DEMATEL-Analyse angewendet (Lin und Wu, 2008).

Fuzzy-DEMATEL-Analyse mit trapezförmigen Fuzzy-Zahlen

Entsprechend der klassischen DEMATEL-Methode (im Folgenden CrispDEMATEL-Analyse) wird im **ersten Schritt** der Fuzzy-DEMATEL-Analyse die direkte Einfluss-Matrix $\tilde{M}$ über Experteneinschätzungen generiert. Im Unterschied zur CrispDEMATEL-Analyse wird hier die Ermittlung der Abhängigkeiten im paarweisen Vergleich zwischen den Indikatoren auf Basis linguistischer Variablen bestimmt (Wu und Lee, 2007). Der Grad des Einflusses, den die Indikatoren aufeinander ausüben, kann hierbei über die fünf Formulierungen *minimaler Einfluss, geringer Einfluss, mittlerer Einfluss, großer Einfluss, sehr großer Einfluss* ausgedrückt werden. Abbildung 24 und Tabelle 14 stellen beispielhaft die Darstellung dieser linguistischen Variablen über trapezförmige Fuzzy-Zahlen dar.

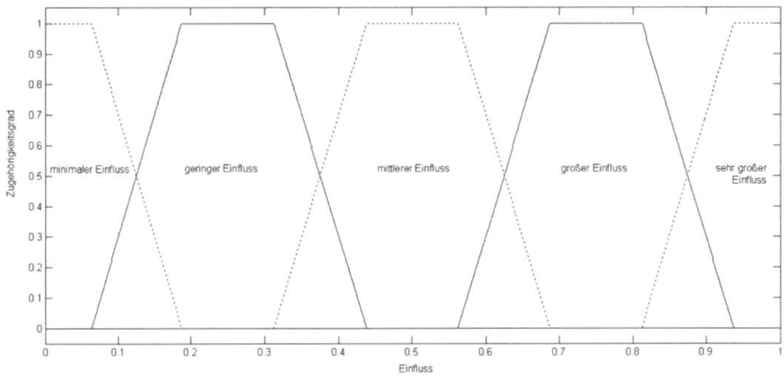

Abbildung 24: Trapezförmige Zugehörigkeitsfunktion zur Abbildung der Abhängigkeit zwischen den Indikatoren eines Indikatorenmodells

Die Fuzzy-Zahlen können über vier $n \times n$ direkte Einfluss-Matrizen A, B, C, D dargestellt werden, wobei $A_{ij} \leq B_{ij} \leq C_{ij} \leq D_{ij}$. Diese können zu einer direkten Einfluss-Struktur $\tilde{M}$ mit $(\tilde{M})_{ij} = (A_{ij}, B_{ij}, C_{ij}, D_{ij})$ für $i, j = 1, \ldots, n$ zusammengefasst werden. Um der Tatsache Rechnung zu tragen, dass sich ein Indikator selbst nicht kausal beeinflusst, gilt hierbei $M_{ii} = (0,0,0,0)$.

Tabelle 14: Linguistische Formulierung zur Abschätzung des Einflusses zwischen verschiedenen Indikatoren und die dazugehörigen Fuzzy-Zahlen

Linguistische Formulierung	***Fuzzy-Zahl***
kein Einfluss	(0; 0; 0,05; 0,2)
geringer Einfluss	(0,05; 0,2; 0,3; 0,45)
mittlerer Einfluss	(0,3; 0,45; 0,55; 0,7)
großer Einfluss	(0,55; 0,7; 0,8; 0,95)
sehr großer Einfluss	(0,8; 0,95; 1; 1)

Alle Operationen auf $\tilde{M}$ werden für jede der vier Matrizen A, B, C, D durchgeführt. Um bei der Ermittlung *der totalen Fuzzy Einfluss-Struktur* $\tilde{T}$ die Konvergenz der direkten Einfluss-Matrix sicherzustellen, wird in **Schritt 2** der Fuzzy-DEMATEL-Analyse die *direkte Einfluss-Struktur* $\tilde{M}$ *normalisiert:*

$$\tilde{N} = {d^{-1}}_{norm} \cdot \tilde{M} \qquad [28]$$

wobei $$d_{norm} = \max_{i=1,\ldots,n} \left(\sum_{j=1}^{n} d_{i,j} \right) \qquad [29]$$

$\tilde{N}$ entspricht der *normalisierten direkten Einfluss-Matrix* der CrispDEMATEL-Analyse. Da die Hauptdiagonale mit (0,0,0,0) besetzt ist, wird durch diesen Normalisierungsschritt sichergestellt, dass in allen auftretenden Fällen mindestens eine Zeile i^* $(1 \le i^* \le n)$ mit $\sum_{i=1}^{n}(D)_{i^*,j} < 1$ oder eine Spalte j^* für die $1 \le j^* \le n$, mit $\sum_{j=1}^{n}(D)_{i,j^*} < 1$ existiert, d. h. der Spektralradius $\rho(D) < 1$ ist. Da $A_{ij} \le B_{ij} \le C_{ij} \le D_{ij}$ folgt $\rho(A) \le \rho(B) \le \rho(C) \le \rho(D) < 1$ (Lin und Wu, 2008).

Ebenso wie bei der klassischen DEMATEL-Methode kann in **Schritt 3** der Analyse aus $\tilde{N}$ die *totale direkte-indirekte Fuzzy-Einfluss-Struktur* $\tilde{T}$ bestimmt werden:

$$\tilde{T} = \lim_{\omega \to \infty} \sum_{i=1}^{\omega} \tilde{N}^i \qquad [30]$$

Entsprechend der in Gleichung [28] gegebenen Nährung für die Multiplikation von Fuzzy-Zahlen kann $\tilde{T}$ als

$$\tilde{T} = \lim_{\omega \to \infty} \sum_{i=1}^{\omega} (A^i, B^i, C^i, D^i) \qquad [31]$$

ausgedrückt werden. Da der Spektralradius von A,B,C und D < 1 ist, existiert $\lim_{\omega \to \infty} \sum_{i=1}^{\omega} \tilde{N}^i$ (Hiete et al., 2010a). Die *totale direkte-indirekte Fuzzy-Einfluss-Struktur* $\tilde{T}$ im Rahmen einer Fuzzy-DEMATEL-Analyse ergibt sich aus (Werner, 2000):

$$\begin{aligned}
\tilde{T} &= \lim_{\omega \to \infty} \Big(\sum_{i=1}^{\omega}(A^i), \sum_{i=1}^{\omega}(B^i), \sum_{i=1}^{\omega}(C^i), \sum_{i=1}^{\omega}(D^i)\Big) \\
&= \Big(A \cdot (\lim_{\omega \to \infty} \sum_{i=0}^{\omega} A^i), B \cdot (\lim_{\omega \to \infty} \sum_{i=0}^{\omega} B^i), C \cdot (\lim_{\omega \to \infty} \sum_{i=0}^{\omega} C^i), D \cdot (\lim_{\omega \to \infty} \sum_{i=0}^{\omega} D^i)\Big) \qquad [32] \\
&= \big(A(Id_n - A)^{-1}, B(Id_n - B)^{-1}, C(Id_n - C)^{-1}, D(Id_n - D)^{-1}\big) \\
&= \tilde{N}(Id_n - \tilde{N})^{-1}
\end{aligned}$$

Nach der Defuzzyfizierung (Umwandlung von Fuzzy-Werten in eindeutige reelle Werte) von $\tilde{T}$ können entsprechend der in Kapitel 5.1.2.1 beschriebenen Verfahren die struktur-charakteristischen P_i- und R_i-Werte bestimmt werden, die Auskunft über die Abhängigkeitsstrukturen zwischen den Indikatoren geben.

Defuzzyfizierung

Um die Ergebnisse der Fuzzy-DEMATEL-Analyse in quantitativer Form (z. B. über die Anpassung der Indikatorengewichtung) in das Indikatorenmodell zur Vulnerabilitätsanalyse integrieren zu können, ist es notwendig, die Fuzzy-Ergebnisse in reelle Zahlen umzuwandeln (zu defuzzyfizieren). Die zur Defuzzyfizierung zur Verfügung stehenden Methoden können in zwei Klassen eingeteilt werden. Während bei einigen der Methoden die vertikale Verteilung der Fuzzy-Zahlen im Mittelpunk steht, berücksichtigen andere Methoden besonders deren horizontale Verteilung (Oussalah, 2002). Bei der Auswahl einer geeigneten Defuzzyfizierungsmethode müssen die Eigenschaften der Fuzzy-Zahlen, die z. B. durch deren Form, Höhe oder ihre relative Lage bestimmt werden, berücksichtigt werden (Opricovic und Tzeng, 2003). Zur Umwandlung dreiecksförmiger Fuzzy-Zahlen in reelle Zahlen (eindeutige Werte) wird sehr häufig die Schwerpunkt-Methode (*Center of Gravity-Methode*) eingesetzt (Yager, 2008). Der Nachteil dieser Defuzzyfizierungsmethode ist jedoch, dass Fuzzy-Zahlen mit demselben Mittelpunkt dieselbe reelle Zahl zugewiesen bekommen, auch wenn sie eine unterschiedliche Form aufweisen (Wu und Lee, 2007).

Eine Defuzzyfizierungsmethode, die dagegen Fuzzy-Zahlen mit größeren Bereichen maximaler Zugehörigkeit auch höhere eindeutige Werte zuweist ist der von Opricovic und Tzeng entwickelte CFCS-Algorithmus (*Converting Fuzzy Data to Crisp Data*), der auch bereits zur Umwandlung dreiecksförmiger Fuzzy-DEMATEL-Ergebnisse eingesetzt wurde (Lin und Wu, 2008; Opricovic und Tzeng, 2003).

Um diesen Defuzzfizierungsalgorithmus zur Umwandlung trapezförmiger Fuzzy-Zahlen einsetzen zu können, wird die Methode von Opricovic und Tzeng im Folgenden angepasst und erweitert (Opricovic und Tzeng, 2003).

Für die Übertragung der CFCS-Methode auf trapezförmige Fuzzy-Zahlen $\tilde{F}_1 = (a_1, b_1, c_1, d_1),\ i = 1,...,n$ sei definiert:

$a_{min} := \min_i \{a_i\}, d_{max} := \max_i \{d_i\}$ und $\Delta := d_{max} - a_{min}$. Anschließend kann die Transformation $\wedge : \{\tilde{F}_i\}_{i=1}^{n} \to [0,1]$ durchgeführt werden, wodurch die Menge der Fuzzy-Zahlen $\{\tilde{F}_i\}_{i=1}^{n}$ verschoben und auch gedehnt bzw. gestaucht wird, so dass das Intervall [0,1] vollständig durch die Fuzzy-Menge überdeckt ist:

$$\hat{F}_i = (\hat{a}_i, \hat{b}_i, \hat{c}_i, \hat{d}_i) := \Delta^{-1}(a_i - a_{min}, b_i - a_{min}, c_i - a_{min}, d_i - a_{min}). \quad [33]$$

Anschließend können die normalisierte linken x_i^l und rechten x_i^r Werte über folgende Beziehungen bestimmt werden:

$$x_i^l = \frac{\hat{b}_i}{1+\hat{b}_i - \hat{a}_i} \qquad [34]$$

$$x_i^r = \frac{\hat{d}_i}{1+\hat{d}_i - \hat{c}_i} \qquad [35]$$

Der x_i^l-Wert kann also als Punkt maximaler Zugehörigkeit definiert werden, der sich aus dem Schnittpunkt der Geraden, die durch die ansteigende Seite der Fuzzy-Zahl $\hat{F}_i$ definiert ist (Bereich zwischen $\hat{a}$ und $\hat{b}$) mit der Fuzzy-Zahl $\tilde{F}_1 := (0,0,0,1)$ (minimierende Fuzzy-Zahl) ergibt (Chen und Hwang, 1992). Der x_i^r-Wert stellt hingegen den Punkt maximaler Zugehörigkeit der Schnittmenge der Gerade, die durch die fallende Seite der Fuzzy-Zahl $\hat{F}_i$ definiert ist (Bereich zwischen $\hat{c}$ und $\hat{d}$), mit der Fuzzy-Zahl $\tilde{F}_2 := (0,1,1,1)$ (maximierende Fuzzy-Zahl) dar (Abbildung 25) (Chen und Hwang, 1992).

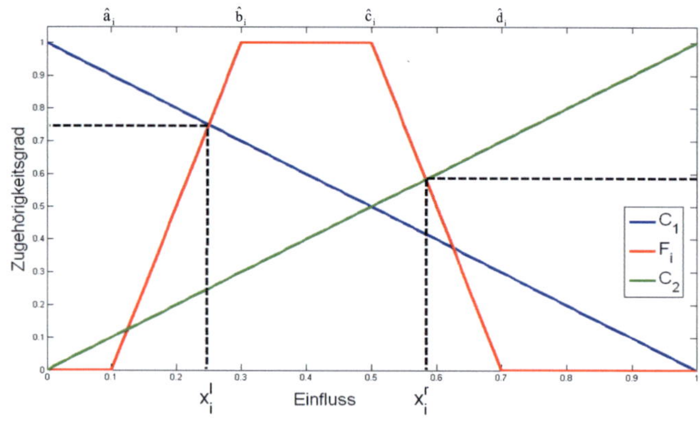

Abbildung 25: Ableitung der rechten und linken normalisierten Werte x_i^l *und* x_i^r

Ausgehend von x_i^l und x_i^r können die normalisierten (gewichtet über ihren Zugehörigkeitsgrad) eindeutigen Werte über

$$x_i = \frac{x_i^l \mu(x_i^l) + x_i^r \mu(x_i^r)}{\mu(x_i^l) + \mu(x_i^r)} \qquad [36]$$

bestimmt werden. Basierend auf der Definition von x_i^l und x_i^r gilt für die Werte des entsprechenden Zugehörigkeitsgrads:

$$\mu(x_i^l) = 1 - x_i^l \qquad [37]$$

$$\mu(x_i^r) = x_i^r \qquad [38]$$

Daraus folgt, dass:

$$x_i = \frac{x_i^l(1 - x_i^l) + (x_i^r)^2}{(1 - x_i^l) + (x_i^r)} \qquad [39]$$

Abschließend muss zur Bestimmung des eindeutigen Wertes (x_i^{crisp}) die Rücktransformation:

$$x_i^{crisp} = \Delta x_i + a_{min} \qquad [40]$$

durchgeführt werden (Hiete et al., 2010a).

Diese Methodik ermöglicht es, trapezförmige Fuzzy-Zahlen in eindeutige Werte umzuwandeln und dabei sowohl die Spanne und Höhe der Zugehörigkeitsfunktion als auch die Lage auf der x-Achse zu berücksichtigen.

5.1.4 Integration der expertenbasierten Abhängigkeitsanalyse in Indikatorenmodelle

Um die negativen Effekte, die Abhängigkeiten zwischen den einzelnen Indikatoren auf die Ergebnisse von hierarchischen Indikatorenmodellen haben können, zu verringern, können die Ergebnisse der DEMATEL-Analyse in Indikatorenmodelle integriert werden. Eine solche Integration beseitigt bzw. verringert Verzerrungen, die durch Abhängigkeiten entstehen und verhindert dadurch, dass es bei der Aggregation zu einem Gesamtindex zu einer Beeinträchtigung der Ergebnisse kommt.

Die Integration der Ergebnisse der DEMATEL-Analyse im Indikatorenmodell kann über verschiedene Vorgehensweisen realisiert werden. Erkenntnisse aus der klassischen DEMATEL-Analyse und der Fuzzy-DEMATEL-Analyse können beispielsweise zur

- Überprüfung der Indikatorenauswahl
- Strukturierung und Entwicklung neuer Indikatorensets (z. B. Reduzierung der Indikatorenanzahl)
- Anpassung der Indikatorengewichtung

eingesetzt werden.

In der vorliegenden Arbeit werden die in Kapitel 5.1 beschriebenen Analysemethoden zur Bestimmung von Abhängigkeitsgewichten w_i^{Dep} herangezogen. Hierzu wird im Folgenden erläutert, wie auf Basis expertengestützter Strukturuntersuchungen Indikatorengewichte ermittelt bzw. angepasst werden können.

5.1.4.1 Ableitung von Gewichtungskorrekturfaktoren aus der DEMATEL-Methode

Zur Anpassung der Indikatorengewichte wird aus den charakteristischen Kennzahlen der DEMATEL-Analyse der Gewichtungsfaktor w_i^{Dep} ermittelt. Hierbei stellt w_i^{Dep} keine eigenständige Indikatorengewichtung dar, sondern ist als Gewichtungskorrekturfaktor zu verstehen, über den das Gewicht (z. B. Bedeutungsgewicht w_i^{Imp}) von Indikatoren mit starkem Einfluss auf andere Indikatoren, gedämpft werden. Das Gesamtgewicht w_i eines Indikators *i* ergibt sich aus dem Produkt des *Bedeutungsgewichts* w_i^{Imp}, das die relative Bedeutung des Indikators für die Gesamtvulnerabilität des betrachteten Systems widerspiegelt (vgl. Kap. 4.4.3), und dem Gewichtungskorrekturfaktor w_i^{Dep}, über den die Abhängigkeitsstruktur zwischen den Indikatoren berücksichtigt wird:

$$w_i = w_i^{Imp} * w_i^{Dep} \qquad [41]$$

$$\text{mit} \quad 0 \leq w_i^{Dep} \leq 1 \qquad [42]$$

Zur Bestimmung des Gewichtungskorrekturfaktors w_i^{Dep} wird aus den Ergebnissen der DEMATEL-Analyse der „Degree of Dispatching" eines Indikators herangezogen, der den Gesamteinfluss eines Indikators auf alle anderen Indikatoren widerspiegelt. Hierdurch wird die Gesamtgewichtung w_i von Indikatoren mit starkem Einfluss stärker gedämpft als die Gewichtung von Indikatoren mit einem geringen totalen Einflussgrad. Um sicherzustellen, dass hierbei gilt $0 \leq w_i^{Dep} \leq 1$, ist eine Normierung von $\mathrm{P_i}$ über ein potenziell maximales $\mathrm{P_i^{max}}$ und ein potenziell minimales $\mathrm{P_i^{min}}$ aus der *direkten-indirekten Einfluss-Matrix* T notwendig:

$$w_i^{Dep} = 1 - \mathrm{P_i^{norm}} \qquad [43]$$

$$P_i^{norm} = \frac{(P_i - P_i^{min})}{(P_i^{max} - P_i^{min})} \quad [44]$$

$$\text{mit } P_i^{min} = n^*[\min_i(\min_j(t_{ij})] \\ P_i^{max} = n^*[\max_i(\max_j(t_{ij})] \quad [45]$$

Der R_i-Wert der DEMATEL-Analyse, der die Beeinflussung eines Indikators durch alle anderen Indikatoren anzeigt, findet bei der Ermittlung des Gewichtungskorrekturfaktors keine Berücksichtigung, da die zusätzliche/gleichzeitige Integration von einwirkenden Einflüssen, aufgrund der indirekten Abhängigkeiten zu einer Überbewertung der Abhängigkeitsbeziehungen führen würde.

5.2 Unsicherheiten in Indikatorenmodellen

In hierarchischen Indikatorenmodellen können verschiedene Arten von Unsicherheiten, die vor allem mit der hohen Subjektivität der Methodenauswahl im Rahmen der Modellentwicklung verbunden sind, zu irreführenden und unrobusten Ergebnissen führen (Hermans und Van den Bossche, 2009). Daher sollte besonders beim Einsatz von Indikatorenmodellen im Risikomanagement (z. B. zur Vulnerabilitätsanalyse) die Robustheit der Ergebnisse gegenüber Parameter- und Modellvariationen untersucht werden, um so die Verlässlichkeit der Ergebnisse zu gewährleisten und unangemessene Entscheidungen zu verhindern (Saisana und Saltelli, 2008).

Die Auswirkung verschiedener Unsicherheiten auf die Ergebnisse von Indikatorenmodellen können im Rahmen von *Unsicherheits- und Sensitivitätsanalysen* untersucht werden. In der Literatur werden die Bezeichnungen *Unsicherheits- und Sensitivitätsanalyse* uneinheitlich und nicht überschneidungsfrei verwendet (Basson, 2004). Der Begriff *Unsicherheitsanalyse* wird beispielsweise von Van Asselt und Helton sehr allgemein für die Quantifizierung der Unsicherheit von Modellergebnissen aufgrund von Unsicherheiten in den Inputfaktoren eingesetzt (Van Asselt, 2000; Helton, 1993). Kann und Weyant fassen unter diesem Begriff jedoch

> *„...die Bestimmung des jeweiligen Beitrags einer einzelnen Inputvariablen zur Gesamtunsicherheit des Modelloutputs" (eigene Übersetzung)*

zusammen (Kann und Weyant, 2000), was aber wiederum von Saltelli et al. als *Sensitivitätsanalyse* bezeichnet wird (Saltelli et al., 2009). In der vorliegenden Arbeit werden für das in Kap. 4 entwickelte Indikatorenmodell *Sensitivitätsana-*

lysen durchgeführt. Hierzu werden *Sensitivitätsanalysen* folgendermaßen definiert und gegenüber *Unsicherheitsanalysen* abgegrenzt:

- *Sensitivitätsanalyse:* Analyse des Effekts von Veränderungen in den Inputfaktoren eines Indikatorenmodells auf die Variabilität der Modellergebnisse (Morgan und Henrion, 2000)
- *Unsicherheitsanalyse:* Bestimmung des relativen Beitrags verschiedener Inputvariablen zur Unsicherheit der Modellergebnisse (Kann und Weyant, 2000; Morgan und Henrion, 2000)

In den in der Literatur beschriebenen hierarchischen Indikatorenmodellen werden bisher nur sehr selten Sensitivitätsanalysen durchgeführt (Munda et al., 2009). Einige wenige Beispiele für die Analyse von Unsicherheiten in Indikatorensystemen stellen die Sensitivitätsanalysen des Environmental Sustainability Indexes (ESI) (Saisana et al., 2005a), des Environmental Protection Indexes (Saisana und Saltelli, 2008), des Technology Achievment Indexes (TAI) (Saisana et al., 2005b; Freudenberg, 2003) und des Road Safety Indexes (RSF) (Hermans und Van den Bossche, 2009) sowie im Bereich der Vulnerabilitätsanalyse des Social Vulnerability Index (SoVI) (Schmidtlein et al., 2008) dar.

Die Durchführung von Sensitivitätsanalysen kann zu einer erhöhten Transparenz der Indikatorenmodelle beitragen und verbessert so beispielsweise das Verständnis der indikatorenbasierten Vulnerabilitätsanalyse (Bertsch, 2008; Nardo et al., 2005a; French, 2003). Daraus können zum einen wichtige Implikationen für die strukturelle Modellanpassung (z. B. Vereinfachung durch eine Reduzierung der Indikatorenanzahl) und zur Bestimmung der Modellparameter abgeleitet werden (Saltelli et al., 2009). Zum anderen können die Ergebnisse einer Sensitivitätsanalyse auch zu einer verbesserten Kommunikation der ermittelten Indizes eingesetzt werden und tragen so letztlich zu einer höheren Akzeptanz der getroffenen Entscheidungen bei (Saisana und Saltelli, 2008). Da die Ergebnisse hierarchischer Indikatorenmodelle meist nicht validiert werden können, spielt die Sensitivitätsanalyse zudem für die Bestimmung der Verlässlichkeit der Ergebnisse eine wichtige Rolle (Schmidtlein et al., 2008).

Die Motivation zur Durchführung von Sensitivitätsanalysen im Rahmen der Entwicklung von hierarchischen Indikatorenmodellen ist also sehr vielfältig und kann wie folgt zusammenfasst werden:

- Identifizierung von Schlüsselunsicherheiten und kritischen Parametern, die bei der Modellentwicklung besonders berücksichtigt werden müssen

- Unterstützung von Anpassungsmaßnahmen hinsichtlich der Modellstruktur (z. B. Vereinfachung)
- Erhöhung der Transparenz
- Verbesserung der Kommunikation der Ergebnisse

Welche Methoden zur Sensitivitätsanalyse eingesetzt werden können, hängt sowohl vom Kontext des jeweiligen Indikatorenmodells als auch von der Art der betrachteten Unsicherheiten ab (Bedford und Cooke, 2001). Daher ist es, um einen angemessenen Umgang mit den jeweiligen Unsicherheiten identifizieren zu können, in einem ersten Schritt notwendig, die verschiedenen Unsicherheitsarten zu klassifizieren (Bonano, 1995).

5.2.1 Klassifizierung von Unsicherheiten in Indikatorenmodellen

5.2.1.1 Allgemeine Klassifizierung von Unsicherheiten

Zur Einordnung von Unsicherheiten können verschiedene Klassifizierungsansätze, die nicht immer klar gegeneinander abgrenzbar sind und sich teilweise überschneiden, herangezogen werden (Bonano, 1995). Im Bereich der Risikoanalyse werden häufig zwei Kategorien von Unsicherheiten unterschieden (Makowski, 2006; O'Hagan und Oakley, 2004; Helton, 1993):

- *aleatorische Unsicherheiten*, die sich aus der inhärenten Variablität (natürlichen Zufälligkeit) eines Systems ergeben
- *epistemische Unsicherheiten*, die sich aus der unvollständigen Kenntnis des Systems ergeben

Aleatorische Unsicherheiten sind als Eigenschaft des Systems zu verstehen und sind daher nicht reduzierbar, während epistemische Unsicherheiten subjektiv sind (dem Entscheider zugeordnet) und daher auch reduziert werden können.

Neben dieser recht allgemeinen Kategorisierung existiert eine Vielzahl weiterer Klassifizierungsansätze. Während beispielsweise French und Mustajoki et al. im Bereich der multi-kriteriellen Entscheidungsanalyse die verschiedenen Unsicherheiten den Prozessschritten der Modellentwicklung zuordnen (Mustajoki et al., 2006; French, 1995), unterscheiden Bonano und Basson in Entscheidungsmodellen technische Unsicherheiten von Bewertungsunsicherheiten (*valuation*) (Basson, 2004; Bonano, 1995).

Im Bereich der Politikanalyse untergliedern Morgan und Henrion die Unsicherheiten in die drei Überkategorien „*Unsicherheiten in empirischen Parametern*“,

„*Unsicherheiten in Modellparametern*“ und „*Unsicherheiten in der Modellstruktur*“ und ordnen diesen verschiedene Quellen von Unsicherheiten zu.

Für empirische Parameterunsicherheiten, also Unsicherheiten, die mit den messbaren Variablen eines betrachteten Systems zusammenhängen, werden beispielsweise folgende Quellen identifiziert (Morgan und Henrion, 2000):

Quelle	
- Variablität (in Zeit/Raum)	aleatorisch
- inhärente Zufälligkeit	aleatorisch
- statistische Abweichungen	epistemisch
- subjektive Einschätzungen	epistemisch
- linguistische Ungenauigkeit	epistemisch
- Rundungsfehler	epistemisch

Morgan und Henrion nehmen hierbei keine explizite Untergliederung in aleatorische und epistemische Unsicherheiten vor (Morgan und Henrion, 2000). Da jedoch Unsicherheiten, die aus der Variabilität oder der inhärenten Zufälligkeit der Inputvariablen resultieren, im Gegensatz zu Unsicherheiten, die durch andere Faktoren verursacht werden, reduzierbar sind, besteht hier eine Überschneidung zum ersten Kategorisierungsansatz.

Nach Morgan und Henrion hat sich im Bereich der multi-kriteriellen Entscheidungsanalyse die Untergliederung in

- Datenunsicherheiten,
- Parameterunsicherheiten und
- Modellunsicherheiten

als geeignet erwiesen (Bertsch et al., 2007; Morgan und Henrion, 2000).

5.2.1.2 Unsicherheitsarten in Indikatorenmodellen zur Vulnerabilitätsanalyse

Aufgrund der methodischen Ähnlichkeiten von hierarchischen Indikatorenmodellen mit den Methoden der Mehrzielentscheidungsunterstützung (vgl. Kap. 4.4) ist auch bei diesen eine Untergliederung der Unsicherheiten in Daten-, Parameter- und Modellunsicherheiten sinnvoll.

In Indikatorenmodellen sind die Auswahl der Indikatoren, die Festlegung der Vulnerabilitätswertfunktionen, die Bestimmung der Indikatorengewichtung, sowie die Wahl der Aggregationsmethode stark subjektiv und daher mit Unsicherheiten (Modell- und Parameterunsicherheiten) verbunden (Munda et al., 2009). Des Weiteren spielen Datenunsicherheiten (z. B. aufgrund statistischer Abweichungen oder linguistischer Ungenauigkeiten) und Unsicherheiten, die sich aus der Operationalisierung/Quantifizierung der einzelnen Indikatoren ergeben können, eine Rolle. In Abbildung 26 werden die identifizierten Typen von Unsicherheiten in hierarchischen Indikatorenmodellen dargestellt und den jeweiligen Quellen zugeordnet.

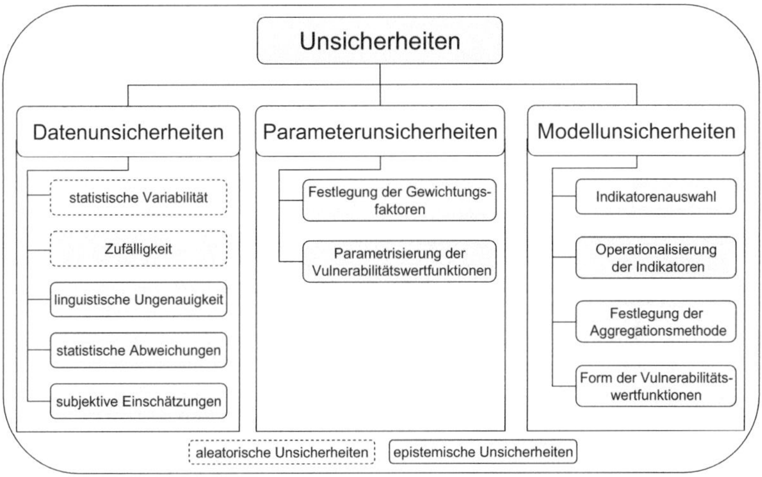

Abbildung 26: Unsicherheiten in hierarchischen Indikatorenmodellen (nach Bertsch, 2008)

5.2.2 Durchführung von Sensitivitätsanalysen in Indikatorenmodellen

5.2.2.1 Quantifizierung von Unsicherheiten

Die Quantifizierung von Unsicherheiten erfolgt oft in probabilistischer Form (Bedford und Cooke, 2001; Funtowicz und Ravetz, 1990). Im Bereich der Statistik existieren hierzu zwei Denkschulen mit unterschiedlichen Sichtweisen (Basson, 2004; Morgan und Henrion, 2000):

- Die *frequentistische* Sichtweise, die davon ausgeht, dass Wahrscheinlichkeiten objektiv sind und dass zur Ermittlung von Häufigkeitsverteilungen empirische Daten untersucht werden müssen (geeignet für aleatorische Unsicherheiten).
- Die *Bayes'sche* Sichtweise, die davon ausgeht, dass Wahrscheinlichkeiten auch subjektiv sein können und dass diese, sollten keine empirischen Daten vorhanden sein, auch von Experten auf Basis ihres

Wissens und ihrer Erfahrung ermittelt werden können (geeignet für aleatorische und epistemische Unsicherheiten).

Da jedoch häufig die Festlegung einer Wahrscheinlichkeitsfunktion – auch über expertenbasierte subjektive Methoden – nicht möglich ist, kann die probabilistische Vorgehensweise nur zur Quantifizierung bestimmter Arten von Unsicherheiten herangezogen werden (O'Hagan und Oakley, 2004). Eine probabilistische Darstellung ist nur bei Inputfaktoren möglich, deren Werte nicht nur als „gut“ oder „angemessen“, sondern als „wahr“ charakterisiert werden können. Innerhalb der in hierarchischen Indikatorenmodellen auftretenden Unsicherheitsarten kommt ein probabilistischer Quantifizierungsansatz also nur zur Quantifizierung von aleatorischen Datenunsicherheiten (*Variabilität* und *inhärente Zufälligkeit*) in Frage.

Im Rahmen von Sensitivitätsanalysen werden die Auswirkungen von Unsicherheiten in den Inputvariablen bzw. -parametern auf die Variabilität der Modellergebnisse analysiert. Hierzu werden die Inputfaktoren des jeweiligen Modells entsprechend ihrer Unsicherheit variiert und so verschiedene Datensets mit abgewandelten Inputwerten erstellt, die auch als *Szenarios* bezeichnet werden können (Bertsch, 2008). Diese *Szenarios* werden dann als Eingangsgrößen für das Modell verwendet, d. h. bei einem hierarchischen Indikatorenmodell wird für jedes Szenario ein Gesamtindex berechnet und die jeweilige Abweichung des ermittelten Indexwertes von einem Referenzwert (z. B. dem Index eines Basisszenarios) bestimmt.

Zur Erstellung verschiedener Szenarios können unterschiedliche Methoden eingesetzt werden. Um aus Unsicherheiten, die über probabilistische Verteilungsfunktionen beschrieben werden können, Datensets zu generieren, ist die Monte-Carlo-Simulation sehr gut geeignet (Basson, 2004). Hierbei werden die verschiedenen Inputvariablen als Zufallsvariablen mit jeweiliger Verteilungsfunktion modelliert. Durch das Ziehen von Werten für jede Zufallsvariable werden hieraus unterschiedliche Datensets generiert. Die Monte-Carlo-Simulation ist beispielsweise für den Umgang mit aleatorischen Datenunsicherheiten sehr gut geeignet. Der Vorteil dieser Methode ist besonders darin zu sehen, dass über die Simulation das gesamte Spektrum der möglichen Werte einer Variablen oder eines Parameters abgedeckt wird und so eine Vielzahl verschiedener Szenarios erzeugt werden kann (Treitz, 2006). Des Weiteren ermöglicht die Monte-Carlo-Simulation über eine Sequenz von aneinander gereihten Modellen die Berücksichtigung sich fortpflanzender Unsicherheiten (Bertsch, 2008). Im Bereich der multi-kriteriellen Entscheidungsanalyse wurde die Monte-Carlo-Simulation auch zur Integration von Parameterunsicherheiten eingesetzt (Bertsch, 2008).

Bei hierarchischen Indikatorenmodellen ist es jedoch auch anhand von Bay-es'schen (subjektive) Methoden nur sehr schwer möglich, geeignete Wahrscheinlichkeitsverteilungen für die verschiedenen Inputparameter zu bestimmen. Um eine zusätzliche mit der Bestimmung der probabilistischen Verteilungen verbundene Unsicherheit zu vermeiden, sollten Parameterunsicherheiten in Indikatorenmodellen daher parametrisch betrachtet werden. Zur Erstellung verschiedener plausibler Szenarios für die Sensitivitätsanalyse können hierzu anstatt der Bestimmung der Zufallsvariablen (Monte-Carlo-Simulation) manuelle Monte-Carlo-Methoden eingesetzt werden. Hierzu werden auf Basis von Experteneinschätzungen beispielsweise die Parameter innerhalb plausibler Intervalle (z. B. bei der Festlegung von Gewichtungsfaktoren) oder hinsichtlich methodischer Aspekte (z. B. bezüglich verschiedener Gewichtungs- oder Aggregationsmethoden) variiert werden.

Im Indikatorenmodell zur industriellen Vulnerabilitätsanalyse (vgl. Kap. 4.5) werden aufgrund der beschriebenen Schwierigkeiten bei der Festlegung von probabilistischen Verteilungen von Modellparametern die entsprechenden Parameterunsicherheiten parametrisch betrachtet. Hierzu werden Szenarios mit verschiedenen Gewichtungsmethoden, Vulnerabilitätswertfunktionen, Aggregationsmethoden und Operationalisierungsmethoden untersucht, in denen die entsprechenden Parameter und Modellkonfigurationen je nach methodischem Ansatz unterschiedlich gewählt werden.

5.2.2.2 Interpretation und Visualisierung von Unsicherheiten

Um die Ergebnisse der Sensitivitätsanalyse angemessen zu kommunizieren und aus diesen Implikationen für potenzielle Modellanpassungen oder die Entscheidungsfindung (z. B. im Risikomanagement) ableiten zu können, müssen die Ergebnisse der Sensitivitätsanalyse interpretiert und in adäquater Form (graphisch) dargestellt werden.

Zur Interpretation der Ergebnisse kann die Variabilität des Modelloutputs für verschiedene Szenarios über einfache statistische Maßzahlen wie Median, Standardabweichung oder Perzentile erfasst werden. Zur Interpretation von Sensitivitätsanalysen in Indikatorenmodellen werden häufig anstatt der absoluten Indizes die relativen Rangwerte der über das Indikatorenmodell bewerteten Systeme betrachtet. Beispielsweise gibt der *mittlere Rangtauschkoeffizient* $\overline{\mathrm{R}}$ Aufschluss über die Robustheit der Rangfolge der Indikatorenwerte der Systeme s_j bezüglich zweier Szenarios (Saltelli et al., 2009; Nardo et al., 2005b):

$$\bar{R} = \frac{1}{n}\sum_{i=1}^{n}\left|R_x(s_i) - R_x(s_i)\right| \quad [46]$$

mit:

n = Anzahl der untersuchten Systeme $_j$

$R_x(s_i)$ = Rang des Systems *i* in Szenario x

$R_y(s_i)$ = Rang des Systems *i* in Szenario y

Eine weitere statistische Kenngröße, die Aussagen über die Gesamtrobustheit des Indikatorenmodells ermöglicht, stellt der *Rangkorrelationskoeffizient nach Spearman* r^s dar, der ebenfalls für zwei Szenarios und mehrere Systeme ermittelt wird (Bol, 2004; Freudenberg, 2003):

$$r^s = 1 - \frac{6 * \sum_{i=1}^{n}(R(x_i) - R(y_i))^2}{n(n^2 - 1)} \quad [47]$$

wobei n der Anzahl der untersuchten Systeme i, $R(x_i)$ dem Rang des Systems i im Szenario x und $R(y_i)$ dem Rang des Systems i im Szenario y entspricht.

Eine graphische Darstellung der Variabilität der Modellergebnisse ermöglicht es, aufzuzeigen, in welchen Bereichen die Ergebnisse aufgrund von Unsicherheiten in den Inputfaktoren variieren können. Dies hat sowohl eine verbesserte Interpretierbarkeit als auch eine erleichterte Kommunikation der Ergebnisse von Indikatorenmodellen zur Folge. Eine große Herausforderung besteht hierbei darin, ausreichende Informationen über die Unsicherheiten eines Indikatorenmodells abzubilden, ohne eine Informationsüberfrachtung zu generieren.

Eine einfache und verständliche Darstellungsweise stellt Abbildung 27 dar, in der beispielhaft die Gesamtvulnerabilität von vier untersuchten Systemen für zehn Szenarios aufgetragen wurde. Der Vorteil einer solchen Darstellungsweise besteht darin, dass sofort der Anteil der Szenarios abgelesen werden kann, in denen ein System mit der höchsten relativen Gesamtvulnerabilität bewertet wird. Wird die Sortierung der Graphik nach der Dominanz der Systeme und nicht nach Szenarios vorgenommen, wird dieses noch deutlicher erkennbar. Als Nachteil dieser Darstellungsform ist jedoch aufzuführen, dass es bei der Abbildung sehr vieler Szenarios schnell zu einer Informationsüberfrachtung kommen kann.

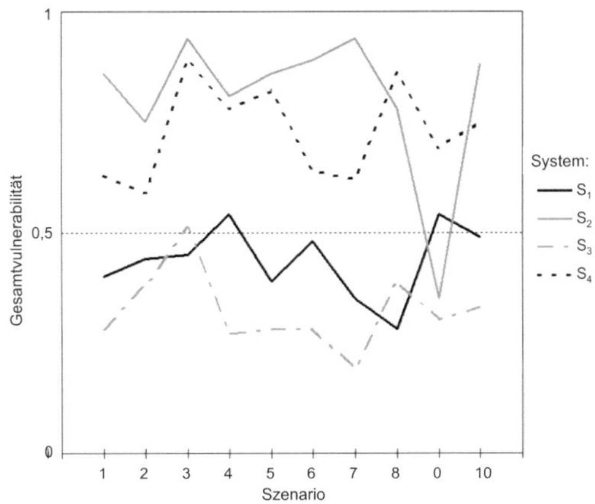

Abbildung 27: Visualisierung von Unsicherheiten: Darstellung der Gesamtvulnerabilität mehrerer Szenarios

Bei einer geringen Anzahl an betrachteten Systemen kann auch die in Abbildung 28 dargestellte Abbildungsweise über zusammengesetzte Säulen- oder Balkendiagramme sinnvoll sein.

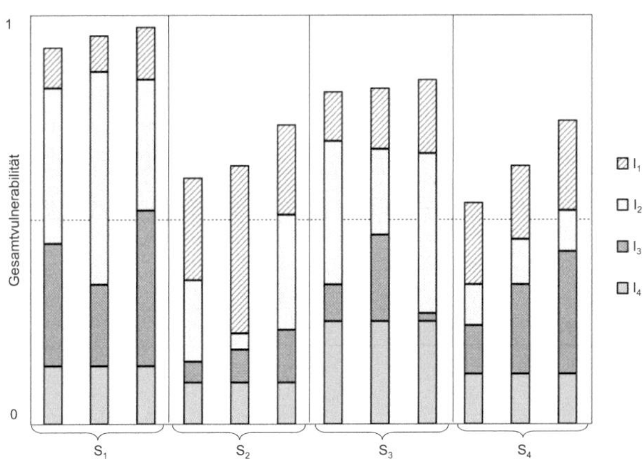

Abbildung 28: Visualisierung von Unsicherheiten: Darstellung der Unsicherheiten über zusammengesetzte Säulendiagramme für drei Szenarios, vier Systeme und vier Indikatoren

Der Vorteil dieser Darstellungsform ist, dass – wie schon beim einfachen zusammengesetzten Balkendiagramm – nicht nur der Unsicherheitsbereich der Gesamtvulnerabilität ersichtlich wird, sondern dass graphisch identifiziert werden kann, welche der Indikatoren besonders mit Unsicherheiten behaftet sind.

Soll die Unsicherheit von mehreren betrachteten Systemen graphisch erfasst werden, stellt die Darstellung der Gesamtvulnerabilität eines Referenzszenarios einschließlich der Variabilitätsspanne der Modellergebnisse eine geeignete Form der Abbildung dar. Interessiert hierbei vor allem der Vergleich zwischen den betrachteten Systemen und weniger der absolute Wert der Gesamtvulnerabilität ist es häufig sinnvoll, wie in Abbildung 29 dargestellt, den Rang der Systeme im Referenzszenario sowie die Variabilität der Rangzahl über alle untersuchten Szenarios abzubilden. Nachteil dieser Darstellungsform ist jedoch, dass weder ersichtlich wird, auf wie vielen Szenarios die Sensitivitätsanalyse beruht, noch wie die Ergebnisse der einzelnen Szenarios für alle Systeme im Vergleich aussehen. Des Weiteren können Ausreißer die Ergebnisse der Sensitivitätsanalyse verzerren. Daher ist es sinnvoll, die Variabilität der Ergebnisse nicht über alle angenommenen Rangplätze anzugeben, sondern diese auf die 5%- bis 95%-Perzentile der eingenommenen Rangplätze zu begrenzen (Munda et al., 2009).

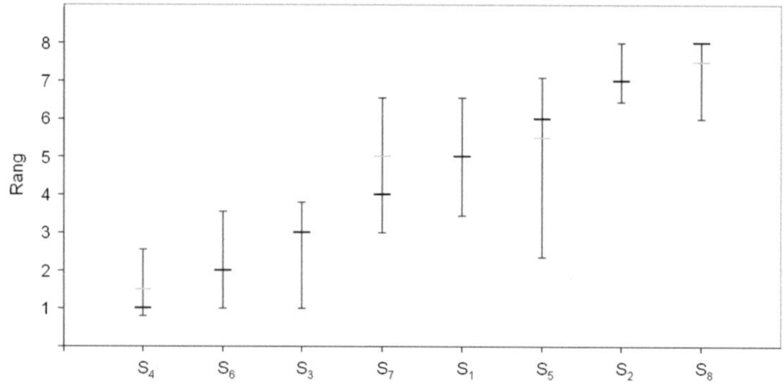

Abbildung 29: Visualisierung von Unsicherheiten: Darstellung der Rangordnung verschiedener Systeme (Referenzszenario in Schwarz, Median aller Szenarios in Grau) mit den 5%- und 95%-Perzentilen (8 Systeme)

5.3 Zusammenfassung

Da in hierarchischen Indikatorenmodellen sowohl Abhängigkeiten zwischen den Indikatoren als auch Unsicherheiten zu unrobusten Ergebnissen und damit besonders im Risikomanagement zu unangemessenen Entscheidungen führen können, wurden in diesem Kapitel Methoden zur Abhängigkeits- und Sensitivitätsanalyse in Indikatorenmodellen erläutert und weiterentwickelt. Des Weiteren wurde aufgezeigt, wie hierarchische Indikatorenmodelle auf Basis dieser Analysen modifiziert und so transparentere Ergebnisse generiert werden können. In den in der Literatur beschriebenen Indikatorenansätzen zur Vulnerabilitätsanalyse werden Abhängigkeiten zwischen den Indikatoren bisher gar nicht und Unsicherheiten nur sehr selten berücksichtigt.

Abhängigkeiten zwischen den Indikatoren resultieren in einer Über- oder Unterbewertung einzelner Indikatorendimensionen. Um dies zu vermeiden, wurde im ersten Teil des Kapitels erläutert, wie die Beziehungsstrukturen zwischen den einzelnen Indikatoren analysiert und im Indikatorenmodell berücksichtigt werden können. Hierzu können sowohl multivariate statistische Methoden als auch expertenbasierte Analysemethoden eingesetzt werden. Während über statistische Methoden lediglich die in den Daten inhärenten linearen Abhängigkeiten erfasst werden können, hat die expertenbasierte DEMATEL-Analyse den Vorteil, dass hier Ursache-Wirkungsbeziehungen identifiziert werden. Da die Ergebnisse der klassischen DEMATEL-Analyse aufgrund der Unschärfe von Experteneinschätzungen mit Unsicherheiten behaftet sein können, wurde in diesem Teil des Kapitels die Fuzzy-DEMATEL-Analyse für die Anwendung in hierarchischen Indikatorenmodellen weiterentwickelt. Die Ergebnisse der Abhängigkeitsanalysen liefern sowohl für die Auswahl von Indikatoren als auch für die Festlegung von Gewichtungsfaktoren wichtige Informationen. Hier wurde erläutert, wie zum Ausgleich von statistischen Abhängigkeiten in hierarchischen Indikatorenmodellen die Ergebnisse der Faktorenanalyse herangezogen und zur Bestimmung statistisch begründeter Gewichtungsfaktoren eingesetzt werden können. Um im entwickelten Indikatorenmodell zusätzlich zu den statistischen Abhängigkeiten auch kausale Beziehungsstrukturen zwischen den Indikatoren zu berücksichtigen, wurde zudem eine Methodik entwickelt, über die auf Basis der Ergebnisse der DEMATEL-Analysen Gewichtungskorrekturfaktoren bestimmt werden können.

Um mit den in hierarchischen Indikatorenmodellen vorhandenen Unsicherheiten angemessen umgehen zu können, wurden in einem ersten Schritt alle vorhandene Typen von Unsicherheiten identifiziert und charakterisiert. Wie im zweiten Teil dieses Kapitels aufgezeigt, spielen in Indikatorenmodellen neben Datenunsicherheiten besonders Parameter- und Modellunsicherheiten eine Rolle. Dabei sind die beiden letzteren hauptsächlich mit der Indikatorenauswahl, der Festlegung von Gewichtungsfaktoren, der Bestimmung geeigneter Vulnerabilitätswertfunktionen und der Auswahl der Aggregationsmethoden verbunden. Um mit diesen Unsicherheiten angemessen umgehen zu können und transparente Modellergebnisse zu generieren, sollten im Rahmen der Modellentwicklung Sensitivitätsanalysen durchgeführt werden. Da in den in der Literatur beschriebenen Indikatorenmodellen zur Vulnerabilitätsanalyse Unsicherheiten bisher nur sehr selten berücksichtigt werden, wurde im letzten Teil dieses Kapitels beschrieben, wie Unsicherheiten in hierarchischen Indikatorenmodellen quantifiziert, interpretiert und visualisiert werden können.

Im folgenden Kapitel wird das in Kapitel 4 entwickelte Indikatorenmodell zur Analyse der sektorspezifischen industriellen Vulnerabilität in Baden-Württemberg eingesetzt. Anhand dieses Anwendungsbeispiels wird die Bestimmung der Indikatorenwerte sowie deren Zusammenfassung zu einem Gesamtindex beschrieben. Hierbei werden Gewichtungsfaktoren auf Basis der in diesem Kapitel beschriebenen Abhängigkeitsanalysen ermittelt und Sensitivitätsanalysen durchgeführt.

Kapitel 6

Anwendung des Indikatorenmodells zur Bestimmung der sektorspezifischen und räumlichen Vulnerabilität in Baden-Württemberg

Im Folgenden wird das in Kapitel 4.5 entwickelte Indikatorenmodell in einem Anwendungsbeispiel zur Analyse der industriellen Vulnerabilität gegenüber indirekten Schäden bei Naturkatastrophen eingesetzt. Im Rahmen dieses Anwendungsbeispiels wird die Vulnerabilität sowohl auf Ebene von Industriesektoren als auch auf regionaler Ebene für das Bundesland Baden-Württemberg bestimmt.

Hierzu werden nach einer Charakterisierung des Anwendungsbeispiels die Quantifizierung der in Kapitel 4.5 identifizierten Indikatoren auf Sektorenebene sowie ihre Aufbereitung erläutert. Zur Bestimmung der Vulnerabilität der untersuchten Industriesektoren werden anschließend die Indikatorenwerte über die in Kapitel 4.4 entwickelten Vulnerabilitätswertfunktionen normalisiert und zu einem sektorspezifischen Gesamtindex aggregiert. Um hierbei sowohl Abhängigkeiten zwischen den verschiedenen Vulnerabilitätsdimensionen (interdimensionale Abhängigkeiten) als auch Abhängigkeiten zwischen den Indikatoren innerhalb der Vulnerabilitätsdimensionen (intradimensionale Abhängigkeiten) zu berücksichtigen, werden entsprechend der zuvor erarbeiteten Ansätze Gewichtungsfaktoren ermittelt und zur Bestimmung des Vulnerabilitätsindexes eingesetzt.

Anschließend werden nach einer Darstellung der sektorspezifischen Vulnerabilitätswerte eines Referenzszenarios Ergebnisse von Sensitivitätsanalysen, die zur Quantifizierung verschiedener Modell- und Parameterunsicherheiten durchgeführt wurden, vorgestellt.

Im letzten Teil dieses Kapitels wird ein Regionalisierungsansatz entwickelt, der es ermöglicht, die sektorspezifischen Vulnerabilitätswerte über die industrielle Struktur (Anteil der verschiedenen Industriesektoren an der gesamten Industrie einer Region) und die industrielle Exposition (Industriedichte einer Region) räumlich zu verteilen und so die regionale industrielle Vulnerabilität zu ermitteln (vgl. Kap. 6.7). Abschließend wird aufgezeigt, wie aus den sektorspezifischen und räumlichen Modellergebnissen Implikationen für das industrielle Risikomanagement auf verschiedenen Ebenen abgeleitet werden können.

6.1 Beschreibung des Anwendungsbeispiels

Im Rahmen des Anwendungsbeispiels wird für verschiedene Industriesektoren die Vulnerabilität gegenüber indirekten Schäden durch Naturkatastrophen analysiert. Diese sektorspezifische Vulnerabilität wird über das in Kapitel 4.5 vorgestellte hierarchische Indikatorenmodell bestimmt und anschließend zur Bestimmung der räumlichen Vulnerabilität über die industrielle Struktur auf die Landkreise in Baden-Württemberg verteilt.

Diese Ebene der räumlichen Vulnerabilitätsanalyse wurde sowohl aus Gründen der Datenverfügbarkeit als auch aufgrund von Zuständigkeitsaspekten gewählt, da in Baden-Württemberg gemäß des Landes-Katastrophenschutzgesetzes (LKaSG) die Landkreise als Untere Katastrophenschutzbehörden für das regionale Risiko- und Notfallmanagement zuständig sind. Des Weiteren ist die industrielle Vulnerabilität besonders für Landes- und Bundesbehörden von Interesse, da hier beispielsweise Entscheidungen über die Allokation von Ressourcen und Hilfsmittel getroffen werden.

Tabelle 15: Klassifikation der untersuchten Wirtschaftsabteilungen und Wirtschaftsunterabschnitte nach WZ 2003, sowie im Folgenden zur vereinfachten Lesbarkeit verwendete Bezeichnungen

Wirtschaftsunterabschnitt		Bez.	Wirtschaftsabteilung		Bez
DA	Ernährungsgewerbe und Tabakverarbeitung	ERN/ TAB	15 16	Ernährungsgewerbe Tabakverarbeitung	ERN TAB
DB	Textil- und Bekleidungsgewerbe	TEX/ BEK	17 18	Textilgewerbe Bekleidungsgewerbe	TEX BEK
DC	Ledergewerbe	LED	19	Ledergewerbe	LED
DD	Holzgewerbe (ohne H. v. Möbeln)	HOLZ	20	Holzgewerbe (ohne H. v. Möbeln)	HOLZ
DE	Papier-, Verlags- und Druckgewerbe	PAP	21 22	Papiergewerbe Verlags-, Druckgewerbe, Vervielfältigung	PAP DRUCK
DF	Kokerei, Mineralölverarbeitung, H. v. Brutstoffen	MIN	23	Kokerei, Mineralölverarbeitung, H. v. Brutstoffen	MIN
DG	H. v. chemischen Erzeugnissen	CHEM	24	H. v. chemischen Erzeugnissen	CHEM
DH	H. v. Gummi- und Kunststoffwaren	GUM	25	H. v. Gummi- und Kunststoffwaren	GUM
DI	Glasgewerbe, H. v. Keramik,Verarb. v. Steinen u. Erden	GLAS	26	Glasgewerbe, H. v. Keramik, Verarb. v. Steinen u. Erden	GLAS
DJ	Metallerzg. u. -bearb., H. v. Metallerzeugnissen	MET	27 28	Metallerzeugung und -bearbeitung H. v. Metallerzeugnisse	METE METV
DK	Maschinenbau	MASCH	29	Maschinenbau	MASCH
DL	H. v. Büromasch., DV-Geräte u. -Einrichtungen, Elektrotech. usw.	ELEK	30 31 32 33	H. v. Büromasch., DV-Geräte, H. v. Gerät. d. Elektrizitätserzg Rundfunk- u. Nachrichtentechnik Medizin-, Messtechnik, Optik, H. v. Uhren	BÜRO ELEK RUNDF MED
DM	Fahrzeugbau	FZB	34 35	H. v. Kraftwagen und Kraftwagenteilen Sonstiger Fahrzeugbau	KFZ SFZB
DN	H. v. Möbeln, Schmuck, Musikinstrumenten, usw, Recycling	MÖB	36 37	H. v. Möbeln, Schmuck, Musikinstr, Recycling	MÖB REC
E	Energie- und Wasserversorgung	EN/ WAS	40 41	Energieversorgung Wasserversorgung	EN WAS
F	Baugewerbe	BAU	45	Baugewerbe	BAU

Auf der ersten Stufe des Modells (auf Sektorenebene) werden die Industriesektoren des produzierenden Gewerbes untersucht. Zur Untergliederung der Industriesektoren wurde die Klassifikation der Wirtschaftszweige (WZ 2003) gewählt (vgl. Tabelle 15) (Statistisches Bundesamt, 2003). Da die amtlichen Statistiken des Statistischen Bundesamtes zum produzierenden Gewerbe ebenfalls in dieser Struktur erfasst werden, ist hierdurch eine bestmögliche Datenverfügbarkeit gewährleistet. Zur Bestimmung der industriellen Vulnerabilität werden zunächst 26 Wirtschaftsabteilungen betrachtet. Da jedoch zur Regionalisierung die Daten auf Landkreisebene in höher aggregierter Form vorliegen (vgl. Kapitel 6.7), wird die indikatorenbasierte Vulnerabilitätsanalyse zusätzlich auf der Ebene der Wirtschaftsunterabschnitte (16 Unterabschnitte, WZ 2003) durchgeführt (vgl. Tabelle 15) (Statistisches Bundesamt, 2003).

Im Folgenden wird dargestellt, wie die Indikatorenwerte für die untersuchten Wirtschaftsunterabschnitte und Wirtschaftsabteilungen quantifiziert werden und welche (statistischen) Daten hierbei zum Einsatz kommen. Die Regionalisierung der sektorspezifischen Vulnerabilität entsprechend der industriellen Struktur der Landkreise in Baden-Württemberg wird in Kapitel 6.7 vorgestellt.

6.2 Bestimmung der Indikatorenwerte

Die Werte der Resilienz- und Fragilitätsindikatoren werden sowohl für die Ebene der Wirtschaftsabteilungen als auch für die Ebene der Wirtschaftsunterabschnitte auf Basis statistischer Daten bestimmt. Die hierzu verwendeten statistischen Daten stammen vom Statistischen Bundesamt (Destatis), vom Statistischen Landesamt Baden-Württemberg sowie vom Kraftfahrtbundesamt. Alle Datensätze beziehen sich auf das Jahr 2006, da für einige Daten derzeit noch keine aktuelleren Jahrgänge zur Verfügung stehen. Da für einige Indikatoren derzeit keine amtlichen Quellen verfügbar sind, kommen im Rahmen des Anwendungsbeispiels zudem auch Literaturdaten zum Einsatz.

Für einige Indikatoren können die Daten direkt (im Originalzustand) in das Indikatorenmodell integriert werden. Bei anderen Indikatoren ist zur Bestimmung der Indikatorenwerte jedoch die Berechnung von charakteristischen Kennzahlen oder die Ermittlung größenspezifischer Eigenschaften notwendig. Die so bestimmten Indikatorenwerte der untersuchten Wirtschaftsabschnitte sind in Tabelle 16 dargestellt. Welche Ausgangsdaten zur Bestimmung der einzelnen Indikatoren herangezogen werden und welche methodische Vorgehensweise bei der Berechnung der Kennzahlen und größenspezifischen Indikatorenwerte zum Einsatz kommen, wird in den nachfolgenden Abschnitten erläutert.

Tabelle 16. Indikatorenwerte zur Bestimmung der industriellen Vulnerabilität der Wirtschaftsunterabschnitte in Deutschland (für Abkürzungen vgl. Tabelle 11)

WZ 2003	I_1 (AV) [-]	I_2 (PI) [-]	I_3 (SP) [-]	I_4 (EV) [-]	I_5 (EA) [-]	I_6 (E-VE) [%]	I_7 (WV) [-]	I_8 (WA) [-]	I_9 (EVW) [%]	I_{11} (TAS) [-]	I_{12} (TAE) [-]	I_{13} (MK) [-]	I_{14} (FIL) [%]	I_{15} (LVI) [-]	I_{16} (NVI) [-]	I_{17} (KN) [%]
DA	0,26	0,48	0,10	0,34	0,90	12,76	0,37	0,70	68,90	0,66	0,05	0,34	4,31	1,23	0,75	50,64
DB	0,31	0,47	0,17	0,27	1,00	3,37	0,24	0,70	75,40	0,25	0,01	0,23	3,17	0,97	0,72	30,37
DC	0,33	0,54	0,01	0,03	1,00	0,00	0,19	0,50	89,70	0,61	0,01	0,27	0,05	0,96	0,70	37,74
DD	0,19	0,26	0,21	0,46	1,00	30,62	0,13	0,50	69,90	0,44	0,21	0,22	6,52	1,23	1,16	13,93
DE	0,25	0,31	0,36	0,57	0,55	25,14	0,45	0,45	96,10	0,46	0,22	0,18	6,59	1,06	1,05	21,23
DF	0,65	0,25	0,95	1,00	1,00	76,21	0,69	0,50	76,90	0,97	1,00	1,00	7,86	0,76	1,09	30,54
DG	0,38	0,34	0,70	0,76	0,90	26,25	0,70	0,80	78,60	0,43	0,25	0,37	33,58	1,24	0,99	7,71
DH	0,15	0,43	0,29	0,44	1,00	0,00	0,22	0,50	74,80	0,30	0,18	0,25	2,06	1,01	1,02	2,87
DI	0,28	0,32	0,36	0,55	1,00	1,55	0,29	0,50	87,80	0,70	0,21	0,15	0,78	1,34	1,11	6,25
DJ	0,16	0,33	0,40	0,59	0,95	12,19	0,40	0,85	89,80	0,32	0,27	0,28	27,00	1,12	1,16	5,45
DK	0,09	0,39	0,50	0,06	1,00	0,00	0,03	0,60	80,40	0,08	0,02	0,25	0,02	1,05	0,74	20,99
DL	0,17	0,35	0,52	0,08	1,00	0,00	0,13	0,90	74,10	0,09	0,01	0,31	0,83	0,98	0,83	16,61
DM	0,35	0,77	0,73	0,30	1,00	0,00	0,16	0,60	66,10	0,29	0,15	0,53	9,09	1,20	0,80	18,74
DN	0,20	0,38	0,26	0,11	0,95	0,00	0,01	1,00	72,70	0,22	0,03	0,24	0,11	1,02	0,74	44,85
E	1,00	0,23	1,00	0,48	0,80	47,00	1,00	0,40	98,00	0,01	0,05	0,61	4,76	1,04	1,12	65,36
F	0,02	0,15	0,20	0,27	0,40	0,00	0,12	0,50	10,00	0,64	0,36	0,01	0,00	1,11	0,73	79,36

6.2.1 Bestimmung von Indikatorenwerten auf Basis statistischer Originaldaten

Für die Industriesektoren des Anwendungsbeispiels können lediglich für drei Indikatoren die Werte direkt aus statistischen Daten bzw. über Literaturdaten bestimmt werden. Hierzu gehören neben dem Indikator *Eigenversorgungsgrad Wasser* die *Abhängigkeitsfaktoren* für die Elektrizitäts- und Wasserversorgung (vgl. Tabelle 17).

Tabelle 17: Übersicht über direkt messbare Indikatoren und die verwendeten Datenquellen

Indikator	Operationalisierung	Datenquelle
ATC-Abhängigkeits-faktor Elektrizität (EA)	**Elektrizitätsabhängigkeitsfaktor [-]**	Applied Technology Council-ATC 25 (2002)
ATC-Abhängigkeits-faktor Wasser (WA)	**Wasserabhängigkeitsfaktor [-]**	Applied Technology Council-ATC 25 (2002)
Eigenversorgungsgrad Wasser (EVW)	**Eigenversorgungsgrad Wasser [%]**	Statistisches Bundesamt, 2009a

Die in der Literatur verfügbaren Abhängigkeitsfaktoren zeigen an, welcher Anteil der Produktionsprozesse bei einer Unterbrechung verschiedener Infrastruktursysteme eingestellt werden muss (ATC, 2002; Chang et al., 2002; Rose et al., 1997). Im Rahmen des Anwendungsbeispiels werden zur Bestimmung der funktionellen Abhängigkeiten von der Elektrizitäts- und Wasserversorgung die vom Applied Technology Council (ATC) ausgewiesenen Abhängigkeitsfaktoren eingesetzt (vgl. Tabelle 16) (ATC, 2002).

Diese Faktoren zeigen, dass nahezu alle untersuchten Industriesektoren in hohem Maße von einer funktionierenden Elektrizitätsversorgung abhängen und bei einer Versorgungsunterbrechung nur noch sehr wenige oder gar keine Produktionsprozesse aufrecht erhalten werden können. Die funktionelle Abhängigkeit der Sektoren von der Wasserversorgung variiert hingegen stärker. So kann in einigen Wirtschaftsbereichen auch ohne eine funktionierende Wasserversorgung die Produktion (zumindest teilweise) aufrecht erhalten werden.

Bei Verwendung der ATC-Abhängigkeitsfaktoren stellt die Tatsache, dass diese sowohl für Industriesektoren in den USA als auch für das Bezugsjahr Jahr 2002 ermittelt wurden, einen Nachteil dar und eine anpassungsfreie Übertragung dieser Faktoren auf Deutschland und das Jahr 2006 muss aufgrund länderspezifischer Rahmenbedingungen (z. B. in der Elektrizitätsversorgung) und technologischer Entwicklungen (z. B. Steigerung der Energieeffizienz) kritisch bewertet werden. Da zur Abbildung der Abhängigkeit industrieller Produktionsprozesse von der Elektrizitäts- und Wasserversorgung auf Sektorenebene derzeit in Deutschland jedoch keine alternativen Daten zur Verfügung stehen und die Daten der ATC im Rahmen der Schadensermittlung bei Naturkatastrophen einen internationalen Standard darstellen, werden diese dennoch im entwickelten Indikatorenmodell zur Operationalisierung der funktionellen Abhängigkeiten von Infrastruktursystemen herangezogen.

Der ***Eigenversorgungsgrad Wasser*** der Industriesektoren ermöglicht Aussagen über die Bewältigungskapazitäten der Industriesektoren beim Ausfall der Wasserversorgung (vgl. Kap. 4.5.3). Der *Eigenversorgungsgrad Wasser* wird von Destatis auf Ebene der Wirtschaftsabteilungen veröffentlicht und kann so direkt zur Ermittlung der Indikatorenwerte herangezogen werden (Statistisches Bundesamt, 2009a).

6.2.2 Berechnung charakteristischer Kennzahlen zur Bestimmung der Indikatorenwerte

Da viele Indikatoren nicht direkt in der amtlichen Statistik erfasst werden, müssen einige der Indikatorenwerte auf Basis theoretischer Annahmen über die Kombination mehrerer Datenquellen berechnet werden. Eine solche Berechnung charakteristischer Kennzahlen ist im Anwendungsbeispiel für folgende Indikatoren notwendig:

- spezifische Personalkosten (PK)
- Eigenversorgungsgrad Elektrizität (EVE)
- lieferseitiger Verflechtungsindex (LVI)
- Anteil firmeninterner Lieferungen (FIL)
- nachfrageseitiger Verflechtungsindex (NVI)
- Konsumentennähe (KN)

In Tabelle 18 sind die über charakteristische Kennzahlen bestimmten Indikatoren sowie die eingesetzten Datenquellen zusammengefasst. Wie die Kennzahlen zur Bestimmung der Indikatorenwerte berechnet werden, wird in den nachfolgenden Abschnitten erläutert.

Tabelle 18: Übersicht über die verwendeten Operationalisierungen und Datenquellen bei der Bestimmung charakteristischer Kennzahlen als Indikatorenwerte

Indikator	Operationalisierung	Datenquelle
Spezialisierungsgrad/ Spez. Personalkosten (SP)	**Personalkosten [€/Beschäftigter]**	Statistisches Bundesamt, 2008a; Statistisches Bundesamt, 2008c
Eigenversorgungsgrad Elektrizität (EVE)	**Bruttoelektrizitätserzeugung [%]** in Relation zur Energieverwendung Elektrizität	Statistisches Bundesamt, 2007 Statistisches Bundesamt, 2008b
Anteil firmeninterner Lieferungen (FIL)	**Firmeninterne Lieferungen [%]** in Relation zur Vorleistung der Produktionsbereiche eines Sektors	Statistisches Bundesamt, 2009f
lieferseitiger Verflechtungsindex (LVI)	**Backward-Multiplikator [-]** auf Basis der Leontief-Inversen	Statistisches Bundesamt, 2009e
nachfrageseitiger Verflechtungsindex (NVI)	**Forward-Multiplikator [-]** auf Basis der Gosh-Inversen	Statistisches Bundesamt, 2009e
Konsumentennähe (KN)	**Konsumverwendung [%]** in Relation zur gesamten Verwendung von Gütern eines Sektors	Statistisches Bundesamt, 2009f

6.2.2.1 Bestimmung des Spezialisierungsgrades der Mitarbeiter

Der *Spezialisierungsgrad der Mitarbeiter* eines Sektors kann nicht direkt statistischen Daten entnommen werden. Unter der Annahme, dass besser ausgebildete und stärker spezialisierte Mitarbeiter höhere Personalkosten verursachen, können die durchschnittlichen Personalkosten pro Mitarbeiter als Indikator für den *Spezialisierungsgrad der Mitarbeiter* herangezogen werden (vgl. Kap. 4.5.3.2).

Die absoluten Personalkosten (PK_s) können über die Kostenstruktur im produzierenden Gewerbe und den Bruttoproduktionswert (BPW_s) ermittelt werden (Statistisches Bundesamt, 2008c). Zur Bestimmung der durchschnittlichen Personalkosten pro Mitarbeiter werden die absoluten Personalkosten (PK_s) eines Sektors s zu den im Sektor s tätigen Personen (BS_s) in Bezug gesetzt:

$$SP_s = \frac{PK_s}{BS_s} \qquad [48]$$

6.2.2.2 Bestimmung des Eigenversorgungsgrades Elektrizität

Der *Eigenversorgungsgrad* der Industriesektoren bezüglich der Elektrizitätsversorgung wird von Destatis nicht direkt erhoben, kann aber für die einzelnen Wirtschaftsunterabschnitte und -abteilungen über die Bruttoelektrizitätserzeugung (EE_s) der Betriebe (Statistisches Bundesamt, 2007) und den Elektrizitätsverbrauch (EV_s) (Statistisches Bundesamt, 2008b) abgeschätzt werden. Hierzu wird für das beschriebene Anwendungsbeispiel der absolute Elektrizitätsverbrauch (EV_s) eines Sektors s zu dessen Bruttoelektrizitätserzeugung (EE_s) in Relation gesetzt:

$$EVE_s = \frac{EV_s}{EE_s} \quad [49]$$

Der Eigenversorgungsgrad mit Elektrizität ist beispielsweise im Sektor „Kokerei, Mineralölverarbeitung, Herstellung von Brutstoffen (DF (MIN))" mit ca. 76 % recht hoch (vgl. Tabelle 16 und Anhang A.1). Da in Sektoren mit höherem Eigenversorgungsgrad die Stromversorgung (zumindest in Teilen) unabhängig von der öffentlichen Stromversorgung aufrechterhalten werden kann und diese flexibler auf Unterbrechungen der Stromversorgung reagieren können, kann in diesen Sektoren von einer relativ gut ausgeprägten Bewältigungskapazität ausgegangen werden. Die Bewältigungskapazität bei Stromausfällen ist hingegen in den Sektoren „Maschinenbau" und „Fahrzeugbau" (DK (MASCH) bzw. DM (FZB)) geringer ausgeprägt, da hier nur ein sehr geringer Anteil des Elektrizitätsbedarfs durch die eigene Elektrizitätserzeugung gedeckt wird und daher bei einer Unterbrechung der öffentlichen Stromversorgung weniger redundante Elektrizitätsversorgungssysteme zur Verfügung stehen. Bei der Verwendung des *Eigenversorgungsgrads Elektrizität* als Indikator für die Elektrizitätsabhängigkeit von Industriesektoren muss berücksichtigt werden, dass Anlagen zur Elektrizitätserzeugung nur dann die Bewältigungskapazität von Industriesektoren erhöhen, wenn diese auch im „Inselbetrieb", unabhängig von der öffentlichen Versorgungsnetzen, betrieben werden können. Da dies jedoch besonders dann der Fall ist, wenn viel Elektrizität von den Industriesektoren selbst produziert wird, stellt der *Eigenversorgungsgrad Elektrizität* auch indirekt einen geeigneten Indikator zur Abbildung der Kapazität von Industriesektoren zur Bewältigung von Unterbrechungen der Elektrizitätsversorgung dar.

Die Bewältigungskapazität der Industriesektoren bezüglich der Elektrizitätsversorgung wird neben dem Eigenversorgungsgrad auch vom absoluten Verbrauch der Sektoren bestimmt. Dieser Zusammenhang wird über den Indikator *spezifischer Elektrizitätsverbrauch* erfasst.

6.2.2.3 Bestimmung des Anteils der firmeninternen Lieferungen

Um den Anteil der Inputfaktoren aus firmeneigener Produktion zu bestimmen, können Daten der Input-Output-Rechnung herangezogen werden. Die von Destatis veröffentlichen Input-Output-Tabellen zu Herstellungspreisen (inländische Produktion und Importe) enthalten neben den Informationen über den (wertmäßigen) Anteil der Vorleistungen verschiedener Produktionsbereiche am Input eines Produktionsbereichs auch Angaben zu firmeninternen Lieferungen und Leistungen der Sektoren (IL_s) (Zeile 82 der nationalen Input-Output-Tabelle) (Statistisches Bundesamt, 2009e).

Um die im Anwendungsbeispiel betrachteten Industriesektoren hinsichtlich der firmeninternen Lieferungen und Leistungen miteinander vergleichen zu können, wird der Anteil der firmeninternen Lieferungen und Leistungen (IL_s) an der Summe der Vorleistungen aller Produktionsbereiche eines Sektors s (VPB_s) (Zeile 72 der nationalen Input-Output-Tabelle) bestimmt:

$$FIL_s = \frac{IL_s}{VPB_s} \quad [50]$$

Die Indikatorenwerte (FIL_s) zeigen, dass der Anteil der firmeninternen Weiterverarbeitung in vielen Wirtschaftsunterabschnitten ähnlich niedrig ist und lediglich 0 bis 10% des Gesamtinputs ausmachen (vgl. Tabelle 16). Einige wenige Sektoren weisen jedoch auch Indikatorenwerte um 30% auf (z. B. Herstellung von chemischen Erzeugnissen, Mineralölverarbeitung). In diesen Sektoren machen Kuppelprodukte einen großen Anteil der firmeninternen Lieferungen aus. Da Kuppelprodukte meist aus denselben Ausgangsmaterialien hervorgehen, kann es in diesen Sektoren gerade bei langfristigen Unterbrechungen der Lieferkette auch zum Erliegen interner Weiterverarbeitungsprozesse kommen. Daher ist hier (im Gegensatz zu Sektoren mit Lagerhaltung von firmeninternen Lieferungen) die Annahme, dass ein hoher Anteil an firmeninternen Lieferungen die Lieferabhängigkeit verringert nur begrenzt richtig (vgl. Kap.4.5.4). Diese Einschränkung kann im entwickelten Indikatorenmodell z. B über die Anpassung der Vulnerabilitätswertfunktionen berücksichtigt werden und stellt daher kein Ausschlusskriterium für die Verwendung des Indikators zur Abbildung der Supply Chain Abhängigkeit dar (vgl. Kap 6.3).

6.2.2.4 Bestimmung des Grads der lieferseitigen Verflechtung

Der Grad der *lieferseitigen Verflechtung* der Sektoren wird im Indikatorenmodell über einen *lieferseitigen Verflechtungsindex* L_j operationalisiert (vgl. Kap. 4.5.4). Die Bestimmung dieses Verflechtungsindexes basiert auf der Berechnung des Backward-Multiplikators M_j. Dieser Multiplikator ermöglicht Aussagen über die Auswirkungen von lieferseitigen Störungen auch über mehrere Wertschöpfungsstufen (bzw. Auswirkungsrunden) hinweg.

Kommt es beispielsweise in einem Sektor A, der Input für den Sektor B liefert, zu Produktionsausfällen, ist der Sektor B von diesen Ausfällen direkt betroffen. Der Sektor B kann von den Produktionsausfällen des Sektors A jedoch auch indirekt betroffen sein. Dies ist beispielsweise dann der Fall, wenn ein weiterer Sektor C, der ebenfalls Input für Sektor B liefert, selbst vom Produktionsausfall des Sektors A betroffen ist. Das Ausmaß solcher kumulierten lieferseitigen Effekte kann über den Backward-Multiplikator M_j erfasst werden. Hohe Multiplikatorenwerte zeigen an, dass der lieferseitige Verflechtungsgrad eines Sektors hoch ist und daher Veränderungen in den vorgelagerten Sektoren des betrachteten Sektors hohe gesamtökonomische Auswirkungen haben können.

Ausgangspunkt zur Berechnung des Backward-Multiplikators stellt die Inputkoeffizienten-Matrix dar. Die Inputkoeffizienten a_{ij} können aus der nationalen Input-Output-Tabelle (x_{ij}) zu Herstellungspreisen, die die Produktionsverflechtung der Sektoren abbildet, bestimmt werden (Statistisches Bundesamt, 2009d):

$$a_{ij} = \frac{x_{ij}}{x_j} \qquad [51]$$

Jeder Inputkoeffizient a_{ij} der Inputkoeffizientenmatrix A stellt den direkten Anteil, den der Sektor i am Input von Sektor j hat, dar. Um neben diesen direkten Beziehungsstrukturen auch die indirekten Beziehungsstrukturen zwischen den Sektoren über alle Stufen der ökonomischen Wertschöpfung hinweg erfassen zu können, kann die Inverse Leontief-Matrix B herangezogen werden (Schaffer, 2002):

$$B = (I - A)^{-1} \qquad [52]$$

Entsprechend der Leontief Produktionsfunktion wird hierbei davon ausgegangen, dass die Erhöhung des Outputs eines Sektors j proportional zur zusätzlich von ihm aufgenommenen Inputmenge ist (Leontief, 1986). In der inversen Leontief Matrix bildet die Spaltensumme eines Sektors (die dem Backward-Multiplier M_j entspricht) das relative Ausmaß des Gesamteffekts von Veränderungen in vorgelagerten Sektoren ab und stellt einen geeigneten Näherungswert für die Abbildung des lieferseitigen Verflechtungsgrades dar (West und Brown, 2003):

$$M_j = \sum_{i=1}^{n} b_{ij} \qquad [53]$$

Ausgehend vom Backward-Multiplier M_j kann für die im Anwendungsbeispiel untersuchten Industriesektoren der lieferseitige Verflechtungsindex L_j nach der

Methode von West bestimmt werden (West, 1999). Hierbei werden die Multiplikatorenwerte M_j der Sektoren über den Stimulus der gesamten Ökonomie normalisiert, um so eine Vergleichbarkeit zwischen den verschiedenen Industriesektoren zu erzielen:

$$L_j = \frac{n * M_j}{\sum_{j=1}^{n} \sum_{i=1}^{n} b_{ij}} \qquad [54]$$

Dieser *lieferseitige Verflechtungsindex* ist auf Ebene der Wirtschaftsunterabschnitte beispielsweise für den „Fahrzeugbau“ mit einem L_j von 1,20 relativ hoch und für den Sektor „Kokereien, Mineralölverarbeitung, Herstellung von Brutstoffen (DF (MIN))“ mit einem L_j von 0,76 eher gering (vgl. Tabelle 16 und Anhang A.1). Dies verdeutlicht, dass materialstrom-aufwärts gelegene Störungen im „Fahrzeugbau (DM (FZB))“ tendenziell größere Auswirkungen haben als im Sektor „Kokereien, Mineralölverarbeitung, Herstellung von Brutstoffen (DF (MIN))“.

6.2.2.5 Bestimmung der nachfrageseitigen Verflechtung

Analog zur Bestimmung der *lieferseitigen Verflechtung* wird der Grad der *nachfrageseitigen Verflechtung* über den nachfrageseitigen Verflechtungsindex $\bar{L}_i$, der die Abhängigkeit eines Sektors von anderen Sektoren als Käufer abbildet, operationalisiert. Dieser Verflechtungsindex basiert auf dem Forward-Multiplikator $\bar{M}_i$, über den die mehrstufigen Auswirkungen von Nachfrageänderungen nachgelagerter Sektoren erfasst werden können.

Die Analyse der Auswirkungen über mehrere Stufen spielt im Rahmen des entwickelten Indikatorenmodells eine wichtige Rolle. Im Falle einer Naturkatastrophe können Sektoren zum einen durch die Nachfrageänderung direkt nachgelagerter Sektoren betroffen sein. Zum anderen können diese Effekte zusätzlich durch indirekte Nachfrageänderungen verstärkt werden. Dies ist beispielsweise dann der Fall, wenn nachgelagerte Sektoren selbst durch einen Nachfragerückgang den ihnen nachgelagerten Sektoren betroffen sind.

Ausgehend von der nationalen Input-Output-Tabelle (x_{ij}) werden die Forward-Multiplikatoren auf Basis der Outputkoeffizienten-Matrix $\bar{A}$ ermittelt (Schaffer, 2002):

$$\bar{a}_{ij} = \frac{x_{ij}}{x_i} \quad [55]$$

Jeder dieser Outputkoeffizienten $\bar{a}_{ij}$ stellt den Anteil des Input des Sektors j am Output eines Sektors i dar. Um auch hier neben den direkten Auswirkungen die indirekten Verflechtungseffekte zwischen den Sektoren zu berücksichtigen, kann als Pendant zur inversen Leontief-Matrix, die inverse Gosh-Matrix $\bar{B}$ bestimmt werden:

$$\bar{B} = (I - \bar{A})^{-1} \quad [56]$$

Die Zeilensumme dieser kumulativen Output-Koeffizientenmatrix stellt den Forward-Multiplikator $\bar{M}_i$ dar:

$$\bar{M}_i = \sum_{j=1}^{n} \bar{b}_{ij} \quad [57]$$

Entsprechend der Bestimmung des lieferseitigen Verflechtungsindexes L_i kann der *nachfrageseitige Verflechtungsindex* $\bar{L}_i$ über die Normierung des Forward-Multiplikators $\bar{M}_i$ für die untersuchten Sektoren bestimmt werden (West, 1999):

$$\bar{L}_i = \frac{n\sum_{j=1}^{n} \bar{b}_{ij}}{\sum_{i=1}^{n}\sum_{j=1}^{n} \bar{b}_{ij}} \quad [58]$$

Die *nachfrageseitige Verflechtung* ist entsprechend der so ermittelten Verflechtungsindizes beispielsweise im Sektor „Metallerzeugung und -bearbeitung, Herstellung von Metallerzeugnissen (DK (MET))“ mit einem $\bar{L}_i$ von 1,16 von allen Sektoren am höchsten (vgl. Tabelle 16 und Anhang A.1). Dies spiegelt die starke *nachfrageseitige Verflechtung* dieses Sektors, die zu einer erhöhten Nachfrageabhängigkeit beitragen kann, wider.

6.2.2.6 Bestimmung der Konsumentennähe

Neben der *nachfrageseitigen Verflechtung* der Industriesektoren wird als weiterer Indikator zur Abbildung der Nachfrageabhängigkeit die *Konsumentennähe* in das hierarchische Indikatorenmodell integriert. Dieser Indikator erfasst nicht die räumliche Nähe eines Sektors zu seinen Kunden, sondern bildet die Nähe eines Sektors zum Endverbraucher innerhalb der Wertschöpfungskette ab. Der Auswahl der *Konsumentennähe* als Resilienzindikator liegt die Annahme zu Grunde, dass Industriesektoren, die innerhalb der Supply Chain nahe am Endverbraucher ihrer Produkte liegen, Nachfrageänderungen (z. B. durch Naturkatastrophen) schneller voraussehen, so besser auf diese reagieren können und daher weniger vulnerabel sind (vgl. kap.4.5.4).

Die *Konsumentennähe* der Industriesektoren kann über Daten der nationalen Input-Output-Rechnung ermittelt werden (Statistisches Bundesamt, 2009e). Für das Anwendungsbeispiel werden, die sektorspezifischen Angaben zur „Letzten Verwendung in Konsumausgaben privater Haushalte und des Staates (inkl. Anlageinvestitionen)“ (LVKs) (Spalte 73-77 der nationalen Input-Output-Tabelle) und zur „Gesamten Verwendung von Gütern“ (GVGs) (Spalte 82 der nationalen Input-Output-Tabelle) eines Sektors s zueinander ins Verhältnis gesetzt:

$$KN_s = \frac{LVK_s}{GVG_s} \qquad [59]$$

Ein hoher (wertmäßiger) Anteil der LVK an der GVG eines Sektors steht also für eine Position innerhalb des Wertschöpfungsnetzs, die vom Wert der produzierten Güter her unmittelbar am Konsumenten liegt. Der Anteil des Konsums privater Haushalte und des Staates an der gesamten Verwendung der Güter ist für den Wirtschaftsunterabschnitt „Ernährungsgewerbe und Tabakverarbeitung“ (ERN/TAB) mit 50 % am höchsten, erreicht aber auch in anderen Sektoren z. B. „Textil- und Bekleidungsgewerbe“ (TEX/BEK) und „Herstellung von Möbeln, Schmuck, Musikinstrumenten usw. “ (MÖB) mit 30 bis 44% relativ hohe Werte. Sektoren, in denen der direkte Endverbrauch der hergestellten Güter nur einen sehr geringen Anteil an der Gesamtverwendung ausmacht, die also hinsichtlich möglicher Nachfrageschwankungen mutmaßlich vulnerabler sind, sind beispielsweise die Wirtschaftsunterabschnitte „Herstellung von Gummi- und Kunststoffwaren“ (GUM, 2,8%) und „Metallerzeugung und -bearbeitung, Herstellung von Metallerzeugnissen“ (MET, 5,4%).

6.2.3 Bestimmung von größenspezifischen Indikatorenwerten

Für alle Vermögens-, Verbrauchs-, Kosten- und Aufkommensindikatoren werden in den amtlichen Statistiken die absoluten Werte der Wirtschaftsabteilungen (bzw. Wirtschaftsunterabschnitte) erfasst (z. B. Elektrizitätsverbrauch, Anlagenvermögen etc.). Um für diese Fragilitätsindikatoren eine Vergleichbarkeit zwischen Industriesektoren unterschiedlicher Größe zu ermöglichen, ist es notwendig, die absoluten Indikatorenwerte auf eine oder mehrere größenspezifische Kennzahlen eines Industriesektors zu beziehen. Die Ermittlung eines spezifischen Indikatorenwertes ist bei den nachstehenden Indikatoren, die im Folgenden als *Spezifische Indikatoren* bezeichnet werden, notwendig:

- spezifisches Anlagenvermögen (AV)
- spezifische Personalintensität (PI)
- spezifischer Stromverbrauch (EV)
- spezifischer Wasserverbrauch (WV)
- spezifisches Transportaufkommen Straße (TAS)
- spezifisches Transportaufkommen Schiene (TAE)
- spezifische Materialkosten (MK)

Der spezifische Indikatorwerts (SI_s) eines Sektors s ergibt sich für diese Indikatoren aus

$$SI_s = \frac{AI_s}{V_s}$$

wobei,

AI_s = absoluter Indikatorenwert des Sektors s

V_s = größenspezifische Kennzahl eines Sektors s. [60]

Als größenspezifische Kennzahl V_s können verschiedene Charakteristika eines Sektors herangezogen werden:

- Bruttowertschöpfung (BWS)
- Anzahl der Betriebe (als funktionelle Einheit) (BT)
- Anzahl der tätigen Personen (BS)

Werden zur Bestimmung der *Spezifischen Indikatoren* die absoluten Indikatorenwerte (Ausgangsgrößen) auf eine dieser drei Kenngrößen bezogen, fließen weitere Annahmen in die Wertermittlung mit ein und beeinflussen so die Zielgröße (den spezifischen Indikatorenwert). Diese Problematik kann aufgrund der begrenzten Datenverfügbarkeit auf Sektorenebene nicht vermieden werden. Im Rahmen der Vulnerabilitätsanalyse sollten jedoch der Einfluss der verschiedenen Berechnungsmethoden und die damit verbundenen Annahmen analysiert und kritisch beleuchtet werden.

Wird beispielsweise der absolute Indikatorenwert auf die BWS, die der Summe des Wertes aller hergestellten Güter eines Industriesektors abzüglich der Vorleistungen anderer Produktionsbereiche und der Gütersteuern entspricht, bezogen, ergibt sich für Sektoren mit aufwendigerem Produktionsprozess (also hohem BWS) bei gleichem Ausgangswert ein geringer Indikatorenwert als für Industriesektoren mit einer geringeren Bruttowertschöpfung, obwohl hiermit nicht zwangsläufig eine geringere Vulnerabilität verbunden ist. Wird hingegen die Zahl der Betriebe (BT) zur Berechnung der spezifischen Indikatorenwerte eingesetzt, werden die absoluten Indikatorenwerte auf eine funktionelle Einheit (Betrieb) bezogen. Hierbei wird jedoch die unterschiedliche Größe der Betriebe vernachlässigt. Dieser Größenaspekt kann durch die Verwendung von Beschäftigtenzahlen (BS) als größenspezifische Bezugsgröße berücksichtigt werden.

Insgesamt führt der Einsatz verschiedener Bezugsgrößen V_s bei der Bestimmung spezifischer Indikatorenwerte also dazu, dass die Werte je nach Berechnungsmethode voneinander abweichen und so unterschiedliche Aspekte bezüglich der über den jeweiligen Indikator untersuchten Vulnerabilitätsdimension erfasst werden.

Um die mit der Wahl der Bezugsgröße verbundene Variabilität der Indikatorenwerte zu erfassen, werden für alle spezifischen Indikatoren die Indikatorenwerte über die verschiedenen Berechnungsvarianten ermittelt und statistischen Analysen unterzogen (Korrelations- und Faktorenanalyse). Des Weiteren werden zur Quantifizierung der mit der Auswahl der Berechnungsmethode verbundenen Unsicherheit Sensitivitätsanalysen durchgeführt, um so die Auswirkungen der verschiedenen Bezugsgrößen auf die sektorspezifische Gesamtvulnerabilität zu erfassen (vgl. Kap 6.6.1).

Im beschriebenen Anwendungsbeispiel werden zur Berechnung der spezifischen Indikatorenwerte des Referenzszenarios alle drei größenspezifischen Kenngrößen V_s herangezogen, und der spezifische Indikatorenwert I_s wird über die gewichtete Summe der identifizierten Berechnungsvarianten ermittelt:

$$SI_s = w_{BWS} * \frac{AI_s}{BWS_s} + w_{BT} * \frac{AI_s}{BT_s} + w_{BS} * \frac{AI_s}{BS_s} \qquad [61]$$

Die hierbei verwendeten spezifischen Kenngrößen V_s (BWS, BT, BS) werden von Destatis auf Ebene der Wirtschaftsabteilungen und Wirtschaftsunterabschnitte der WZ 2003 veröffentlicht (Statistisches Bundesamt, 2009b; Statistisches Bundesamt, 2008a; Statistisches Bundesamt, 2008e). Die Gewichtungsfaktoren w_{BWS}, w_{BT}, w_{BS} der verschiedenen Berechnungsvarianten werden über eine Faktorenanalyse gemäß der Methode von Nicolett et al. (2000) bestimmt, die in Kapitel 5.2.1 zur Ermittlung von statistisch begründeten Gewichtungsfaktoren in Indikatorenmodellen beschrieben wurde. Hierdurch ist es möglich, die über die verschiedenen Varianten beschriebenen und in den Daten enthaltenen (statistischen) Dimensionen angemessen bei der Indikatorenwertermittlung zu berücksichtigen. Um den Einfluss einzelner Extremwerte zu reduzieren, werden die ermittelten Werte vor der Aggregation einer logarithmischen Transformation unterzogen und zur Bereinigung der verschiedenen Einheiten über die jeweiligen Minimal- und Maximalwerte normalisiert. Da zur Kombination der drei Berechnungsvarianten auch der Einsatz der multiplikativen Aggregationsmethode denkbar ist, wird diese Berechnungsvariante ebenfalls im Rahmen der Sensitivitätsanalysen untersucht.

Tabelle 19 gibt einen zusammenfassenden Überblick über die Bestimmung der spezifischen Indikatorenwerte. Hier werden neben den verwendeten Ausgangsdaten und den Datenquellen auch die Ergebnisse der statistischen Analysen zusammengefasst.

6.2.3.1 Ausgangsdaten zur Bestimmung der spezifischen Indikatorenwerte

Alle Ausgangsdaten werden vom Statistischen Bundesamt auf Ebene der Wirtschaftsabteilungen erhoben (vgl. Tabelle 19). Zur Bestimmung des *spezifischen Anlagenvermögens* wird das Bruttoanlagenvermögen zu Wiederbeschaffungspreisen als Ausgangsgröße (AI_s) eingesetzt. Hierüber werden alle Anlagen eines Sektors mit ihrem Neuwert ohne Berücksichtigung der Abschreibungen ausgewiesen. Die *Personalintensität* wird auf Basis der Anzahl der tätigen Personen (BS_s) bestimmt, so dass hier nur zwei größenspezifische Bezugsgrößen zur Verfügung stehen.

Zur Bestimmung des *spezifischen Elektrizitäts- bzw. Wasserverbrauchs* werden der absolute Elektrizitätsverbrauch in TJ (AEV_s) sowie die eingesetzte Frischwassermenge in m^3 (EF_s) eingesetzt. Die eingesetzte Frischwassermenge wurde der Gesamtwassermenge vorgezogen, da bei Infrastrukturunterbrechungen besonders Anlagen zur Wassergewinnung und -aufbereitung unterbrochen sind und daher für die Vulnerabilität besonders die Abhängigkeit der Produktionsprozesse von Frischwasser von Bedeutung ist.

Tabelle 19: Übersicht über die Berechnung Spezifischer Indikatorenwerte: verwendete Ausgangs- und Bezugsgrößen, Datenquellen und statistisch ermittelte Gewichtungsfaktoren der verschiedenen Berechnungsvarianten

Indikator	Operationalisierung		Datenquelle	Korrelationskoeffizienten nach Pearson	Gewichtung Berechnungsvarianten
	Ausgangsgröße AI_s	Bezugsgrößen V_s			
spez. Anlagenvermögen (AV)	**BruttoAnlagenvermögen** zu Wiederbeschaffungspreisen **(BAV_s), [Mio. €]**	Bruttowertschöpfung [Mio. €] Beschäftigte [1000 Beschäftigte] Anzahl Betriebe [Betriebe]	Statistisches Bundesamt, 2009c; Statistisches Bundesamt, 2008a; Statistisches Bundesamt, 2008e; Statistisches Bundesamt, 2009b	$r_{BWS/BS} = 0{,}88$ $r_{BS/BT} = 0{,}75$ $r_{BS/BT} = 0{,}61$	$w_{BWS} = 0{,}33$ $w_{BS} = 0{,}38$ $w_{BT} = 0{,}29$
Personalintensität (PI)	**Anzahl der Beschäftigten (BS_s), [1000 Beschäftigte]**	Bruttowertschöpfung [Mio. €] Anzahl Betriebe [Betriebe]	Statistisches Bundesamt, 2009c; Statistisches Bundesamt, 2008a; Statistisches Bundesamt, 2008e	$r_{BWS/BS} = 0{,}27$	$w_{BWS} = 0{,}5$ $w_{BT} = 0{,}5$
spez. Elektrizitätsverbrauch (EV)	**Absolute Energieverwendung Elektrizität (AEV_s), [TJ]**	Bruttowertschöpfung [Mio. €] Beschäftigte [1000 Beschäftigte] Anzahl Betriebe [Betriebe]	Statistisches Bundesamt, 2009c; Statistisches Bundesamt, 2008a; Statistisches Bundesamt, 2008e; Statistisches Bundesamt, 2008b	$r_{BWS/BS} = 0{,}94$ $r_{BS/BT} = 0{,}88$ $r_{BS/BT} = 0{,}78$	$w_{BWS} = 0{,}33$ $w_{BS} = 0{,}35$ $w_{BT} = 0{,}32$
spez. Wasserverbrauch (WV)	**Eingesetze Frischwassermenge (EF_s), [m^3]**	Bruttowertschöpfung [Mio. €] Beschäftigte [1000 Beschäftigte] Anzahl Betriebe [Betriebe]	Statistisches Bundesamt, 2009c; Statistisches Bundesamt, 2008a; Statistisches Bundesamt, 2008e; Statistisches Bundesamt, 2009g	$r_{BWS/BS} = 0{,}98$ $r_{BS/BT} = 0{,}97$ $r_{BS/BT} = 0{,}94$	$w_{BWS} = 0{,}33$ $w_{BS} = 0{,}34$ $w_{BT} = 0{,}33$
spez. Transportaufkommen Straße (TAS)	**Beförderungsleistung Straße (BLL_s), [Tkm]**	Bruttowertschöpfung [Mio. €] Beschäftigte [1000 Beschäftigte] Anzahl Betriebe [Betriebe]	Statistisches Bundesamt, 2009c; Statistisches Bundesamt, 2008a; Statistisches Bundesamt, 2008e; Kraftfahrtbundesamt, 2008; Statistisches Bundesamt 2008d	$r_{BWS/BS} = 0{,}92$ $r_{BS/BT} = 0{,}90$ $r_{BS/BT} = 0{,}74$	$w_{BWS} = 0{,}32$ $w_{BS} = 0{,}36$ $w_{BT} = 0{,}32$
spez. Transportaufkommen Schiene (TAE)	**Beförderungsleistung Schiene (BLE_s), [Tkm]]**	Bruttowertschöpfung [Mio. €] Beschäftigte [1000 Beschäftigte] Anzahl Betriebe [Betriebe]	Statistisches Bundesamt, 2009c; Statistisches Bundesamt, 2008a; Statistisches Bundesamt, 2008e; Statistisches Bundesamt, 2009d; Statistisches Bundesamt 2008d	$r_{BWS/BS} = 0{,}98$ $r_{BS/BT} = 0{,}94$ $r_{BS/BT} = 0{,}88$	$w_{BWS} = 0{,}33$ $w_{BS} = 0{,}35$ $w_{BT} = 0{,}32$
spez. Materialkosten (MK)	**Absolute Materialkosten (AMK_s), [1000 €]**	Bruttowertschöpfung [Mio. €] Beschäftigte [1000 Beschäftigte] Anzahl Betriebe [Betriebe]	Statistisches Bundesamt, 2009c; Statistisches Bundesamt, 2008a; Statistisches Bundesamt, 2008e; Statistisches Bundesamt, 2008c	$r_{BWS/BS} = 0{,}97$ $r_{BS/BT} = 0{,}94$ $r_{BS/BT} = 0{,}90$	$w_{BWS} =0{,}33$ $w_{BS} = 0{,}33$ $w_{BT} = 0{,}33$

Sowohl für das *spezifische Transportaufkommen auf der Straße* als auch für das *spezifische Transportaufkommen im Schienenverkehr* stellt die güterspezifische Beförderungsleistung in Tkm den Ausgangswert der Indikatorenwertermittlung dar. Die Operationalisierung der Transportabhängigkeit auf Basis der güterspezifischen Beförderungsleistung (in tkm) (BLL_s und BLE_s) muss hierbei jedoch durchaus kritisch betrachtet werden, da in diese nicht nur die Transportdistanz der Güter und die beförderte Menge, sondern auch das Gewicht der Güter mit einfließen. Während gemäß den in Kapitel 4.5 getroffenen Annahmen sowohl mit ansteigender Transportdistanz als auch mit zunehmender Beförderungsmenge die Vulnerabilität eines Industriesektors zunimmt, hat das absolute Gewicht der beförderten Güter nur eine geringe Relevanz bezüglich der Vulnerabilität der betrachteten Industriesektoren. Die Verwendung der Beförderungsleistung zur Indikatorenwertermittlung kann daher zu irreführenden oder gar fehlerhaften Einschätzungen der Transportabhängigkeit führen. So ist es zum Beispiel denkbar, dass die Beförderungsleistung in einem Industriesektor, in dem viele leichte Güter über weite Strecken transportiert werden, gleich groß ist wie die güterspezifische Beförderungsleistung eines anderen Sektors, in dem nur wenige Güter mit großem Gewicht über kurze Strecken transportiert werden. Die Vulnerabilitäten dieser beiden Sektoren können jedoch nicht als gleich groß bewertet werden, da aufgrund der höheren Störungswahrscheinlichkeit der Erstere der beiden von der Erwartung her anfälliger gegenüber Transportstörungen ist. Auf Ebene der Sektoren stehen derzeit jedoch keine alternativen, amtlichen Transportdaten (z. B. Anzahl der Lieferungen verschiedener Transportsysteme) zur Verfügung.

Sowohl für die güterspezifische Beförderungsleistung mit Lastkraftfahrzeugen (BLL_s) (Kraftfahrt Bundesamt, 2008) als auch für die güterspezifische Beförderungsleistung im Güterverkehr der Eisenbahnen (BLE_s) (Statistisches Bundesamt, 2009c) wurden im Rahmen des Anwendungsbeispiels Daten aus dem Jahr 2008 eingesetzt. Vorteil dieser Datensätze ist, dass in diesen die beförderten Gütermengen bereits nach dem *Einheitlichen Güterverzeichnis für die Verkehrsstatistik – 2007* (NST/2007) und nicht mehr wie in älteren Jahrgängen nach der NST/R 24 ausgewiesen werden. Die Güterklassifikation gemäß der NST-2007 basiert auf der Classification of Products by Activitiy (CAP) und ist daher eng mit der Gliederung der Wirtschaftszweige (z. B. WZ 2003) verknüpft (Statistisches Bundesamt, 2008d). Dies ermöglicht, im Rahmen der Indikatorenwertermittlung die güterspezifische Beförderungsleistung (ausgegeben nach Güterabteilungen der NST-2007) den Wirtschaftsabteilungen bzw. den Wirtschaftsunterabschnitten zuzuordnen. Um jedoch die Vergleichbarkeit dieser beiden Indikatoren mit den anderen Indikatoren, die auf Basis von Daten aus dem

Jahr 2006 ermittelt wurden, zu gewährleisten, wurden die Beförderungsleistung über einen Umrechnungsschlüssel des Statistischen Bundesamtes auf das Jahr 2006 angepasst (Statistisches Bundesamt, 2008d).

Die Abbildung der *spezifischen Materialkosten* erfolgt im Rahmen des Anwendungsbeispiels auf Basis der absoluten Materialkosten (AMK_s) eines Sektors. Diese werden vom Statistischen Bundesamt nicht direkt erfasst, können aber über die Kostenstruktur im produzierenden Gewerbe und den sektorspezifischen Bruttoproduktionswert [Mio. €] ermittelt werden. Generell muss die Abbildung der Materialabhängigkeit alleine über die Materialkosten jedoch auch kritisch bewertet werden, da dieser Wert nichts über die Kritikalität und die benötigten Mengen der Materialien aussagt (vgl. Kap. 4.5.4). Da jedoch hohe *spezifische Materialkosten* eines Industriesektors entweder in der großen Menge der benötigten Materialien oder in deren hohem Preis begründet sind, kann dieser Wert unter der Annahme, dass es im Falle einer Lieferunterbrechung schwieriger ist, große Materialmengen oder hoch spezialisierte Materialien über alternative Quellen zu beschaffen, dennoch zur Abschätzung der Abhängigkeit eines Sektors von Produktionsmaterialien herangezogen werden. Des Weiteren kann über die *spezifischen Materialkosten* der Aspekt, dass bei teureren Materialien meist geringer Lagerbestände vorgehalten werden, im Indikatorenmodell berücksichtigt werden.

6.2.3.2 Statistische Analyse und Kombination der verschiedenen Berechnungsvarianten

Die statistische Analyse der drei Berechnungsvarianten liefert für die verschiedenen spezifischen Indikatoren sehr unterschiedliche Ergebnisse (vgl. Tabelle 19). Während die Berechnungsvarianten beispielsweise bei den Indikatoren *spezifischer Wasserverbrauch* und *spezifische Materialkosten* nur sehr wenig voneinander abweichen, sind die über verschiedenen Bezugsgrößen bestimmten Indikatorenwerte bei den Indikatoren *spezifisches Anlagenvermögen* und *Personalintensität* nur sehr schwach miteinander korreliert. Große Unterschiede treten hierbei insbesondere zwischen den Werten, die auf die Bruttowertschöpfung bezogen wurden, und den über die Anzahl der Betriebe bestimmten Indikatorenwerten auf. Die Ergebnisse spiegeln sich auch in den zur Kombination der Berechnungsvarianten eingesetzten Gewichtungsfaktoren, die auf Basis der Faktorenanalyse bestimmt wurden, wider. So werden beispielsweise zur Bestimmung des *spezifischen Wasserverbrauchs* die drei Berechnungsvarianten nahezu gleichgewichtet. Bei der Bestimmung des *spezifischen Anlagenvermögens* über die Kombination aller möglichen Berechnungsvarianten werden über die statistisch ermittelten Gewichtungsfaktoren hingegen die Indikatorenwerte, die über die Anzahl der Beschäftigten ermittelt wurden, im Vergleich zur Gleichgewichtung stärker und die Indikatorenwerte, die auf die Anzahl der Betriebe bezogen wurden, im Vergleich zur Gleichgewichtung schwächer gewichtet.

6.3 Bestimmung des sektorspezifischen Vulnerabilitätsindex

Zur Bestimmung der Vulnerabilität der untersuchten Wirtschaftsabteilungen und -unterabschnitte müssen die zuvor ermittelten Indikatorenwerte in Vulnerabilitätswerte umgewandelt und zu einem sektorspezifischen Vulnerabilitätsindex zusammengefasst werden.

Hierbei stellen sowohl die Auswahl der Vulnerabilitätswertfunktionen, über die die Indikatorenwerte in Vulnerabilitätswerte zwischen 0 und 1 transformiert werden, als auch die Festlegung der Indikatorengewichtung und die Auswahl der Aggregationsmethode subjektive Schritte dar (vgl. Kap. 4.4). Um den Einfluss verschiedener Modell- und Parametervariationen abschätzen zu können, werden daher für das Anwendungsbeispiel Sensitivitätsanalysen durchgeführt (vgl. Kap. 6.6).

Im Folgenden wird beschrieben, welche methodische Vorgehensweise zur Bestimmung eines (sektorspezifischen) Basisindexes eingesetzt wird. Dieser Basisindex dient im Folgenden sowohl als Referenzszenario für die durchgeführten Sensitivitätsanalysen als auch als Ausgangspunkt für die Bestimmung der regionalen Vulnerabilität in Baden-Württemberg.

6.3.1 Bestimmung der Vulnerabilitätswerte

Um den Zusammenhang zwischen Indikatorenwert und Vulnerabilität abzubilden, können verschiedene Vulnerabilitätswertfunktionen zum Einsatz kommen. Zur Normalisierung der Indikatorenwerte eignen sich neben linearen beispielsweise auch exponentielle Vulnerabilitätswertfunktionen (vgl. Kap. 4.4.2).

Bei entsprechender Datenverfügbarkeit ist es möglich, die Vulnerabilitätswertfunktionen über die Auswertung historischer Ereignisse zu identifizieren und zu schätzen. Derzeit stehen für das untersuchte Anwendungsbeispiel solche Daten jedoch nicht zur Verfügung. Eine weitere Möglichkeit die Beziehung zwischen Indikatorenwert und Vulnerabilität angemessen abzubilden stellt die Integration von Experteneinschätzungen dar. Zur Ermittlung angemessener Vulnerabilitätswertfunktionen durch Experten sind beispielsweise moderierte Expertenworkshops geeignet.

Im Anwendungsbeispiel werden zur Bestimmung des Basisindexes zunächst für alle Indikatoren lineare Vulnerabilitätswertfunktionen eingesetzt. Hierzu wurden für Fragilitätsindikatoren Funktionen mit positiver, für Resilienzfaktoren Funktionen mit negativer Steigung ausgewählt.

Um jedoch die Auswirkung der Form der Vulnerabilitätswertfunktionen abschätzen zu können, werden im Rahmen der Sensitivitätsanalyse für einige der Indikatoren auch exponentielle Funktionen zur Vulnerabilitätswertermittlung eingesetzt[6]. Die Vulnerabilitätswerte zur Bestimmung des Basisindexes sind in Anhang A.2 (Wirtschaftsabteilungen) und A.3 (Wirtschaftsunterabschnitte) dargestellt.

6.3.2 Gewichtung und Aggregation der Vulnerabilitätswerte zu einem Basisindex

Zur Bestimmung des sektorspezifischen Basisindexes werden die ermittelten Vulnerabilitätswerte über die lineare Aggregationsmethode zu einem Gesamtindex zusammengefasst (vgl. Kap 4.4.3).

Neben der Auswahl der Aggregationsmethode stellt bei der Zusammenfassung der einzelnen Indikatorenwerte zu einem Gesamtindex besonders die Festlegung der Gewichtungsfaktoren einen wichtigen Schritt dar. Für die Analyse der industriellen Vulnerabilität bildet die Gewichtung der einzelnen Indikatoren deren Bedeutung als Vulnerabilitätsfaktor ab. Zur Ermittlung der Bedeutungsgewichte w_i^{Imp} sind in begrenztem Umfang statistische, aber besonders auch expertenbasierte Methoden geeignet (vgl. Kap. 4.4.3).

Da eine solche Expertenabschätzung für das Anwendungsbeispiel nicht zur Verfügung steht, muss für die Ermittlung des Basisindexes eine alternative Ausgangsgewichtung festgelegt werden. In verschiedenen Indikatorenmodellen wird als Ausgangspunkt der Analyse eine Gleichgewichtung aller Indikatoren gewählt (Cutter et al., 2010b). Da jedoch für die industrielle Vulnerabilität alle identifizierten Vulnerabilitätsdimensionen gleichermaßen von Bedeutung sind, wird zur

[6] Die herzu eingesetzten exponentielle Vulnerabilitätswertfunktionen wurden von fünf Experten im Rahmen eines Wokshops des Centers for Disaster Management and Risk Reduction Technology (CEDIM) identifiziert. Das CEDIM ist ein interdisziplinärer Forschungsverbund von Instituten des Karlsruher Instituts für Technologie (KIT) und des GeoForschungszentrums Potsdam. Zentraler Forschungsbereich des CEDIM sind die Analyse natürlicher und anthropogener Risiken sowie die Entwicklung von Lösungsansätzen zur Risikofrühwarnung und Risikoreduktion; www.cedim.de.

Bestimmung des Basisindexes die Indikatorengewichtung (w_i^{Imp}) so festgelegt, dass allen vier berücksichtigten Vulnerabilitätsdimensionen (unabhängig von der jeweiligen Indikatorenanzahl) die gleiche Bedeutung beigemessen wird (Tabelle 20). Zudem werden innerhalb der vier Vulnerabilitätsdimensionen die verschiedenen Abhängigkeitsdimensionen gleich gewichtet.

Tabelle 20: Gewichtungsfaktoren w_i^{Imp} der Indikatoren bei Gleichgewichtung der vier Dimensionen D_{1-4}

Dimension	Indikator *i*	Gewichtungsfaktor w_i^{Imp}
D_1 (BA)	I_1 (AV)	0,250
D_2 (PA)	I_2 (PI)	0,125
	I_3 (SP)	0,125
D_3 (IA)	I_4 (EV)	0,028
	I_5 (EA)	0,028
	I_6 (EVE)	0,028
	I_7 (WV)	0,028
	I_8 (WA)	0,028
	I_9 (EVW)	0,028
	I_{11} (TAS)	0,042
	I_{12} (TAE)	0,042
D_4 (SCA)	I_{13} (MK)	0,042
	I_{14} (FIL)	0,042
	I_{15} (LVI)	0,042
	I_{16} (NVI)	0,063
	I_{17} (KN)	0,063

Da Abhängigkeiten zwischen den Indikatoren zu unrobusten oder irreführenden Ergebnissen führen können (vgl. Kap. 5.1), werden im Rahmen des Anwendungsbeispiels über die Gewichtungsfaktoren neben der Bedeutung der einzelnen Indikatoren auch die Abhängigkeitsstrukturen zwischen den Indikatoren berücksichtigt. Hierzu werden im nachfolgenden Kapitel die Ergebnisse der Abhängigkeitsanalyse vorgestellt und statistisch begründete Gewichtungsfaktoren w_i^{Stat} sowie auf Basis der Ergebnisse der Fuzzy-DEMATEL-Analyse Gewichtungskorrekturfaktoren w_i^{Dep} bestimmt (vgl. Kapitel 6.6).

Um zu analysieren, wie sich die Auswahl der Aggregationsmethode und die Festlegung der Gewichtungsfaktoren auf die Ergebnisse der Vulnerabilitätsanalyse auswirken, werden im Rahmen der Sensitivitätsanalyse die Vulnerabilitätsindizes zudem unter Verwendung der multiplikativen Aggregationsmethode sowie für verschiedene Gewichtungsszenarios ermittelt (vgl. Kap. 6.6).

6.4 Ableitung von Gewichtungsfaktoren auf Basis der Abhängigkeitsanalyse

6.4.1 Statistische Analyse der Indikatorenwerte

Um zu analysieren, ob zwischen den Indikatoren des entwickelten Indikatorenmodells statistische Abhängigkeiten vorherrschen, und zu überprüfen, ob über die gewählten Indikatoren verschiedene (statistische) Dimensionen abgebildet werden, wurden die Indikatorenwerte des Anwendungsbeispiels einer Korrelationsanalyse nach Pearson sowie einer Faktorenanalyse unterzogen. Die Analysen wurden mithilfe der Statistiksoftware SPSS® 17.0[7] durchgeführt.

Die Ergebnisse der Korrelationsanalyse (vgl. Korrelationskoeffizientenmatrix Anhang B.1) machen deutlich, dass die ermittelten Indikatorenwerte (statistisch) nicht unabhängig sind und zwischen einzelnen Indikatorenpaaren eine 2-seitig signifikante Korrelation (auf dem Niveau von 0,01) nachgewiesen werden kann. Die Korrelation zwischen den 16 Indikatoren ist jedoch insgesamt nur schwach bis mittelstark ausgeprägt. So übersteigt der Korrelationskoeffizient nur für 10 der 128 Indikatorenpaare einen Wert von 0,5. Eine starke Korrelation, die sich nach Schlittgen durch Korrelationskoeffizienten >0,8 ausdrückt, tritt zwischen den analysierten Indikatorenwerten nicht auf (Schlittgen, 2009). Die höchste Korrelation wurde zwischen den Indikatoren *spezifischer Elektrizitätsverbrauch* und *spezifischer Wasserverbrauch (WV)* (0,78) sowie zwischen den *spezifischen Materialkosten* und den *Durchschnittlichen Personalkosten* (0,77) identifiziert. Die statistische Abhängigkeit zwischen den beiden Indikatoren zum *spezifischen Transportaufkommen* ist mit einem Korrelationskoeffizienten von 0,77 ebenfalls stark ausgeprägt. Indikatoren, die mit keinem der anderen Indikatoren eine signifikante Korrelation aufweisen, sind beispielsweise die *Konsumentennähe*, die *Wasser-* und *die Elektrizitätsabhängigkeit* sowie die *Personalintensität.*

Ergebnis der Korrelationsanalyse ist also, dass zwischen einigen Indikatoren statistische Abhängigkeiten existieren. Insgesamt deuten die schwach ausgeprägten Abhängigkeiten aber auch darauf hin, dass die Indikatoren relativ ausgewogen ausgewählt wurden und durch diese unterschiedliche (statistische) Dimensionen erfasst werden.

[7] SPSS Inc., Chicago, 2008

Um im Rahmen der statistischen Analyse nicht nur uni- und bivariate, sondern auch die multivariaten Abhängigkeiten zwischen Indikatoren zu erfassen, wurde eine explorative Faktorenanalyse durchgeführt..

Zur Extraktion der Faktoren (Lösung des Spearmanmodells) wurde die Hauptkomponentenanalyse eingesetzt (vgl. Kap. 5.1). Die beizubehaltenden Faktoren wurden über das Kaiser-Kriterium bestimmt und so Faktoren mit einem Eigenwert ≥ 1 beibehalten. Um die Interpretierbarkeit der Faktorenanalyse zu verbessern, wurden die so bestimmten Faktorladungen einer Varimax-Rotation unterzogen.

Über die Faktorenanalyse werden 5 Komponenten extrahiert, die 78,4% der Gesamtvarianz erklären (Tabelle 21). Aufgrund der im Vergleich zur Fallzahl relativ großen Indikatorenanzahl ist das Kaiser-Meyer-Olkin Kriterium (KMO) mit 0,53 sehr gering. Dies zeigt an, dass der Datensatz gerade noch für die Durchführung einer Faktorenanalyse geeignet ist, ein KMO >0,8 wäre jedoch wünschenswert (Cureton und D'Agostino, 1993).

Tabelle 21: Erklärte Varianz der Komponenten 1-5

Komponente	**Summe der quadrierten Faktorladungen**		
	total	**% der Varianz**	**% der Varianz kumuliert**
1	4,4	27,4	27,4
2	2,7	17,1	44,5
3	2,4	14,9	59,4
4	1,7	10,7	70,1
5	1,3	8,3	78,4
⋮	⋮	⋮	⋮
16	...	...	...

Neben dem Kaiser-Kriterium liefert das Eigenwertediagramm (Scree-Plot) einen Anhaltspunkt zur Auswahl der beizubehaltenden Komponenten. In Abbildung 30 wird ersichtlich, dass sich beim sequenziellen Auftragen der Eigenwerte aller identifizierten Komponenten die Steigung nach Komponente 5 am stärksten verändert. Der Verlauf des Scree-Plots macht zudem aber auch deutlich, dass die Redundanz der Indikatoren insgesamt relativ gering ist und diese zur Abbildung der Vulnerabilität ausgewogen gewählt wurden.

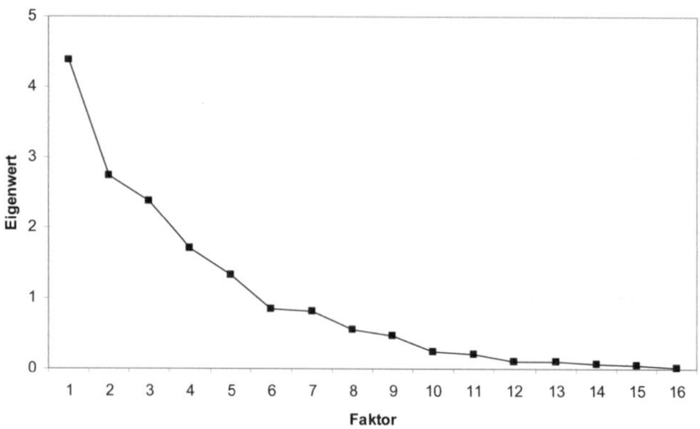

Abbildung 30: Scree-Plot der Faktorenanalyse

Die rotierte Komponentenmatrix (Tabelle 22) zeigt, dass einige der Indikatoren auf verschiedenen Komponenten hoch laden und so den einzelnen Komponenten nicht eindeutig zugeordnet werden können (z. B. *spezifische Anlagenvermögen, Personalintensität, spezifischer Elektrizitätsverbrauch* und *spezifischer Wasserverbrauch*). Indikatoren, die hingegen eindeutig auf eine der extrahierten Komponierten hoch laden, sind die Indikatoren *spezifisches Transportaufkommen im Straßen- und Güterverkehr der Eisenbahnen* (Komponente 2), oder die Indikatoren *spezifische Materialkosten* und *Spezialisierungsgrad des Personals* (Komponente 1).

Aufgrund der nicht eindeutigen Zuordenbarkeit der Indikatoren ist die inhaltliche Interpretierbarkeit der extrahierten Faktoren begrenzt. Aus diesem Grund und wegen des geringen KMO-Kriteriums ist es daher nicht Ziel führend, die Indikatoren auf Basis der Faktorenanalyse zu neuen Zwischenindikatoren zusammen zu fassen oder die industrielle Vulnerabilität durch eine reduzierte Anzahl an Indikatoren abzubilden.

Um jedoch die multivariate Korrelation zwischen den Indikatoren im Anwendungsbeispiel zu berücksichtigen, werden die Ergebnisse der Faktorenanalyse zur Ableitung statistisch begründeter Gewichtungsfaktoren w_i^{Stat} eingesetzt (vgl. Kap. 6.4.2). Da die Aussagekraft statistischer Abhängigkeiten begrenzt ist, werden die so ermittelten Indikatorengewichtungen allerdings nicht zur Bestimmung des Basisindexes eingesetzt, sondern erst bei der Sensitivitätsanalyse im Rahmen eines Gewichtungsszenarios berücksichtigt.

Tabelle 22: Rotierte Komponentenmatrix

Indikator	Komponente				
	1	2	3	4	5
AV	0,48	-0,07	-0,52	-0,19	0,48
PI	0,15	-0,52	0,52	0,34	-0,08
SP	0,82	0,04	0,03	0,08	0,03
EV	0,43	0,40	-0,37	0,55	0,28
EA	0,24	-0,07	0,78	-0,20	0,36
EVE	0,05	0,19	-0,62	-0,23	0,09
WV	0,61	0,13	-0,43	0,40	0,37
WA	-0,05	0,13	0,74	-0,03	-0,05
EVW	0,13	-0,15	-0,09	0,01	0,89
TAS	0,20	0,77	0,10	0,14	-0,35
TAE	0,33	0,88	-0,08	0,10	-0,11
MK	0,94	0,22	0,13	0,00	0,03
FIL	0,29	0,06	-0,06	0,78	0,23
LVI	-0,18	0,19	0,26	0,80	-0,17
NVI	-0,10	0,81	-0,05	0,26	0,39
KN	0,03	-0,26	-0,36	-0,42	-0,67

6.4.2 Statistisch ermittelte Gewichtungsfaktoren

Entsprechend der in Kapitel 5.2.1 beschriebenen Methode nach Nicolett et al. können auf Basis der Ergebnisse der Faktorenanalyse Indikatorengewichtungen abgeleitet werden, die den statistischen Informationsgehalt der Indikatorenwerte widerspiegeln und so überlappende Informationen im Aggregationsschritt ausgleichen (Nicolett et al., 2000). Dieser Methode liegt die Annahme zu Grunde, dass das normierte Quadrat der Faktorladung dem Anteil an der Varianz eines Indikators, die durch den jeweiligen Faktor erklärt wird, entspricht. Ausgehend hiervon konnten über die rotierte Komponentenmatrix, die erklärte Varianz der extrahierten Komponenten und die erklärte Gesamtvarianz die statistisch begründeten Gewichtungsfaktoren w_i^{Stat} bestimmt werden (vgl. Tabelle 23).

Da die so ermittelten Gewichtungsfaktoren alleine auf den statistischen Dimensionen der Indikatorenwerte basieren und nicht die relative Bedeutung der Indikatoren für die Vulnerabilität widerspiegeln, wurden diese nicht zur Bestimmung des Basisindexes, sondern lediglich im Rahmen der Sensitivitätsanalyse eingesetzt (vgl. Gewichtung GW_1, Kap. 6.6). Um bei der Bestimmung des Basisindexes auch kausale Abhängigkeiten zu berücksichtigen und über die Indikatorengewichtung dennoch die Bedeutung der Indikatoren abzubilden, wurden entsprechend der in Kap. 5.1.4 beschriebenen Methodik die Gewichtungskorrekturfaktoren w_i^{Dep} auf Basis der Fuzzy-DEMATEL-Analyse ermittelt. Im nachfolgenden Kapitel werden die Ergebnisse der Fuzzy-DEMATEL-Analyse sowie die daraus abgeleiteten Gewichtungskorrekturfaktoren w_i^{Dep} dargestellt.

Tabelle 23: Statistisch bestimmte Gewichtungsfaktoren w_i^{Stat}

Indikator *i*	**Gewichtungsfaktor** w_i^{Stat}
I_1 (AV)	0,063
I_2 (PI)	0,051
I_3 (SP)	0,087
I_4 (EV)	0,068
I_5 (EA)	0,061
I_6 (EVE)	0,035
I_7 (WV)	0,078
I_8 (WA)	0,042
I_9 (EVW)	0,043
I_{11} (TAS)	0,061
I_{12} (TAE)	0,077
I_{13} (MK)	0,118
I_{14} (FIL)	0,051
I_{15} (LVI)	0,053
I_{16} (NVI)	0,066
I_{17} (KN)	0,047

6.4.3 DEMATEL-Analyse des entwickelten Indikatorenmodells

Zur Analyse der kausalen Beziehungsstrukturen zwischen den Indikatoren wurden sowohl die klassische DEMATEL-Analyse als auch die Fuzzy-DEMATEL-Analyse in MATLAB®[8] implementiert (vgl. Kap. 5.1.2). Da die Abhängigkeiten dort analysiert werden müssen, wo sie wirksam werden, wurde die DEMATEL-Analyse nicht zwischen allen Einzelindikatoren, sondern zweistufig auf Ebene der Vulnerabilitätsdimensionen (interdimensional) und auf Ebene der Indikatoren innerhalb jeder der vier Dimensionen D_j, $j \in \{1,\ldots,4\}$ (intradimensional) durchgeführt. Die Vulnerabilitätsdimension *Betriebsmittelabhängigkeit* (D_1

[8] MATrix LABoratory R2009a der Firma The MathWorks, Inc., Natick, Massachusetts

(BA)) wird im Indikatorenmodell lediglich über einen Indikator abgebildet. Daher war eine intradimensionale Abhängigkeitsanalyse hier nicht notwendig.

Ausgangspunkt für die vier durchgeführten DEMATEL-Analysen waren auf interdimensionaler Ebene die direkte Einflussmatrix M_{dim} und auf intradimensionaler Ebene die direkten Einflussmatrizen M_j, $j \in \{1,...,3\}$, die die direkte Abhängigkeit der Dimensionen (bzw. Indikatoren) über einen paarweisen Vergleich auf einer Skala von 0 bis 4 abbilden (0 = kein Einfluss, 1 = niedriger Einfluss, 2 = mittlerer Einfluss, 3 = starker Einfluss, 4 = sehr starker Einfluss) und von 5 Experten im Rahmen eines Workshops des Center for Disaster Management and Risk Reduction Technology (CEDIM)[9] bestimmt wurden (vgl. Anhang B.2).

Ausgehend von M_{dim} und M_j wurden sowohl für die klassische DEMATEL-Analyse als auch für die Fuzzy-DEMATEL-Analyse, zuerst die normalisierten direkten Einflussmatrizen N_{dim} und N_j (bzw. die normalisierten direkten Einflussstrukturen $\tilde{N}_{dim}$ und $\tilde{N}_j$) und anschließend die totalen Einflussmatrizen T_{dim} und T_j (bzw. die totalen Einflussstrukturen $\tilde{T}_{dim}$ und $\tilde{T}_j$) bestimmt. Die über die Fuzzy-DEMATEL-Methode ermittelte totale Einflussstruktur ist für alle vier durchgeführten DEMATEL-Analysen in defuzzyfizierter Form im Anhang B.3 dargestellt. Aus dieser sowie den totalen Einflussmatrizen der klassischen DEMATEL-Analyse wurden sowohl die inter- als auch intradimensionalen charakteristischen Kennzahlen P_i (Zeilensumme) und R_i (Spaltensumme) ermittelt.

6.4.3.1 Ergebnisse der interdimensionalen DEMATEL-Analyse

Die in Tabelle 24 dargestellten Kennzahlen der interdimensionalen DEMATEL-Analyse geben Aufschluss über die Abhängigkeitsstrukturen, die auf Basis der Experteneinschätzungen zwischen den vier Vulnerabilitätsdimensionen des Indikatorenmodells identifiziert werden können. Die Parameter machen deutlich, dass sowohl der von den einzelnen Dimensionen ausgehende Einfluss auf anderen Dimensionen (P_i) als auch der auf die Dimensionen einwirkende Einfluss (R_i) relativ gering ist und zwischen den Vulnerabilitätsdimensionen des Indikatorenmodells nur mäßig stark ausgeprägte kausale Abhängigkeiten bestehen.

Wie ein Vergleich der Ergebnisse der Fuzzy-DEMATEL-Analyse mit denen der klassischen DEMATEL-Analyse zeigt, führt die Fuzzy-DEMATEL-Analyse im

[9] Das CEDIM ist ein interdisziplinärer Forschungsverbund von Instituten des Karlsruher Instituts für Technologie (KIT) und des GeoForschungszentrums Potsdam. Zentraler Forschungsbereich des CEDIM sind die Analyse natürlicher und anthropogener Risiken sowie die Entwicklung von Lösungsansätzen zur Risikofrühwarnung und Risikoreduktion; www.cedim.de.

Fall des untersuchten Beispiels und unter Verwendung der in Kap. 5.1.2.2 beschriebenen Zugehörigkeitsfunktionen sowohl zu einer Verringerung der charakteristischen Parameterwerte als auch zu einer Stauchung der Relationen zwischen den Parametern. Dies führt (im untersuchten Beispiel) dazu, dass über diese Methode generell weniger stark ausgeprägte Abhängigkeiten identifiziert werden. Da über die Fuzzy-DEMATEL-Analyse der Unschärfe der linguistischen Formulierungen der Experteneinschätzungen Rechnung getragen werden kann, werden im Folgenden lediglich die Ergebnisse dieser Abhängigkeitsanalyse beschrieben und zur Bestimmung des Basisindexes eingesetzt.

Tabelle 24: P_i *- und* R_i *-Werte der DEMATEL-Analysen für die Dimensionen* D_j

Dimension D_j	Dimensions-beschreibung	Fuzzy DEMATEL		crispDEMATEL	
		P_i	R_i	P_i	R_i
D_1	BA	0,13	0,03	0,18	0,13
D_2	PA	0,03	0,08	0,00	0,10
D_3	IA	0,14	0,20	0,23	0,29
D_4	SCA	0,15	0,09	0,24	0,13

Im *Causal-Diagram* werden die Beziehungsstrukturen zwischen den vier Vulnerabilitätsdimensionen deutlich (Abbildung 31). Im analysierten Anwendungsbeispiel zeigt die Vulnerabilitätsdimension *Infrastrukturabhängigkeit* (D_3 (IA)) aufgrund des höchsten s^+-Wertes die stärkste Vernetzung mit den drei anderen Vulnerabilitätsdimensionen. Der geringe negative s^--Wert macht deutlich, dass der Einfluss der anderen Vulnerabilitätsdimensionen auf diese Dimension den von ihr ausgehenden Einfluss leicht übersteigt. Die Vulnerabilitätsdimension *Supply Chain Abhängigkeit* (D_4 (SCA)) weist unter den betrachteten Dimensionen den zweithöchsten Vernetzungsgrad (s^+) auf. Hier übersteigt jedoch der von der Dimension ausgehende den einwirkenden Einfluss. Betrachtet man den Relations- bzw. Positionswert der Vulnerabilitätsdimension D_1 (BA), so wird deutlich, dass die Interdependenzen dieser Dimension mit den anderen Dimensionen insgesamt geringer sind. Hierbei ist hervorzuheben, dass, wie der sehr geringen R_i-Wertes anzeigt, die auf diese Dimension einwirkenden Einflüsse besonders schwach ausgeprägt sind. Die Dimension mit der geringsten Vernetzung stellt die Vulnerabilitätsdimension D_2 (PA) dar, bei der sowohl die einwirkenden als auch die ausgehenden Einflüsse sehr gering sind.

Die Analyse der Abhängigkeitsbeziehungen zwischen den im Indikatorenmodell abgebildeten Dimensionen macht deutlich, dass zwischen den vier Vulnerabilitätsdimensionen Wechselwirkungen auftreten, insgesamt die Abhängigkeiten jedoch so gering sind, dass man von einer angemessenen Auswahl der im Indikatorenmodell berücksichtigten Dimensionen ausgehen kann.

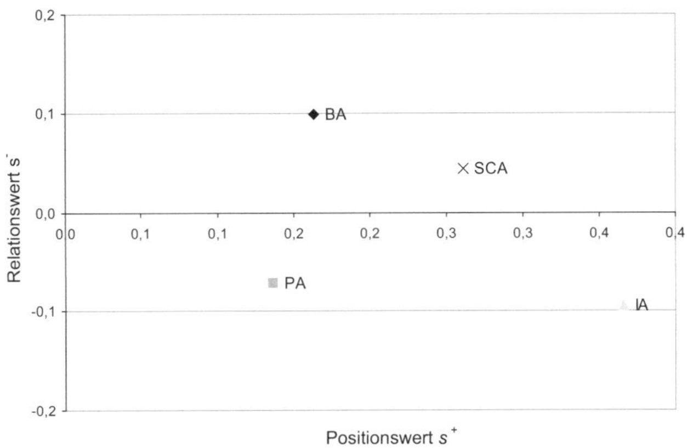

Abbildung 31: Causal-Diagram der interdimensionalen Einflüsse (Abkürzungen vgl. Tabelle 24)

6.4.3.1 Ergebnisse der intradimensionalen DEMATEL-Analyse

Die charakteristischen Parameter der drei durchgeführten intradimensionalen Abhängigkeitsanalysen sind in Anhang B.4 dargestellt. Betrachtet man die graphische Darstellung der charakteristischen Kennzahlen der intradimensionalen Fuzzy-DEMATEL-Analyse der Vulnerabilitätsdimension D_3 (IA) (Abbildung 32), wird deutlich, dass sich die Abhängigkeiten in einem mäßig ausgeprägten Bereich bewegen. Die höheren Positions-Werte mehrerer Indikatoren zeigen jedoch, dass die Abhängigkeiten zwischen den Indikatoren dieser Dimension insgesamt etwas stärker ausgeprägt sind als die zuvor betrachteten interdimensionalen Abhängigkeiten.

Innerhalb der Dimension D_3 (Infrastrukturabhängigkeit (IA)) existieren besonders zwischen den Indikatoren zur Abbildung der Wasser- und der Elektrizitätsabhängigkeit stärker ausgeprägte Abhängigkeiten. Wie in Abbildung 32 deutlich wird, besteht besonders eine Verflechtung des Indikators S*pezifische Wasserversorgung* (WV) mit den anderen Indikatoren der Vulnerabilitätsdimension. Der relativ hohe Positionswert dieses Indikators wird hierbei hauptsächlich durch die von diesem Indikator ausgehenden Einflüsse verursacht. Indikatoren mit ähnlich starken Wechselwirkungen stellen die Indikatoren *Elektrizitätsabhängigkeit*

(EA) und *Eigenversorgungsgrad Elektrizität* (EVE) dar. Im Gegensatz zum Indikator *Spezifische Wasserversorgung* (WV) ist bei diesen jedoch der auf die Indikatoren einwirkende Einfluss größer als der von ihnen ausgehende. Weiterhin wird aus der Abhängigkeitsanalyse ersichtlich, dass der Indikator *spezifischer Elektrizitätsverbrauch* (EV) bei einem insgesamt mäßigen Positionswert den zweithöchsten Relationswert aufweist, also dieser Indikator einen verhältnismäßig starken Einfluss auf die anderen Indikatoren hat. Da die Indikatoren zur Abbildung der Transportabhängigkeit (STAE und STAS) sich lediglich gegenseitig und zudem im gleichen Ausmaß beeinflussen, zeichnen sich diese Indikatoren durch identische (geringe) Positionswerte sowie einen Relationswert von Null aus. Die intradimensionalen Abhängigkeiten in den Dimensionen D_2 (PA) und D_4 (SCA) sind in Anhang B.5 dargestellt.

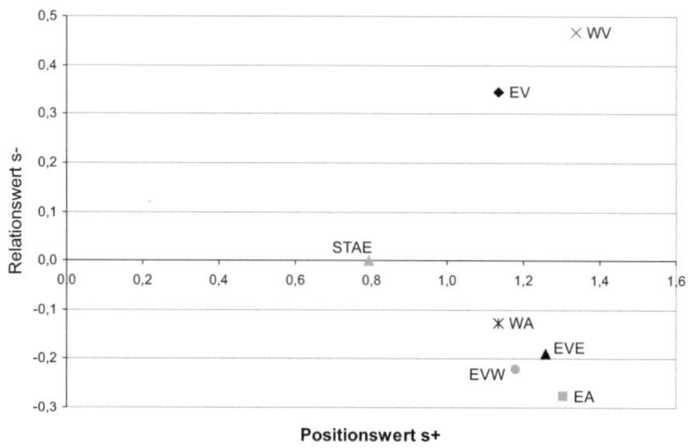

Abbildung 32: Causal-Diagram der intradimensionalen Einflüsse innerhalb der Dimension Infrastrukturabhängigkeit (Abkürzungen vgl. Tabelle 24)

Zur integrierten Darstellung der Abhängigkeiten der Indikatoren wurde ausgehend von den *totalen Einflussmatrizen* aller durchgeführten DEMATEL-Analysen eine zweistufige *Impact-Relation Map* erstellt (Abbildung 33). Zur Wahrung der Übersichtlichkeit wurde auf jeder Ebene der jeweilige Mittelwert aller t_{ij} als Grenzwert $\hat{t}$ für die Darstellung der Beziehungsstrukturen gewählt. Im Wesentlichen werden in dieser Darstellungsform die zuvor beschriebenen Abhängigkeitsbeziehungen deutlich. Aufgrund des Einsatzes eines Grenzwertes kommt es jedoch zu einem gewissen Informationsverlust, da lediglich stärker ausgeprägte Abhängigkeiten ersichtlich sind.

Insgesamt zeigen alle durchgeführten expertenbasierten Abhängigkeitsanalysen, dass die kausalen wechselseitigen Beziehungen sowohl zwischen den Dimensionen als auch zwischen den einzelnen Indikatoren nur schwach bis mäßig stark ausgeprägt sind. Dies verdeutlicht, dass im entwickelten Indikatorenmodell die Indikatoren nicht so stark voneinander abhängig sind, dass die Indikatorenauswahl angepasst werden müsste. Da jedoch auch schwache und mittlere Abhängigkeiten bei einer Aggregation der Vulnerabilitätswerte die Ergebnisse verzerren können, müssen auch diese im Indikatorenmodell berücksichtigt werden. Daher wurden, wie im Folgenden beschrieben, die Gewichtungsfaktoren w_i^{Dep} gemäß der in Kapitel 5.2.2 vorgestellten Methode ermittelt. Die Gewichtungsfaktoren w_i^{Dep} werden bei der Bestimmung des Basisindexes als Gewichtungskorrekturfaktoren mit den Bedeutungsgewichten $w_i^{\mathrm{Im}p}$ kombiniert und so die Abhängigkeiten zwischen den Indikatoren berücksichtigt.

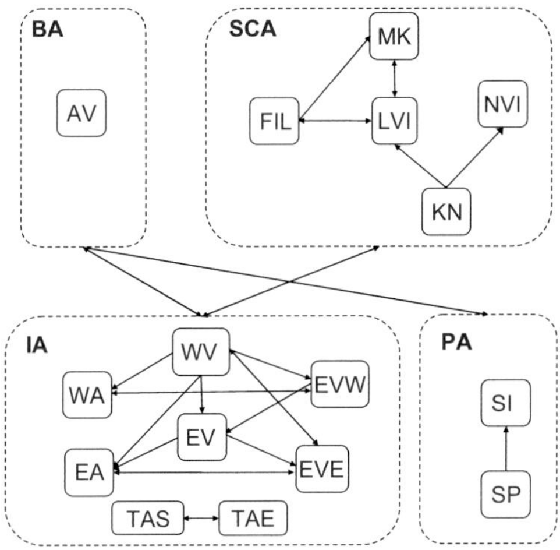

Abbildung 33: Impact-Relation Map zur Abbildung inter- und intradimensionaler Abhängigkeiten ($\hat{t}_{Dim} = 0{,}03$, $\hat{t}_{PA} = 0{,}02$, $\hat{t}_{IA} = 0{,}07$, $\hat{t}_{SCA} = 0{,}04$)

6.4.4 Auf der DEMATEL-Analyse basierende Gewichtungskorrekturfaktoren

Ausgangspunkt zur Bestimmung der Gewichtungskorrekturfaktoren w_i^{Dep} stellen die charakteristischen Parameter $\mathrm{P_i}$ der Fuzzy-DEMATEL-Analyse dar, die über ein potenziell maximales $\mathrm{P_i^{max}}$ und ein potenziell minimales $\mathrm{P_i^{min}}$ normiert wurden (vgl. Kap. 5.1.3). Der $\mathrm{R_i}$-Wert findet bei der Bestimmung der Gewichtungskorrekturfaktoren w_i^{Dep} keine Berücksichtigung, um eine Doppelwertung der Abhängigkeiten zu vermeiden.

In Tabelle 25 sind die für das Anwendungsbeispiel ermittelten Gewichtungskorrekturfaktoren auf interdimensionaler ($w_{Dim_m}^{Dep}$) und intradimensionaler ($w_{Ind_n}^{Dep}$) Ebene sowie die sich aus diesen beiden Werten ergebenden Gesamtkorrekturfaktoren w_i^{Dep} aller Indikatoren i dargestellt. Diese Gewichtungskorrekturfaktoren w_i^{Dep} wurden mit den Bedeutungsgewichten w_i^{Imp} kombiniert und als Gesamtgewicht w_i zur Bestimmung des Basisindexes eingesetzt.

Tabelle 25: Inter- und intradimensionale Gewichtungskorrekturfaktoren

Vulnerabilitäts-dimension	$w_{Dim_m}^{Dep}$	**Indikator**	$w_{Ind_n}^{Dep}$	w_i^{Dep}
Betriebsmittel-ausfall (BA)	0,87	spez. Anlagenvermögen (AV)	1,00	**0,87**
Personalausfall (PA)	0,97	Personalintensität (PI)	0,97	**0,94**
		Spezialisierungsgrad Personal (SP)	0,87	**0,84**
Infrastruktur-ausfall (IA)	0,86	Abhängigkeitsfaktor Elektrizität (EA)	0,79	**0,69**
		spez. Elektrizitätsverbrauch (EV)	0,88	**0,76**
		Eigenversorgungsgrad Elektrizität (E-VE)	0,87	**0,75**
		spez. Wasserverbrauch (WV)	0,73	**0,63**
		Abhängigkeitsfaktor Wasser (WA)	0,88	**0,76**
		Eigenversorgungsgrad Wasser (EVW)	0,89	**0,77**
		spez. Transportaufkommen Straße (TAS)	0,92	**0,80**
		spez. Transportaufkommen Schiene (TAE)	0,92	**0,80**
Supply Chain Ausfall (SCA)	0,85	spez. Materialkosten (SMK)	0,88	**0,75**
		lieferseitige Verflechtung (LV)	0,89	**0,76**
		Anteil firmeninterner Lieferungen (FIL)	0,85	**0,72**
		nachfrageseitige Verflechtung (NV)	0,97	**0,82**
		Konsumentennähe (KN)	0,89	**0,76**

Entsprechend der zuvor beschriebenen Abhängigkeiten werden Indikatoren (bzw. Dimensionen) mit starkem Einfluss auf andere Indikatoren (bzw. Dimensionen) stärker abgeschwächt als Indikatoren (Dimensionen), die nur einen geringen Einfluss auf andere Indikatoren (Dimensionen) haben. Auf Ebene der Dimensionen wird aufgrund der identifizierten Abhängigkeiten z. B. die Vulnerabilitätsdimension *Supply Chain Abhängigkeit* (SCA) am stärksten abgeschwächt (Gewichtungskorrekturfaktor 0,86). Indikatoren mit vergleichsweise starkem Einfluss auf andere Indikatoren und entsprechend höheren Gewichtungskorrekturfaktoren sind die Indikatoren *spezifischer Wasserverbrauch* (WV; 0,73), *spezifischer Elektrizitätsverbrauch* (EV; 0,79) und der *Anteil der firmeninternen Lieferungen* (FIL; 0,85).

Vergleicht man die Gewichtungskorrekturfaktoren mit den statistisch ermittelten Gewichtungsfaktoren, wird deutlich, dass die Anpassungen der Indikatorengewichte auf Basis der verschiedenen Abhängigkeitsanalyse sehr unterschiedlich ausfallen. Während beispielsweise die Gewichtungsfaktoren der Indikatoren *spezifischer Wasser- und Elektrizitätsverbrauch* (EV und WV) über die Korrekturfakturen w_i^{Dep} sehr stark abgeschwächt werden findet beim Einsatz von statistischen Gewichtungsfaktoren w_i^{Stat} eine leichte Erhöhung der Gewichtung dieser Indikatoren (im Vergleich zur Gleichgewichtung der Indikatoren) statt. Indikatoren, die über statistische Gewichtungsfaktoren hingegen stärker angepasst werden als über Gewichtungsfaktoren auf Basis der DEMATEL-Analyse sind die Indikatoren *Eigenversorgungsgrad Elektrizität* (EVE), *Eigenversorgungsgrad Wasser* (EVW) und *Wasserabhängigkeit* (WA). Indikatoren, die über beide Methoden Anpassungen in ähnlichem Umfang erfahren, sind die Indikatoren *Konsumentennähe* (KN), *Personalintensität* (PI) und *Anteil Firmeninterner Lieferungen* (FIL). Diese Indikatoren werden über beide Methoden leicht bis mässig stark abgeschwächt. Der Vergleich der Gewichtungsanpassungen über statistische und expertenbasierte Methoden verdeutlicht also, dass über die beiden Analysemethoden verschiedene Arten von Abhängigkeiten erfasst werden.

6.5 Vulnerabilität der im Anwendungsbeispiel untersuchten Industriesektoren

6.5.1 Methodische Vorgehensweise zur Bestimmung des Basisindexes auf Sektorenebene

Entsprechend der erläuterten methodischen Vorgehensweise wurde die sektorspezifische Vulnerabilität der 26 Wirtschaftsabteilungen (bzw. 16 Wirtschaftsunterabschnitte) über einen Basisindex bestimmt. Dieser dient im Folgenden als

Vergleichsbasis für die durchgeführten Sensitivitätsanalysen sowie als Ausgangspunkt für die Bestimmung der regionalen Vulnerabilität. Tabelle 26 gibt eine zusammenfassende Übersicht über die zur Bestimmung des Basisindexes gewählten Modellkonfigurationen und -parameter.

Tabelle 26: Übersicht über die methodische Vorgehensweise zur Bestimmung des Basisindexes im Anwendungsbeispiel

Methodische Vorgehensweise Basisindex	
Berechnung Spezifische Indikatorenwerte	- gewichtete Summe der drei Berechnungsvarianten (vgl. Kap.6.2.2): $I_s = w_{BWS} * \frac{AI_s}{BWS_s} + w_{BT} \frac{AI_s}{BT_s} + w_{BS} \frac{AI_s}{BS_s}$
Vulnerabilitätswertfunktionen	- linear (alle Indikatoren i) (vgl. Kap. 6.3.1): Fragilitätsindikatoren: steigend; Resilienzindikatoren: fallend
Aggregationsmethode	- linear additiv (vgl. Kap. 6.3.2)
Indikatorengewichtung	- $w_i = w_i^{Imp} * w_i^{Dep}$ (vgl. Kap. 6.3.2 und Kap. 6.4.4) - w_i^{Imp}: Gleichgewichtung der Vulnerabilitätsdimensionen - w_i^{Dep}: Gewichtungskorrekturfaktor zur Berücksichtigung der Abhängigkeiten

6.5.2 Sektorspezifische Vulnerabilität gegenüber indirekten Schäden

Der für die 26 Wirtschaftsabteilungen des Anwendungsbeispiels ermittelte sektorspezifische Vulnerabilitätsindex ist in Abbildung 34 dargestellt (Wirtschaftsunterabschnitte s. Anhang B.6). Dieser Vulnerabilitätsindex bildet nicht die Anfälligkeit einzelner Unternehmen ab, sondern zeigt an, wie verwundbar Industriesektoren gegenüber indirekten Schäden (primäre und sekundäre Betriebsunterbrechungen) bei Naturkatastrophen sind. Des Weiteren liefert der Vulnerabilitätsindex keine absoluten, sondern relative Vulnerabilitätswerte. Ein Vergleich der sektorspezifischen Basisindizes macht deutlich, dass sich die Sektoren des produzierenden Gewerbes hinsichtlich ihrer indirekten Verwundbarkeit durch Naturrisiken stark unterscheiden.

Während beispielsweise die (relativen) industriellen Vulnerabilitätsindizes für das „Baugewerbe" (WZ 45 (BAU); 0,20), das „Bekleidungsgewerbe" (WZ 18 (BEK); 0,23) und die „Herstellung von Medizin-, Mess- und Steuertechnik" (WZ 33 (MED); 0,23) sehr niedrig sind, zeichnen sich die Sektoren „Metallerzeugung und -bearbeitung“ (WZ 27 (MET); 0,39) und „Herstellung von Kraftwagen und Kraftwagenteilen“ (WZ 34 (KFZ); 0,43) durch eine relativ hohe Vulnerabilität aus. Die höchsten Vulnerabilitätsindizes und damit die stärkste Verwundbarkeit gegenüber indirekten Effekten weisen im untersuchten Anwendungsbeispiel die „Energieversorgung“ (WZ 40 (EN); 0,49) und die Wirtschaftsabteilung „Kokerei, Mineralölverarbeitung, Herstellung von Brutstoffen“ (WZ 23 (MIN); 0,47) auf.

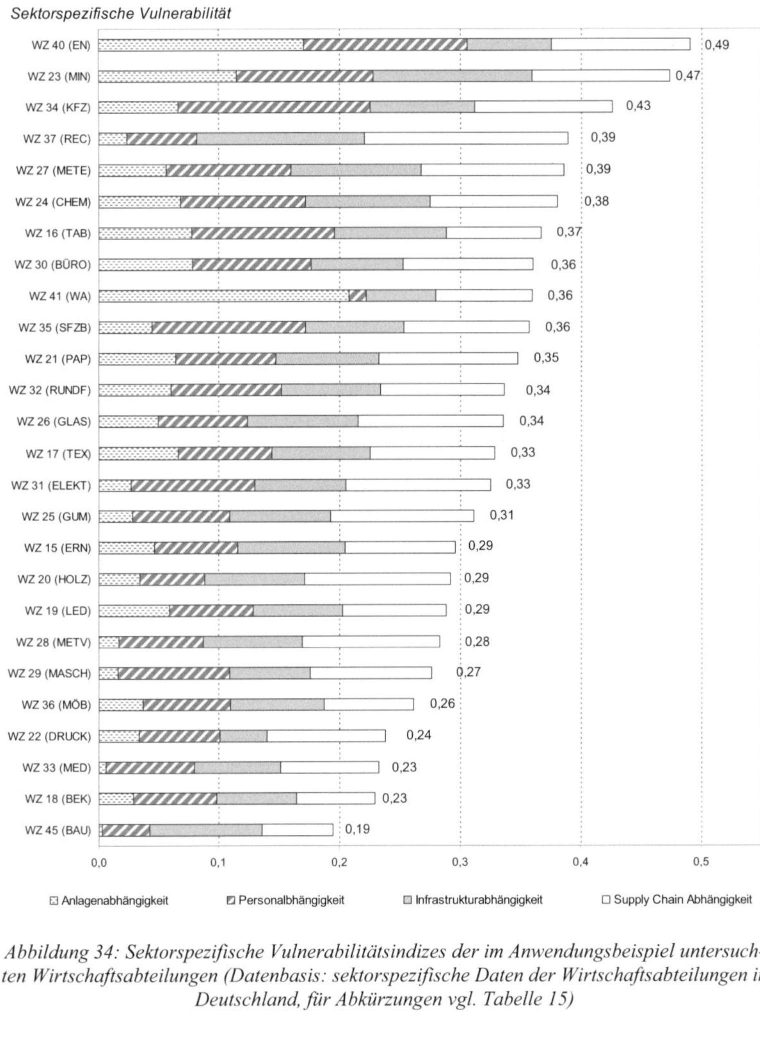

Abbildung 34: Sektorspezifische Vulnerabilitätsindizes der im Anwendungsbeispiel untersuchten Wirtschaftsabteilungen (Datenbasis: sektorspezifische Daten der Wirtschaftsabteilungen in Deutschland, für Abkürzungen vgl. Tabelle 15)

Um einen mit der Aggregation der Indikatorenwerte zu einem zusammengesetzten Gesamtindex (*Composite Index*) verbundenen Informationsverlust zu vermeiden, sollte im Rahmen der Ergebnisanalyse nicht alleine der Gesamtindex betrachtet werden. Vielmehr ist es notwendig, sowohl den Beitrag der einzelnen Dimensionen zur Gesamtvulnerabilität eines Industriesektors als auch die Zusammensetzung der einzelnen Vulnerabilitätsdimensionen zu betrachten (vgl. Kap. 4.4.3).

Der Beitrag der einzelnen Dimensionen zur Gesamtvulnerabilität ist bereits in der in Abbildung 34 gewählten Darstellungsform sichtbar. So wird hier beispielsweise deutlich, dass die hohe Gesamtvulnerabilität der „Energieversorgung“ (WZ 40 (EN)) in der relativ hohen Anlagen- und Personalabhängigkeit dieses Industriesektors begründet ist. Im Gegensatz hierzu trägt im Bereich „Kokerei, Mineralölverarbeitung, Herstellung von Brutstoffen“ (WZ 23 (MIN) besonders die hohe Abhängigkeit dieses Sektors von Infrastruktursystemen zur Anfälligkeit gegenüber indirekten Effekten bei. Industriesektoren, bei denen die Abhängigkeit von Supply Chain Prozessen einen verhältnismäßig großen Anteil an der Gesamtvulnerabilität ausmacht, sind beispielsweise die Wirtschaftsabteilungen „Recycling“ (WZ 37 (REC)) und „H. v. Kraftwagen und Kraftwagenteilen“ (WZ 34 (KFZ)), wobei bei Ersterer auch die stark ausgeprägte Infrastrukturabhängigkeit und bei letzterer die Personalabhängigkeit maßgeblich zur hohen Gesamtvulnerabilität beitragen. Bei einigen der Industriesektoren ist der Beitrag der verschiedenen Vulnerabilitätsdimensionen zur Gesamtvulnerabilität jedoch relativ ausgewogen. Dies ist beispielsweise in den Sektoren „Tabakverarbeitung“ (WZ 16 (TAB)) und „Ledergewerbe“ (WZ 19 (LED)) der Fall.

Die über das hierarchische Indikatorenmodell ermittelten sektorspezifischen Vulnerabilitätsindizes erscheinen für die meisten der untersuchten Industriesektoren plausibel. So handelt es sich beispielsweise bei der „Energieversorgung“ (EN) um einen sehr anfällige Branche, bei der neben Energieerzeugungslagen besonders komplexe Transport- und Verteilnetze für einen reibungslosen Ablauf der Unternehmensprozesse von Bedeutung sind. Ebenso war für den Industriesektor „Kokerei, Mineralölverarbeitung, Herstellung von Brutstoffen“ (MIN) aufgrund der Energieintensität der Branche mit einer hohen relativen Vulnerabilität gegenüber indirekten Schäden zu rechnen und auch der relativ hohe Vulnerabilitätswert des Sektors „Herstellung von Kraftwagen und Kraftwagenteilen“ (KFZ) ist nachvollziehbar. Bei diesem Sektor ist jedoch erstaunlich, dass nicht die *Supply Chain Abhängigkei*t, sondern die *Personalabhängigkeit* den grössten Beitrag zur Vulnerabilität liefert. Während im Bereich geringer Vulnerabilitätswerte die Ergebnisse des Indikatorenmodells ebenfalls sehr plausibel erscheinen (z. B. geringe Vulnerabilität der Bau- und Bekleidungsindustrie) ist im oberen Vulnerabilitätsbereich die relativ hohe Vulnerabilität des Recyclingsektors überraschend. Die Vulnerabilität diese Sektors wird hauptsächlich durch eine verhältnismäßig ausgeprägte *Infrastruktur- und Supply Chain Abhängigkeit* beeinflusst. Da es sich bei der Recyclingbranche um einen sehr transportintensiven Sektor mit hohen spezifischen Transportgewichten handelt und die Transportabhängigkeit im Indikatorenmodell über die güterspezifische Transportleistung erfasst wird, kann es hier zu einer Überschätzung der *Transport-* und damit auch der *Infrastrukturabhängigkeit* kommen (vgl. Kap. 6.5.2.1). Bezüglich der Dimension *Supply Chain Abhängigkeit* kann zudem eine Überschätzung der *Lieferabhängigkeit* den sektorspezifischen Vulnerabilitätsindex beeinflussen. Ein Grund hierfür könnte sein, dass zur Erfassung der Lieferabhängigkeit lediglich die *spezifischen Materialkosten* und nicht die Kritikalität der Teile, die bei der Recyclingindustrie eher gering ist, berücksichtigt werden (vgl. 4.5.3.4).

Insgesamt fällt bei der Analyse der Ergebnisse auf, dass sich die einzelnen Wirtschaftsabteilungen am stärksten hinsichtlich ihrer Betriebsmittelabhängigkeit unterscheiden. Hierbei muss berücksichtigt werden, dass dieser Effekt teilweise darin begründet ist, dass die Betriebsmittelabhängigkeit anders als die drei anderen Vulnerabilitätsdimensionen im Indikatorenmodell lediglich über einen einzigen Indikator abgebildet wird. Dies führt dazu, dass innerhalb dieser Vulnerabilitätsdimension keine Kompensation zwischen mehreren Indikatoren auftritt und daher die Unterschiede zwischen den betrachteten Industriesektoren stärker ins Gewicht fallen.

Um aus den Ergebnissen der indikatorenbasierten Vulnerabilitätsanalyse detaillierte Informationen zu generieren und so z. B. im Rahmen des regionalen industriellen Risikomanagements Schwachstellen der Industriesektoren ableiten zu können, ist es notwendig, die Ergebnisse der Vulnerabilitätsanalyse auf einem weniger aggregierten Niveau (z. B. auf Ebene der Abhängigkeitsdimensionen) zu betrachten. Die Indikatorenwerte aller vier Vulnerabilitätsdimensionen und der ihnen untergeordneten Abhängigkeitsdimensionen sind in Tabelle 27 zusammengefasst.

Tabelle 27: Gewichtete Vulnerabilitätswerte der Verwundbarkeits- und Abhängigkeitsdimensionen

WZ 2003	**Anlagen-abhängigkeit**	**Personal-abhängigkeit**	**Infrastruktur-abhängigkeit**	Elektrizitäts-abhängigkeit	Wasser-abhängigkeit	Transport-abhängigkeit	**Supply Chain Abhängigkeit**	Liefer-abhängigkeit	Nachfrage-abhängigkeit
WZ 15 (ERN)	**0,046**	**0,070**	**0,089**	0,046	0,028	0,015	**0,091**	0,065	0,026
WZ 16 (TAB)	**0,077**	**0,119**	**0,092**	0,042	0,027	0,023	**0,079**	0,069	0,010
WZ 17 (TEX)	**0,066**	**0,078**	**0,081**	0,050	0,026	0,006	**0,103**	0,051	0,053
WZ 18 (BEK)	**0,029**	**0,070**	**0,066**	0,039	0,020	0,006	**0,065**	0,054	0,010
WZ 19 (LED)	**0,059**	**0,070**	**0,074**	0,045	0,017	0,013	**0,085**	0,055	0,031
WZ 20 (HOLZ)	**0,034**	**0,054**	**0,083**	0,047	0,020	0,016	**0,120**	0,059	0,061
WZ 21(PAP)	**0,064**	**0,083**	**0,086**	0,047	0,021	0,018	**0,115**	0,053	0,063
WZ 22(DRUCK)	**0,033**	**0,068**	**0,039**	0,016	0,015	0,008	**0,098**	0,052	0,046
WZ 23(MIN)	**0,115**	**0,113**	**0,132**	0,049	0,028	0,055	**0,114**	0,064	0,049
WZ 24 (CHEM)	**0,068**	**0,104**	**0,103**	0,050	0,034	0,019	**0,105**	0,046	0,060
WZ 25 (GUM)	**0,028**	**0,081**	**0,084**	0,051	0,021	0,013	**0,118**	0,055	0,063
WZ 26 (GLAS)	**0,049**	**0,074**	**0,092**	0,052	0,019	0,021	**0,120**	0,056	0,064
WZ 27 (METE)	**0,056**	**0,103**	**0,108**	0,057	0,030	0,021	**0,118**	0,047	0,072
WZ 28(METV)	**0,017**	**0,070**	**0,082**	0,041	0,026	0,015	**0,114**	0,054	0,060
WZ 29(MASCH)	**0,016**	**0,093**	**0,067**	0,045	0,018	0,003	**0,100**	0,058	0,042
WZ 30 (BÜRÖ)	**0,078**	**0,099**	**0,076**	0,044	0,028	0,004	**0,107**	0,060	0,047
WZ 31(ELEK)	**0,027**	**0,103**	**0,076**	0,046	0,027	0,003	**0,120**	0,060	0,060
WZ 32 (RUNDF)	**0,060**	**0,092**	**0,083**	0,049	0,030	0,004	**0,102**	0,057	0,044
WZ 33(MED)	**0,006**	**0,074**	**0,072**	0,044	0,025	0,003	**0,081**	0,049	0,032
WZ 34 (KFZ)	**0,066**	**0,159**	**0,087**	0,050	0,024	0,013	**0,114**	0,068	0,046
WZ 35 (SFZB)	**0,044**	**0,128**	**0,081**	0,047	0,025	0,010	**0,103**	0,058	0,045
WZ 36 (MÖB)	**0,037**	**0,073**	**0,078**	0,044	0,027	0,007	**0,074**	0,054	0,020
WZ 37 (REC)	**0,023**	**0,059**	**0,139**	0,049	0,033	0,057	**0,169**	0,072	0,097
WZ 40 (EN)	**0,170**	**0,135**	**0,071**	0,041	0,027	0,003	**0,114**	0,065	0,049
WZ45 (BAU)	**0,003**	**0,039**	**0,094**	0,036	0,033	0,026	**0,058**	0,051	0,008

6.5.2.1 Sektorspezifische Infrastrukturabhängigkeit

Zur detaillierten Betrachtung der Abhängigkeit der Industriesektoren von Infrastruktursystemen wurde in Abbildung 35 der Beitrag der drei Abhängigkeitsdimensionen *Elektrizitätsabhängigkeit*, *Wasserabhängigkeit* und *Transportabhängigkeit* zur Vulnerabilitätsdimension D_3 (IA) dargestellt. Auch hinsichtlich der *Infrastrukturabhängigkeit* unterscheiden sich die betrachteten Wirtschaftsabteilungen meist deutlich, wobei sich, wie in Abbildung 35 ersichtlich, besonders die vier Industriesektoren „Recycling" (WZ 37 (REC)), „Kokerei, Mineralölverarbeitung, Herstellung von Brutstoffen" (WZ 23 (MIN)), „Metallerzeugung und -bearbeitung" (WZ 27 (METE) und „Herstellung von chemischen Erzeugnissen" (WZ 24 (CHEM)) durch eine besonders ausgeprägte Verwundbarkeit gegenüber Infrastrukturausfällen von den anderen Industriesektoren abgrenzen.

Bei allen im Anwendungsbeispiel betrachteten Wirtschaftsabteilungen liefert die Abhängigkeit von der Elektrizitätsversorgung einen relativ hohen Beitrag zur Infrastrukturabhängigkeit (35-71%), was die zentrale Bedeutung der Elektrizitätsversorgung für die industrielle Produktion widerspiegelt. Die Wasserabhängigkeit macht bei allen untersuchten Industriesektoren einen geringeren Anteil an der Infrastrukturabhängigkeit aus. Während die Unterschiede zwischen den Wirtschaftsabteilungen bezüglich der Elektrizitätsabhängigkeit und der Wasserabhängigkeit eher gering ausgeprägt sind, variiert die Transportabhängigkeit zwischen den verschiedenen Sektoren sehr stark. Dies führt dazu dass der Beitrag der Transportabhängigkeit zur allgemeinen Infrastrukturabhängigkeit in einigen der betrachteten Sektoren sehr groß (WZ 37 (REC), 41% und WZ 23 (MIN), 42%), in einigen Bereichen für die Vulnerabilität jedoch nahezu unbedeutend ist (WZ 29 (MASCH), 4%, WZ 31 (BÜRO), 4% und WZ 41 (WA), 3%).

6.5.2.2 Sektorspezifische Supply Chain Abhängigkeit

Die untersuchten Wirtschaftsabteilungen weisen ebenfalls sehr unterschiedliche Abhängigkeiten hinsichtlich der Vulnerabilitätsdimension *Supply Chain Abhängigkeit* auf (vgl. Anhang B.7). Aufgrund der hohen Liefer- und Nachfrageabhängigkeit des Sektors „Recycling" (WZ 37 (REC); 0,17) weist dieser Sektor eine besonders hohe *Supply Chain Abhängigkeit* auf. Sektoren, die gemäß ihrer Indikatorenwerte ebenfalls anfällig für Betriebsunterbrechungen durch Supply Chain Unterbrechungen sind, sind die Wirtschaftsabteilungen „Glasgewerbe, Herstellung von Keramik, Verarbeitung von Steinen und Erden" (WZ 26 (GLAS);

0,12), „Holzgewerbe“ (WZ 20 (HOLZ); 0,12) und „Herstellung von Geräte der Elektrizitätserzeugung, Elektrizitätsverteilung“ (WZ 31 (ELEK); 0,12). Bei der Mehrzahl der betrachteten Sektoren macht die Lieferabhängigkeit den größeren Anteil an der Supply Chain Abhängigkeit aus. Ausnahmen hiervon stellen die Sektoren „Recycling“ (WZ 37 (REC)), „Herstellung von Chemischen Erzeugnissen“ (WZ 24 (CHEM)), „Papiergewerbe“ (WZ 21 (PAP)) und „Metallerzeugung und -bearbeitung“ (WZ 27 (MET)) dar. Der stärkere Einfluss der Nachfrageabhängigkeit bei diesen Sektoren ist sowohl in der starken ökonomischen Verflechtung dieser Sektoren als auch der geringeren Konsumentennähe begründet.

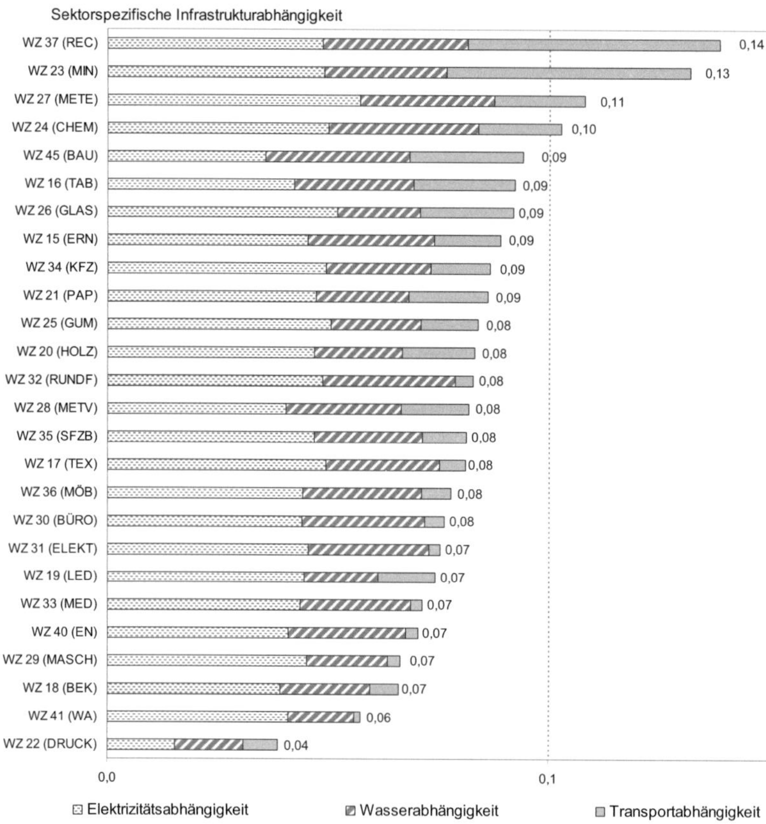

Abbildung 35: Sektorspezifische Verwundbarkeit gegenüber Infrastrukturausfällen (für Abkürzungen vgl. Tabelle 15)

6.5.2.3 *Sektorspezifische Anlagen- und Personalabhängigkeit*

Zudem unterscheiden sich die betrachteten Wirtschaftsabteilungen bezüglich der *Anlagenabhängigkeit* und damit bezüglich ihrer Verwundbarkeit gegenüber Betriebsmittelausfällen stark. Hohe Abhängigkeitswerte in dieser Dimension weisen besonders die Sektoren „Energieversorgung" (WZ 40 (EN)), „Wasserversorgung" (WZ 41 (WA)), und „Kokerei, Mineralölverarbeitung, Herstellung von Brutstoffen" (WZ 23 (MIN)) auf. Da die Verwundbarkeit gegenüber Betriebsmittelausfällen im entwickelten Indikatorenmodell lediglich über die Anlagenabhängigkeit und diese wiederum ausschließlich über den Indikator *spezifisches Anlagenvermögen* abgebildet wird, ist an dieser Stelle eine disaggregierte Betrachtung nicht notwendig bzw. nicht möglich.

Ähnliches gilt auch für die Verwundbarkeit gegenüber Personalausfällen, die im Indikatorenmodell über die *Personalintensität* und den *Spezialisierungsgrad der Mitarbeiter* berücksichtigt wird. Die *Personalabhängigkeit* ist besonders in den Sektoren „Herstellung von Kraftwagen und sonstigen Fahrzeugteilen" (WZ 34 (KFZ)) und „Energieversorgung" (WZ 40 (EN)) stark ausgeprägt. Während in Ersterem sowohl eine hohe Personalintensität als auch eine relativ hohe Spezialisierung der Mitarbeiter die stark ausgeprägte Personalabhängigkeit verursachen, ist in der „Energieversorgung" (WZ 40 (EN)) hauptsächlich der Spezialisierungsgrad der Mitarbeiter hierfür verantwortlich.

6.6 Ergebnisse der Sensitivitätsanalysen

Um die Auswirkungen verschiedener Daten- und Parameterunsicherheiten auf die Ergebnisse der Vulnerabilitätsanalyse zu untersuchen, wurden für das Anwendungsbeispiel Sensitivitätsanalysen durchgeführt. Hierzu wurden in verschiedenen Szenarios die Berechnungsmethode der *Spezifischen Indikatoren*, die Vulnerabilitätswertfunktionen sowie die Indikatorengewichtung und die Aggregationsmethode parametrisch variiert (vgl. Tabelle 28). Eine genaue Beschreibung der Parametervariationen der einzelnen Szenarios wird in den nachfolgenden Kapiteln vorgenommen. Generell erfolgte die Entwicklung der Szenarios manuell, wobei die einzelnen Eingangsparameter auf Basis inhaltlicher Überlegungen variiert wurden.

Im Folgenden werden die Auswirkungen der Parametervariationen über die Abweichungen der Ergebnisse der Indikatorenszenarios vom Basisindex (BASIS_I) bestimmt. Daher wurden die jeweils nicht variierten Parameter analog zu den Parametern dieses Referenzszenarios festgelegt. Die Varianz der Vulnerabilitätsergebnisse wird im Folgenden über statistische Parameter (z. B. Korrelationskoeffizient nach Spearman r_s, mittlerer Rangtauschkoeffizient $\bar{R}$) quantifiziert und in grafischer Form dargestellt (vgl. Kap 5.2.).

Tabelle 28: Durchgeführte Sensitivitätsanalyse und untersuchte Indikatorenszenarios

Sensitivitätsanalyse	Untersuchte Szenarios
Variation der Berechnungsmethode zur Bestimmung *Spezifischer Indikatoren*	- BM_1 - BM_2 - BM_3 - BM_4
Variation der Indikatorengewichtung	- GW_1 - GW_2 - GW_3
Variation der Vulnerabilitätswertfunktionen	- VF_1
Variation der Aggregationsmethode	- AG_1

6.6.1 Variation der Berechnungsmethode zur Bestimmung der Spezifischen Indikatoren

Zur Bestimmung der *Spezifischen Indikatoren* können Indikatorenwerte auf verschiedene Bezugsgrößen V_s bezogen werden (vgl. Kap. 6.2.2). Hierbei ist der Einsatz einzelner Bezugsgrößen V_s oder die Kombination mehrerer Berechnungsmethoden möglich. Zur Bestimmung des Basisindexes wurden so die absoluten Indikatorenwerte zu drei Bezugsgrößen V_s ins Verhältnis gesetzt und die Ergebnisse dieser drei Berechnungsmethoden über eine gewichte Summe zu spezifischen Indikatorenwerten aufaggregiert (vgl. Kap. 6.2.3-6.2.6).

Um zu analysieren, welche Auswirkung die Berechnungsmethode zur Bestimmung der *Spezifischen Indikatoren* auf den sektorspezifischen Vulnerabilitätsindex hat, wurden im Rahmen der Sensitivitätsanalyse Szenarios mit verschiedenen Berechnungsvarianten untersucht (Tabelle 29). In den Berechnungsszenarios BM_1, BM_2 und BM_3 wurde jeweils nur eine Bezugsgrößen V_s zur Berechnung der *Spezifischen Indikatoren* herangezogen. Im Berechnungsszenario BM_4 wurde ähnlich zum BASIS_I-Szenario eine Kombination der verschiedenen Berechnungsmethoden eingesetzt. Statt der gewichteten Summe aller drei Varianten wurde hier jedoch jeweils das Maximum der drei Berechnungsvarianten als Indikatorenwert ausgewählt (vgl. Anhang B.8).

Tabelle 29: Durchgeführte Sensitivitätsanalysen und untersuchte Berechnungsszenarios

Indikatorenszenario	Berechnung der ***Spezifischen Indikatoren***
BASIS_I	$I_s = w_{BWS} * \frac{AI_s}{BWS_s} + w_{BT} \frac{AI_s}{BT_s} + w_{BS} \frac{AI_s}{BS_s}$
BM_1	$I_s = \frac{AI_s}{BWS_s}$
BM_2	$I_s = \frac{AI_s}{BS_s}$
BM_3	$I_s = \frac{AI_s}{BT_s}$
BM_4	$I_s = \max\left(\frac{AI_s}{BWS_s} + w_{BT} \frac{AI_s}{BT_s} + w_{BS} \frac{AI_s}{BS_s}\right)$

In Abbildung 36 sind die Rangfolge der analysierten Wirtschaftsabteilungen entsprechend dem Referenzszenario und die Ränge aller untersuchten Berechnungsszenarios sowie die maximalen Abweichungsspannen dargestellt. Hier wird deutlich, dass die Rangplätze vieler Industriesektoren in den verschiedenen Berechnungsszenarios zum Teil erheblich voneinander abweichen. So kommt es innerhalb der betrachteten Szenarios besonders in den Wirtschaftsabteilungen „Tabakverarbeitung“ (WZ 16; maximaler Rangtausch um 14 Rangplätze), „Textilgewerbe“ (WZ 17; maximaler Rangtausch um 11 Rangplätze) und „Ledergewerbe“ (WZ 19; maximaler Rangtausch um 12 Rangplätze) zu ausgeprägten maximalen Rangänderungen (alle BM_1).

Während das Ausmaß der Abweichungen bei Sektoren im mittleren und oberen Vulnerabilitätsbereich besonders ausgeprägt ist, sind die Abweichungen im Bereich geringerer Vulnerabilität eher niedrig. So beträgt beispielsweise die maximale Rangänderung bei den fünf Wirtschaftsabteilungen, für die im BASIS_I-Szenario die geringsten Vulnerabilitätswerte ermittelt wurden, nur drei Rangplätze.

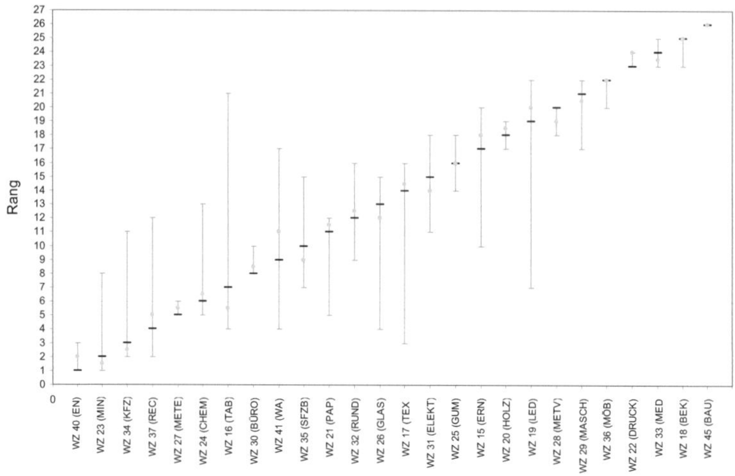

Abbildung 36: Rangordnung des sektorspezifischen Vulnerabilitätsindexes in den untersuchten Berechnungsszenarios (schwarz: BASIS_I-Szenario, grau: Median)

Betrachtet man die Verteilung aller untersuchten Berechnungsszenarios, so wird jedoch auch deutlich, dass die Abweichungen der verschiedenen Szenarios unterschiedlich stark ausgeprägt sind. Für die meisten Industriesektoren treten die größten Abweichungen zwischen BASIS-Szenario und dem BM_1-Szenario auf (Bezugsgröße V_s = BWS). Größere Abweichungen mehrerer Szenarios vom Referenzszenario treten nur bei sehr wenigen Wirtschaftsabteilungen auf (z. B. „Wasserversorgung“ (WZ 41 (WA)) und „Textilgewerbe “ (WZ 17 (TEX))). Die unterschiedlichen Abweichungen der verschiedenen Berechnungsszenarios wird auch bei der Darstellung der vulnerabelsten Wirtschaftsabteilungen (im BASIS_I-Szenario) über alle untersuchten Berechnungsszenarios ersichtlich (Abbildung 37)[10].

[10] Die Verbindungslinien zwischen den Rängen der verschiedenen Szenarios sollen hierbei nicht die Existenz von Zwischenwerten darstellen, sondern wurden aus Gründen der Übersichtlichkeit eingefügt, da hierdurch der Rangtausch zwischen den untersuchten Szenarios besser ersichtlich wird.

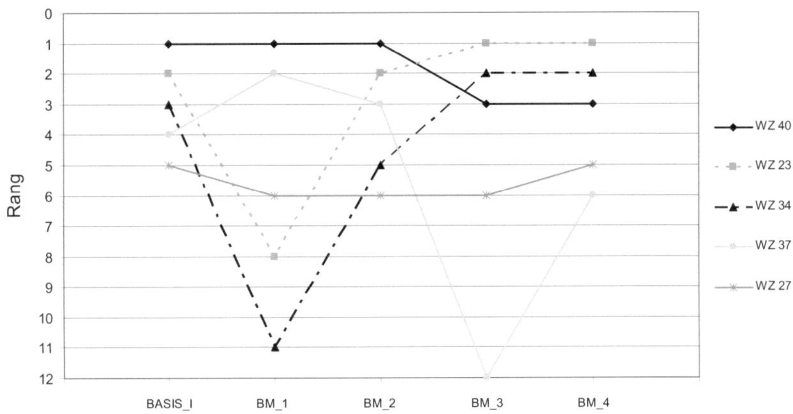

Abbildung 37: Rang der fünf Sektoren mit der höchsten Vulnerabilität im BASIS_I-Szenario für verschiedene Berechnungsszenarios

Bei Verwendung der Berechnungsmethoden BASIS_I, BM_4 und BM_2 bekommen dieselben Industriesektoren die höchsten Vulnerabilitäten zugewiesen, und es kommt nur innerhalb dieser „Spitzengruppe“ (Top 6) zu geringfügigen Änderungen des Rangplatzes. Während die Abweichungen, des Berechnungsszenarios BM_3 nur für die Wirtschaftsabteilung „Recycling“ (WZ 37) stärker ausgeprägt, ist kommt es bei einer Berechnung der *Spezifischen Indikatoren* ausschließlich über die Bruttowertschöpfung (BM_1) für nahezu alle Industriesektoren mit hoher Vulnerabilität im Referenzszenario zu beträchtlichen Rangänderungen.

Diese Ergebnisse spiegeln sich auch in den statistischen Kenngrößen (Tabelle 30) wider. Während die Berechnungsszenarios BASIS_I, BM_2 und BM_3 mit Spearman-Korrelationskoeffizienten >0,94 und mittleren Rangtauschkoeffizienten von 1 bzw. 2 im Vergleich zum BASIS_I-Szenario relativ robuste Ergebnissen liefern, weichen die im Szenario BM_1 bestimmten Vulnerabilitätswerte stärker von denen des Basisszenarios ab (vgl. Tabelle 30).

Die Ergebnisse der Sensitivitätsanalyse verdeutlichen, dass die Auswahl der Berechnungsmethode zur Bestimmung der *Spezifischen Indikatoren* die Ergebnisse beträchtlich beeinflussen kann. Insgesamt sind die Abweichungen zwischen den verschiedenen Berechnungsszenarios mit einem über alle Szenarios gemittelten mittleren Rangtauschkoeffizienten von 2,3 und einem gemittelten Rangkorrelationskoeffizienten von 0,82 eher gering, was die grundlegende Robustheit des entwickelten Indikatorenmodells verdeutlicht. Die stärker ausgeprägte Abweichung des Berechnungsszenarios BM_1, besonders von den Szenarios BM_3 und BM_4, verdeutlicht, dass es, wie in Kapitel 6.2 erläutert, unter inhaltlichen Aspekten sinnvoll ist, sowohl die Bruttowertschöpfung als auch die Zahl der Beschäftigten und die Anzahl der Betriebe eines Industriesektors bei der Bestimmung der größenspezifischen Indikatorenwerte einzusetzen.

Tabelle 30: Korrelationskoeffizienten nach Spearman r_s und mittlere Rangtauschkoeffizienten $\bar{R}_s$ der Berechnungsszenarios im Vergleich zum Szenario BASIS_I

Quantifizierungsszenario	Korrelationskoeffizient nach Spearman r_s	Mittlerer Rangtauschkoeffizient $\bar{R}$
BM_1	0,71	4,0
BM_2	0,98	2,0
BM_3	0,94	1,0
BM_4	0,95	2,0

6.6.2 Variation der Gewichtungsfaktoren

Um die Sensitivität der Modellergebnisse bezüglich der mit der Festlegung der Indikatorengewichte verbundenen Unsicherheiten zu ermitteln, wurden im Rahmen der Sensitivitätsanalyse drei Gewichtungsszenarios analysiert (Tabelle 31). Die Gewichtungsfaktoren wurden ebenfalls manuell und auf Basis inhaltlicher Aspekte variiert (Tabelle 31).

So wurden im Gewichtungsszenario GW_1 die statistischen Gewichtungsfaktoren w_i^{Stat}, die auf Basis der Faktorenanalyse ermittelt wurden, zur Vulnerabilitätsanalyse eingesetzt. Während bei diesem Szenario statistische Abhängigkeiten über die Indikatorengewichtung korrigiert werden, werden in den Gewichtungsszenarios GW_ 2 und GW_3 weder statistische noch kausale Abhängigkeiten berücksichtigt. In diesen Gewichtungsszenarios wird über die Gewichtung ausschließlich die Bedeutung der einzelnen Indikatoren abgebildet. Im Gewichtungsszenario GW_2 werden wie schon im Referenzszenario die verschiedenen Vulnerabilitätsdimensionen gleich gewichtet. Im Gewichtungsszenario GW_3 findet hingegen eine Gleichgewichtung der einzelnen Indikatoren statt. Die Indikatorengewichte aller untersuchten Gewichtungsszenarios sind in Anhang B.9 zusammengefasst. In allen drei Gewichtungsszenarios wurden die weiteren Modellparamter und -konfigurationen analog zu denen des Referenzszenarios BASIS_I gewählt.

Tabelle 31: Analysierte Gewichtungsszenarios

Gewichtungsszenario	Indikatorengewichtung
BASIS_I	$w_i = w_i^{Imp} * w_i^{Dep}$
	w_i^{Imp} : Gleichgewichtung der Vulnerabilitätsdimensionen
	w_i^{Dep} : Berücksichtigung der kausalen Abhängigkeiten
GW_1	$w_i = w_i^{Stat}$
	w_i^{Stat} : Berücksichtigung der statistischen Abhängigkeiten
GW_2	$w_i = w_i^{Imp}$
	w_i^{Imp} : Dimensionen gleich gewichtet
GW_3	$w_i = w_i^{Imp}$
	w_i^{Imp} : Indikatoren gleich gewichtet

Verglichen mit den analysierten Berechnungsszenarios führen die drei untersuchten Gewichtungsszenarios zu wesentlich geringeren Abweichungen der Vulnerabilitätswerte von den Referenzwerten und liegen mit mittleren Abweichungen von drei Rangplätzen im moderaten Bereich (Abbildung 38). Die Abweichung ist in den verschiedenen Wirtschaftsabteilungen sehr unterschiedlich. Beispielsweise führt die Variation der Gewichtungsfaktoren in der Wirtschaftsabteilung „Wasserversorgung" (WZ 41 (WA)) zu einer maximalen Rangänderung von 15 Rangplätzen, in den Wirtschaftsabteilungen „Glasgewerbe, Herstellung von Keramik und Verarbeitung von Steinen" (WZ 26 (GLAS)) und „Herstellung von Büromaschinen und DV-Geräten" (WZ 30 (BÜRO)) von 6 Rangplätzen sowie in der Wirtschaftsabteilung „Energieversorgung" (WZ 40 (EN)) von 5 Rangplätzen. In allen anderen Wirtschaftsabteilungen kommt es hingegen für alle Gewichtungsszenarios lediglich zu einem maximalen Rangtausch zwischen 0 und 3 Plätzen. Die verhältnismäßig stark ausgeprägte Abweichung der Szenarios GW_1 und GW_3 in der Wirtschaftsabteilung „Wasserversorgung" (WZ 41) kann vermutlich dadurch erklärt werden, das sich dieser Sektor durch eine sehr hohe Anlagenabhängigkeit auszeichnet. Die Vulnerabilitätsdimension wird im Indikatorenmodell lediglich über einen einzelnen Indikator (*spezifisches Anlagenvermögen*) abgebildet, so dass bei starker Ausprägung diese Indikators die Reduzierung des Indikatorengewichts in den Gewichtungsszenarios GW_1 und GW_3 einen starken Einfluss auf die Gesamtvulnerabilität dieses Industriesektors hat.

In Abbildung 38 wird deutlich, dass größere Abweichungen im Rangplatz nur in einzelnen Gewichtungsszenarios auftreten. Während das Gewichtungsszenario GW_2 Vulnerabilitätswerte mit nur geringen Abweichungen zum Referenzszenario liefert, kommt es bei einer Gleichgewichtung aller Indikatoren und ohne Berücksichtigung der Indikatorabhängigkeiten (GW_3) zu den stärksten Abweichungen von der Rangordnung des Basisindexes.

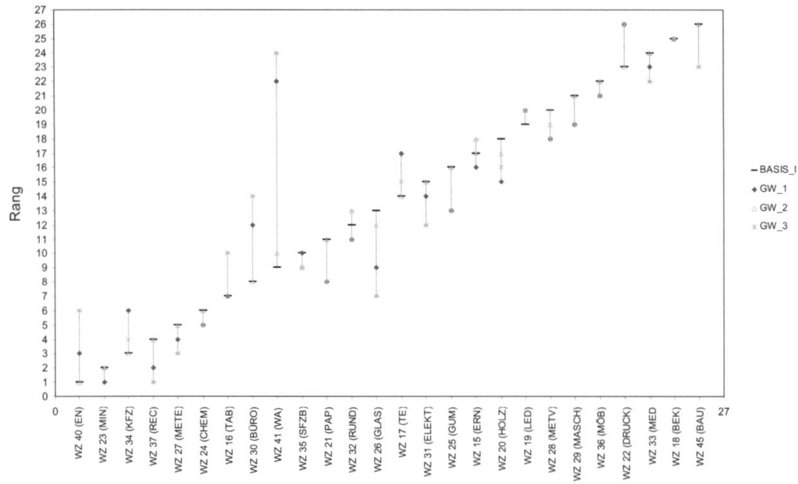

Abbildung 38: Rangordnung der sektorspezifischen Vulnerabilitätsindizes der Gewichtungsszenarios GW_1, GW_2, GW_3 und des Referenzszenarios (BASIS_I)

Dies spiegeln auch die in Tabelle 32 dargestellten Spearman-Korrelationskoeffizienten r_s und die mittleren Rangtauschkoeffizienten $\bar{R}$ wider. Mit Spearman-Korrelationskoeffizienten von $r_s = 0{,}9$ bzw. $r_s = 0{,}99$ und mittleren Rangtauschkoeffizienten von $\bar{R} = 0{,}31$ bzw. $\bar{R} = 1{,}92$ liefern die Gewichtungsszenarios GW_1 und GW_2 im Vergleich zum Referenzszenario BASIS_I relativ robuste Vulnerabilitätswerte. Beim Gewichtungsszenario GW_3 deuten hingegen der etwas geringere Spearman-Koeffizient ($r_s = 0{,}86$) und ein mittlerer Rangtauschkoeffizient von $\bar{R} = 2{,}3$ auf etwas stärkere Abweichungen in der Rangfolge der Wirtschaftsabteilungen hin, die aber ebenfalls noch im moderaten Bereich liegen.

Insgesamt verdeutlichen diese statistischen Kennzahlen, dass die Variation der Gewichtungsszenarios zwar für einige der untersuchten Wirtschaftsabteilungen den Vulnerabilitätsindex stark beeinflussen kann, die Ergebnisse des entwickelten Indikatorenmodells aber insgesamt relativ robust sind ($r_s = 0{,}92$; $\bar{R}_s = 1{,}5$) (Tabelle 34).

Tabelle 32: Korrelationskoeffizienten nach Spearman r_s und mittlere Rangtauschkoeffizienten $\bar{R}_s$ der Gewichtungsszenarios im Vergleich zum Szenario BASIS_I

Sensitivitätsanalyse	Korrelationskoeffizient nach Spearman r_s	Mittlerer Rangtauschkoeffizient $\bar{R}_s$
GW_1	0,90	1,92
GW_2	0,99	0,31
GW_3	0,86	2,31

Die Robustheit spiegelt sich auch im Ranking der Industriesektoren mit hoher Vulnerabilität (im BASIS_I-Szenario) wider. Diese Industriesektoren sind in allen drei Gewichtungsszenarios in der „Spitzengruppe" der 6 Wirtschaftsabteilungen mit der höchsten Vulnerabilität zu finden.

6.6.3 Variation der Vulnerabilitätswertfunktionen

Neben der Festlegung von Gewichtungsfaktoren stellt in hierarchischen Indikatorenmodellen vor allem die Auswahl der Vulnerabilitätswertfunktionen eine weitere Quelle von Parameterunsicherheiten dar (vgl. Kap. 5.2). Um die Auswirkung der Variation der Vulnerabilitätswertfunktionen zu analysieren, wurde daher für ein zusätzliches Szenario mit exponentiellen Vulnerabilitätswertfunktionen (VF_1) die indikatorenbasierte Vulnerabilitätsanalyse durchgeführt und mit dem Referenzszenario BASIS_I verglichen.

Zur Entwicklung des Szenarios VF_1 wurde im Rahmen eines moderierten CEDIM-Workshops für alle Indikatoren die Form der Vulnerabilitätswertfunktionen von 5 Experten festgelegt. Für einige der Indikatoren (SP, EVE, EVW, EA, WA, TAE, LVI) wurden lineare Vulnerabilitätswertfunktionen beibehalten, die einen Spezialfall der exponentiellen Vulnerabilitätswertfunktion darstellen ($\rho \to \pm\infty$). Für alle anderen Indikatoren wurden exponentielle Vulnerabilitätswertfunktionen der Form

$$\text{Für } \rho \neq \pm\infty: \; v_i(m_i(s_j)) = \frac{1-\exp\left(-\Delta m_i(s_j)/\rho_i\right)}{1-\exp\left(-\dfrac{m_i^{\max}(s_j)-m_i^{\min}(s_j)}{\rho_i}\right)} \qquad [62]$$

für $\rho \rightarrow \pm\infty$ konvergiert diese Funktion gegen die Grenzfunktion:

$$v_i(m_i(s_j)) = \frac{\Delta m_i(s_j)}{m_i^{\max}(s_j) - m_i^{\min}(s_j)} \qquad [63]$$

mit

$$\Delta m_i(s_j) = \begin{cases} m_i(s_j) - m_i^{\min}(s_j) & \text{für ansteigende Vulnerabilitätswertfunktionen} \\ m_i^{\max}(s_j) - m_i(s_j) & \text{für abnehmende Vulnerabilitätswertfunktionen} \end{cases}$$

festgelegt (vgl. Kap. 4.5). Die von den Experten zugewiesenen Krümmungsparameter ρ und weitere Eigenschaften der gewählten Vulnerabilitätswertfunktionen sind in Tabelle 33 dargestellt (Vulnerabilitätswerte vgl. Anhang B.10). Weitere Modellparameter und -konfigurationen (z. B. Berechnungsmethoden der *Spezifischen Indikatoren*, Indikatorengewichtung, Aggregationsmethode) wurden im Szenario VF_1 analog zu denen des Referenzszenarios gewählt.

Tabelle 33: Parameter der eingesetzten Vulnerabilitätswertfunktionen

Indikator	**Indikatorentyp**	**Steigung der Vulnerabilitätswertfunktion**	**Krümmungsparameter ρ**
I_1 (AV)	Fragilitätsindikator	steigend	-1
I_2 (PI)	Fragilitätsindikator	steigend	-1
I_4 (EV)	Fragilitätsindikator	steigend	-1
I_7 (WV)	Fragilitätsindikator	steigend	-1
I_{11} (TAS)	Fragilitätsindikator	steigend	1
I_{13} (MK)	Fragilitätsindikator	steigend	-1
I_{14} (FIL)	Resilienzindikator	fallend	-1
I_{16} (NVI)	Fragilitätsindikator	steigend	1
I_{17} (KN)	Resilienzindikator	fallend	-1

Wie in der vergleichenden Darstellung der Vulnerabilitätswerte des BASIS_I-Szenarios und des VF_1-Szenarios ersichtlich wird, führt die Verwendung von exponentiellen Vulnerabilitätswertfunktionen bei allen untersuchten Industriesektoren zu einer Verringerung der Vulnerabilitätswerte (Abbildung 39). Die Rangfolge der acht Industriesektoren mit der höchsten relativen Vulnerabilität wird durch die Variation der Vulnerabilitätswertfunktionen jedoch nicht verändert, und es kommt erst bei der auf Rang 9 liegenden Wirtschaftsabteilung WZ 41 (WA) zu einer Änderung des Rangplatzes. Der Beitrag der einzelnen Vulnerabilitätsdimensionen verändert sich bei einer Variation der Vulnerabilitätswertfunktionen sowohl in den verschiedenen Wirtschaftsabteilungen als auch für die betrachteten Dimensionen unterschiedlich stark. Während der Beitrag der Personalabhängigkeit generell nahezu gleichbleibend ist, nimmt in einigen der Industriesektoren der Anteil der *Infrastruktur-* und der *Supply Chain Abhängigkeit* bei Verwendung der im Szenario VF_1 gewählten Vulnerabilitätswertfunktionen zu. Der Anteil der Anlagenabhängigkeit an der Gesamtvulnerabilität nimmt in den meisten Wirtschaftsabteilungen hingegen leicht ab.

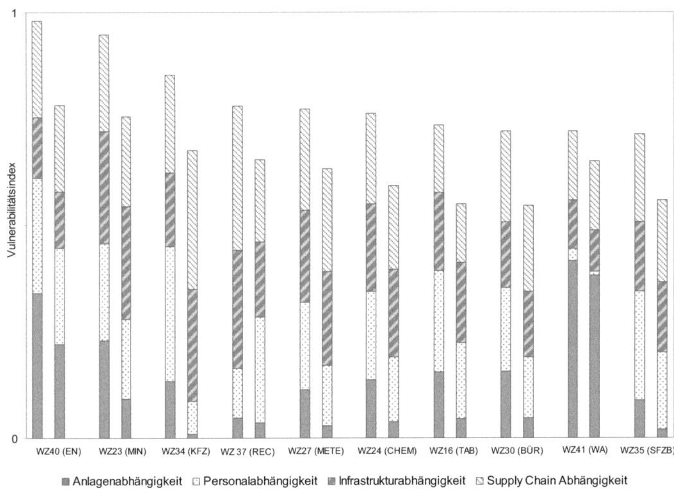

Abbildung 39: Sektorspezifische Vulnerabilitätsindizes der Sektoren mit der höchsten Vulnerabilität – Vergleich von Szenarios mit verschiedenen Vulnerabilitätswertfunktionen (Szenario links: „BASIS_I", Szenario rechts: „VF_1")

In Abbildung 40 sind sowohl die Rangordnung des BASIS_I-Szenarios als auch die des VF_1-Szenarios dargestellt. Neben der bereits erwähnten gleichbleibenden Rangordnung im oberen Vulnerabilitätsbereich wird deutlich, dass die Abweichung der beiden Szenarios voneinander insgesamt moderat ist (maximale Abweichung von 4 Rangplätzen) und die Abweichungen, wie erwartet, besonders im mittleren aber auch im unteren Vulnerabilitätsbereich auftreten[11].

Die statistischen Kennzahlen des VF_1-Szenarios verdeutlichen diese Erkenntnisse bezüglich der Robustheit der Modellergebnisse hinsichtlich der Variation der Vulnerabilitätswertfunktionen zusätzlich. So beträgt der Spearman-

[11] Die Verbindungslinien zwischen den Rängen der verschiedenen Szenarios sollen hierbei nicht die Existenz von Zwischenwerten darstellen, sondern wurden aus Gründen der Übersichtlichkeit eingefügt, da hierdurch der Rangtausch zwischen den untersuchten Szenarios besser ersichtlich wird.

Korrelationskoeffizient $r_s = 0{,}96$, und es tritt ein mittlerer Rangtausch aller Industriesektoren von knapp zwei Rangplätzen ($\bar{R}_s = 1{,}9$) auf.

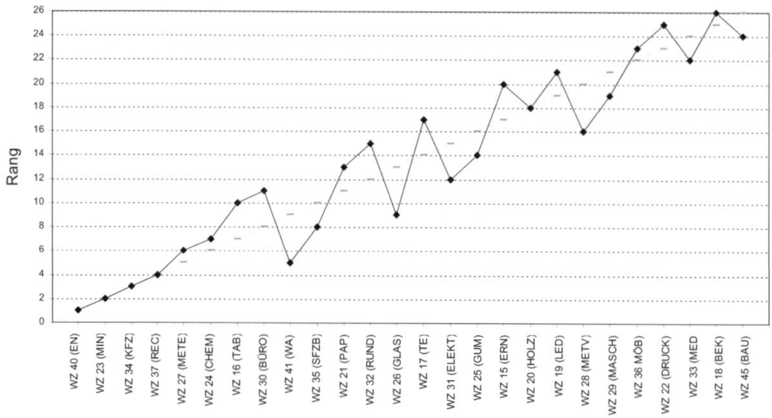

Abbildung 40: Rangordnung der sektorspezifischen Vulnerabilität der Wirtschaftsabteilungen für Szenarios mit verschiedenen Vulnerabilitätswertfunktionen (graues Szenario: „BASIS_I", schwarzes Szenario: „VF_1")

6.6.4 Variation der Aggregationsmethode

Da mit der Wahl der Aggregationsmethode Modellunsicherheiten verbunden sein können, wurde abschließend ein Szenario mit variierter Aggregationsmethode untersucht. Im Szenario AG_1 wurde die multiplikative Aggregationsmethode, wie in Kapitel, 4.4.3 beschrieben, gewählt.

Die Analyse zeigt, dass die Wahl der Aggregationsmethode entscheidenden Einfluss auf die Ergebnisse der Vulnerabilitätsanalyse hat. Die Auswirkungen auf den Vulnerabilitätsindex sind in den verschiedenen Industriesektoren allerdings unterschiedlich stark ausgeprägt. Insgesamt bewegen sich die Abweichungen des Szenarios AG_1 vom Referenzszenario mit einem Spearman-Korrelationskoeffizienten von $r_S = 0{,}86$ und einem mittleren Rangtauschkoeffizienten von $\bar{R}_s = 2{,}2$ jedoch insgesamt noch im moderaten Bereich. Wie in Abbildung 41 deutlich wird, sind die Abweichungen im Bereich mittlerer und geringer Vulnerabilität weniger stark ausgeprägt und es treten hier maximale Differenzen zwischen der den beiden Szenarios von 0 bis 4 Rangplätzen auf [12].

[12] Die Verbindungslinien zwischen den Rängen der verschiedenen Szenarios stellen hierbei keinen zeitlichen Verlauf dar, sondern wurden aus Gründen der Übersichtlichkeit eingefügt, da hierdurch der Rangtausch zwischen den untersuchten Szenarios besser ersichtlich wird.

Im Bereich höherer Vulnerabilität (Rangplätze 1-11) kommt es bei einigen der untersuchten Wirtschaftsabteilungen hingegen zu stärkeren Abweichungen. So beträgt beispielsweise die Abweichung des AG_1_Szenarios für die Wirtschaftsabteilung „Wasserversorgung (WZ 41 (WA))" 14 Rangplätze für die Wirtschaftsabteilung „Recycling (WZ 37 (REC))" sieben Ranglätze und für das „Papiergewerbe (WZ 22 (PAP))" fünf Rangplätze.

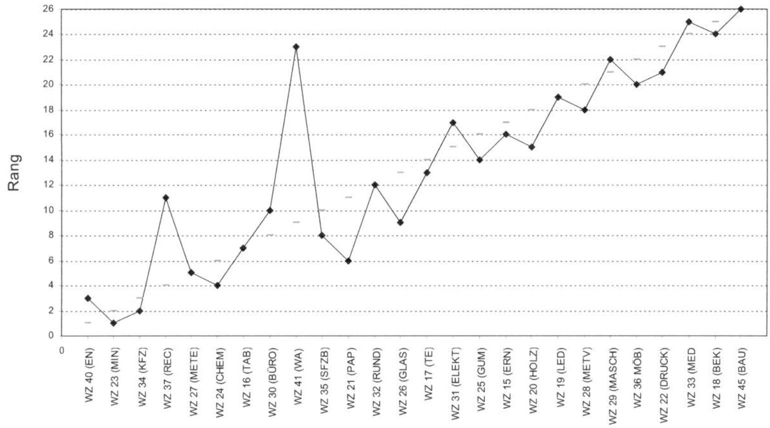

Abbildung 41: Rangordnung der sektorspezifischen Vulnerabilitätsindizes für Szenarios mit verschiedenen Aggregationsmethoden (graues Szenario: „BASIS_1", schwarzes Szenario: „AG_1")

Die verhältnismäßig große Abweichung des AG_1_Szenarios bei der Wirtschaftsabteilung „Wasserversorgung (WZ 41 (WA))" verdeutlicht, dass beim Einsatz der multiplikativen Aggregationsmethode stark ausgebildete Fragilitätsfaktoren stärker kompensiert werden. Dies führt bei der „Wasserversorgung" beispielsweise dazu, dass die hohe Anlagenabhängigkeit dieses Sektors weniger ins Gewicht fällt und so die Gesamtvulnerabilität im Vergleich zum Referenzszenario deutlich reduziert wird.

Da für das beschriebene Anwendungsbeispiel bei Variation der Aggregationsmethode besonders im Bereich der hohen Vulnerabilität die Ergebnisse des Indikatorenmodells vergleichsweise unrobust sind, zeigt die durchgeführte Sensitivitätsanalyse, dass trotz der insgesamt recht moderaten Abweichung von der Rangordnung des Referenzszenarios die Wahl der Aggregationsmethode entscheidenden Einfluss auf die Ergebnisse der indikatorbasierten Vulnerabilitätsanalyse haben kann und diese daher sehr sorgsam ausgewählt werden muss.

6.6.5 Vergleichende Betrachtung der durchgeführten Sensitivitätsanalysen

Im Rahmen der vorgestellten Sensitivitätsanalyse wurden 13 verschiedene Indikatorenszenarios mit variierenden Eingangsparametern (Gewichtungsfaktoren, Vulnerabilitätswertfunktionen) bzw. unterschiedlichen methodischen Ansätzen (Berechnungsmethode *Spezifischer Indikatoren*, Aggregationsmethode) analysiert. Zusammenfassend sind in Tabelle 34 für alle durchgeführten Sensitivitätsanalysen die über die jeweiligen Szenarios gemittelten Spearman-Korrelations- und Rangtauschkoeffizienten dargestellt. Diese und die zuvor beschriebenen Ergebnisse der Sensitivitätsanalysen verdeutlichen, dass sich die Abweichungen der Indikatorenszenarios vom Referenzszenario im moderaten Bereich bewegen. Dies zeigt, dass die mit dem hierarchischen Indikatorenmodell verbundenen Unsicherheiten zwar einen nicht zu vernachlässigenden Einfluss auf die Vulnerabilitätswerte der Industriesektoren haben, die Ergebnisse im Mittel aber dennoch relativ robust sind.

Tabelle 34: Korrelationskoeffizienten nach Spearman r_s *und mittlere Rangtauschkoeffizienten* $\bar{R}_s$ *aller analysierten Indikatorenszenarios*

Sensitivitätsanalyse	**Korrelationskoeffizient nach Spearman r_s (gemittelt über alle Szenarios)**	**Mittlerer Rangtauschkoeffizient $\bar{R}$ (gemittelt über alle Szenarios)**	**Anzahl der untersuchten Szenarios**
Variation der Berechnungsmethode	0,82	2,3	4
Variation der Indikatorengewichtung	0,92	1,5	3
Variation der Vulnerabilitätswert-funktionen	0,96	1,9	1
Variation der Aggregationsmethode	0,89	2,2	1

Die statistischen Kennzahlen zur Beschreibung der Varianz der verschiedenen Szenarios zeigen, dass im vorgestellten Anwendungsbeispiel insbesondere der Einfluss von Modellunsicherheiten (Auswahl der Berechnungs- und Aggregationsmethode) eine wichtige Rolle für die indikatorenbasierte Vulnerabilitätsanalyse spielt. Die Auswirkung der Parameterunsicherheiten (Indikatorengewichtung, Vulnerabilitätswertfunktionen) auf die Modellergebnisse ist hingegen für die untersuchten Szenarios geringer ausgeprägt. Da die verschiedenen Modellparameter und -konfigurationen getrennt voneinander variiert wurden und das Ausmaß der Variation der verschiedenen Eingangsparameter nur schwer miteinander verglichen werden kann, ist ein direkter Vergleich der verschiedenen Sensitivitätsanalysen jedoch nicht möglich.

Welche Implikationen sich aus den Ergebnissen der Sensitivitätsanalysen für den Einsatz des entwickelten Indikatorenmodells zur Vulnerabilitätsanalyse im industriellen Risikomanagement ergeben, wird in Kapitel 6.8 diskutiert. Im Nachfolgenden wird erläutert, wie der über das Indikatorenmodell ermittelte sektorspezifische Vulnerabilitätsindex (Basisindex) zur Bestimmung der industriellen Vulnerabilität auf räumlicher Ebene eingesetzt und regionalisiert werden kann.

6.7 Regionalisierung der sektorspezifischen Vulnerabilitätswerte

Zur Bewältigung von Naturrisiken in der industriellen Produktion müssen aufgrund der ökonomischen Verflechtung, der komplexen Interdependenzen und der gesamtgesellschaftlichen Bedeutung der Industrie Risikopräventions- und Risikominderungsmaßnahmen auch auf administrativer Ebene implementiert werden (Webb et al., 1999). Für Entscheidungen über potenzielle Maßnahmen ist hierbei die Kenntnis der regionalen industriellen Vulnerabilität als intrinsische Seite des Risikos eine entscheidende Voraussetzung (Tierney und Nigg, 1995).

Um über das entwickelte hierarchische Indikatorenmodell Informationen zur räumlichen Vulnerabilität zu generieren, müssen die sektorspezifischen Vulnerabilitäten auf die räumliche Ebene übertragen werden. Im Folgenden wird hierzu eine Regionalisierungsmethode entwickelt und vorgestellt. Diese wird anschließend zur Vulnerabilitätsanalyse in Baden-Württemberg eingesetzt und so, basierend auf den sektorspezifischen Vulnerabilitätsergebnissen des Anwendungsbeispiels, die industrielle Vulnerabilität auf Landkreisebene ermittelt.

6.7.1 Methodische Vorgehensweise bei der Regionalisierung

Wie in Kapitel 2.2 erläutert stellt die industrielle Vulnerabilität V_j einer Region j eine komplexe Funktion der industriellen Fragilität, der industriellen Resilienz und der industriellen Exposition in der Region j dar:

$$V_j = f\,(\text{industrielle Fragilität, industrielle Resilienz, industrielle Exposition})$$

Sowohl die industrielle Fragilität als auch die industrielle Resilienz einer Region hängen von der industriellen Struktur der betrachteten Region (Anteil der verschiedenen Industriesektoren an der gesamten Industrie einer Region) und den sektorspezifischen Eigenschaften der in der Region angesiedelten Industrieunternehmen ab. Die Exposition stellt neben der industriellen Struktur die zweite räumliche Komponente der regionalen Vulnerabilität dar und umfasst die Anzahl der in einer Region exponierten Elemente bzw. die Industriedichte einer Region (Hodgson und Cutter, 2001).

Im Rahmen der Ermittlung der räumlichen industriellen Vulnerabilität ist es daher notwendig, die industrielle Struktur der Region mit der sektorspezifischen Vulnerabilität und einer Operationalisierung der Exposition zu verknüpfen (van der Veen und Logtmeijer, 2005):

V_j = f (Industriestruktur, sektorspezifische Vulnerabilität, räumliche Verteilung der Industrie)

Neben diesen industriespezifischen Eigenschaften kann die regionale industrielle Vulnerabilität von weiteren regionalen Charakteristika (z. B. Baunormen, räumliche Eigenschaften, Vorbereitungsgrad der Bevölkerungsgrad) beeinflusst werden. Da diese Einflussparameter jedoch von allgemeiner bzw. untergeordneter Bedeutung sind, werden diese im Rahmen der regionalen Vulnerabilitätsanalyse ausgeklammert und lediglich die genannten industriespezifischen Vulnerabilitätsfaktoren berücksichtigt.

Das entwickelte hierarchische Indikatorenmodell ermöglicht, wie in den vorangehenden Punkten erläutert, die Bestimmung der **sektorspezifischen Vulnerabilität SSV_j** unter der Berücksichtigung von Fragilitäts- und Anfälligkeitsfaktoren. Die sektorspezifische Vulnerabilität kann über die **industrielle Struktur** IS_j regionalisiert und so die **strukturelle Vulnerabilität** (industrielle Fragilität und Resilienz) SV_j einer Region j bestimmt werden:

$$SV_j = SSV_j * IS_j \qquad [64]$$

In der im Anwendungsbeispiel durchgeführten Regionalisierung wird die **industrielle Struktur** IS_j über die sektorspezifische Bruttowertschöpfung $BWS_{i,j}$ der verschiedenen Industriesektoren i in einer Region j und die gesamte Bruttowertschöpfung aller Sektoren des produzierenden Gewerbes (BWS_j) bestimmt und mit den sektorspezifischen Vulnerabilitätswerten SSV_i aller in der Region vorhandener Industriesektoren verknüpft:

$$SV_j = \sum_{i=1}^{n} SSV_i * \frac{BWS_{ij}}{BWS_j}$$

mit

SV_j = Strukturelle Vulnerabilität Region j [65]

SSV_i = Sektorpezifischer Vulnerabilitätsindex Sektor i

BWS_{ij} = Bruttowertschöpfung Sektor i in der Region j

BWS_j = Bruttowertschöpfung aller Sektoren in der Region j

Da die sektorspezifische Bruttowertschöpfung $BWS_{i,j}$ auf Landkreisebene nicht direkt erhoben wird, wird diese im Anwendungsbeispiel über die sektorspezifischen Beschäftigtenzahlen $BS_{i,j}$ auf Landkreisebene (Statistisches Landesamt Baden-Württemberg, 2006b) und die sektorspezifische Bruttowertschöpfung $BWS_{i,l}$ auf Bundeslandesebene (Statistisches Landesamt Baden-Württemberg, 2006a) abgeschätzt:

$$BWS_{i,j} = \left(\frac{BS_{i,j}}{BS_{i,l}} \right) * BWS_{i,l}$$

mit

$BWS_{i,j}$ = Bruttowertschöpfung des Sektors i in der Region j [66]

BS_j = Beschäftigte im Sektor i in der Region j

$BS_{i,l}$ = Beschäftigte im Sektor i im Bundesland l

$BWS_{i,l}$ = Bruttowertschöpfung im Sektor i im Bundesland Land l

Dieser Vorgehensweise liegt jedoch die Annahme zu Grunde, dass innerhalb eines Industriesektors das Verhältnis der Beschäftigten zur Bruttowertschöpfung stets gleich ist. Da für Deutschland derzeit jedoch keine alternativen Datensätze zur Verfügung stehen, kann die Bestimmung der **industriellen Struktur** IS_j im beschriebenen Anwendungsbeispiel lediglich über diese Abschätzung erfolgen. Liegen jedoch genauere Daten zur räumlichen Verteilung der Industrieunternehmen vor (z. B. unternehmensgenau oder in räumlich disaggregierter Form) können diese problemlos als Alternativen eingesetzt werden.

Um im Rahmen der Regionalisierung die **Exposition E_j** als Teil der regionalen industriellen Vulnerabilität zu integrieren, wird zur Abbildung der räumlichen Verteilung der industriellen Produktion die Bruttowertschöpfung aller Industriesektoren im produzierenden Gewerbe BWS_j in einer Region j auf die Gebietsfläche GF_j der Region j bezogen:

$$E_j = \frac{BWS_j}{GF_j} \qquad [67]$$

Zur Verknüpfung der **Exposition** mit der **strukturellen regionalen Vulnerabilität SV_j** werden die beiden Komponenten entsprechend der Risikodefinition (vgl. Kap 2.1) multiplikativ zu einem **regionalen Vulnerabilitätswert V_j** der Region j zusammengefasst:

$$V_j = SV_j * E_j$$

mit

V_j = Regionale industrielle Vulnerabilität Region j [68]

SV_j = Strukturelle Vulnerabilität Region j

E_j = Industrielle Exposition Region j

6.7.2 Industrielle Vulnerabilität auf Landkreisebene in Baden-Württemberg

Über die beschriebene Regionalisierungsmethode wurde im Rahmen des Anwendungsbeispiels für Baden-Württemberg sowohl die strukturelle regionale Vulnerabilität SV_j als auch die industrielle Exposition E_j auf Landkreisebene bestimmt (vgl. Anhang B.11). Die ermittelten Werte wurden (vgl. Formeln [65] und [67]) mittels des Programms ArcGIS®[13] auf räumlicher Ebene abgebildet (Abbildung 42). Zur Verbesserung der Darstellbarkeit der regionalen Vulnerabilitätsfaktoren wurden diese auf Werte zwischen 0 und 1 normalisiert. Der Wert 1 steht hierbei für eine hohe strukturelle Vulnerabilität bzw. eine hohe industrielle Exposition:

$$(SV_j)_{norm} = \frac{SV_j - SV_{min}}{SV_{max} - SV_{min}} \qquad [69]$$

$$(E_j)_{norm} = \frac{E_j - E_{min}}{E_{max} - E_{min}} \qquad [70]$$

[13] ArcGIS 2009 der Firma ESRI (Environmental Systems Research Institute), Inc., Redlands, USA.

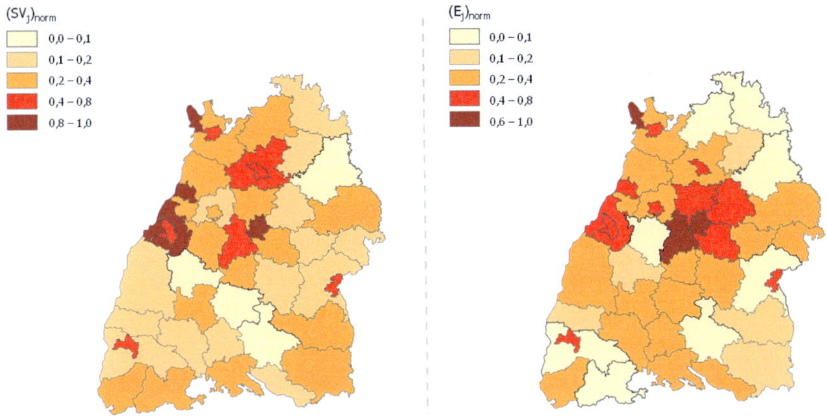

Abbildung 42: Strukturelle Vulnerabilität SV_j und Bruttowertschöpfung in der industriellen Produktion der Landkreise in Baden-Württemberg

Die Abbildung der strukturellen Vulnerabilität SV_j im linken Teil der Graphik stellt die Kombination der industriellen Fragilität und der industriellen Resilienz, die von der industriellen Struktur einer Regionen und der sektorspezifischen Vulnerabilität der angesiedelten Industrie beeinflusst wird, dar. Landkreise mit einer besonders vulnerablen Industriestruktur sind beispielsweise die kreisfreien Städte Stuttgart, Karlsruhe, Mannheim, Baden-Baden und Ulm sowie der Landkreis Rastatt. Regionen, in denen die Anfälligkeit der Industrie gegenüber indirekten Effekte vergleichsweise gering ist, sind beispielsweise die ländlich geprägten Landkreise Sigmaringen und Schwäbisch-Hall sowie der Zollernalbkreis.

Die industrielle Exposition E_j, die für das Land Baden-Württemberg über die Bruttowertschöpfung (BWS_j) des produzierenden Gewerbes pro Gebietsfläche GB_j erfasst wurde, ist im rechten Teil der Abbildung dargestellt. Hieraus wird ersichtlich, dass die Industriedichte in der Region um Stuttgart (z. B. in den Landkreisen Ludwigsburg, Esslingen und Böblingen) sowie am Oberrhein besonders hoch ist. Des Weiteren ist in den kreisfreien Städten Freiburg und Ulm die Bruttowertschöpfung im produzierenden Gewerbe bezogen auf die Fläche relativ hoch. Regionen, in denen die industrielle Exposition geringer ausgeprägt ist, sind beispielsweise die Landkreise im Nordosten Baden-Württembergs (Alb-Donau-Kreis, Schwäbisch Hall, Hohenlohekreis) sowie die Landkreise Breisgau-Hochschwarzwald und Sigmaringen.

Zur Bestimmung der regionalen industriellen Vulnerabilität wurden die strukturelle Vulnerabilität SV_j und Exposition E_j der Landkreise in Baden-Württemberg über den in Kapitel 6.7.1 beschriebenen multiplikativen Aggregationsschritt miteinander verknüpft (vgl. Anhang B.11). Zur Darstellung der regionalen Vulnerabilitätswerte V_j wurden diese auf Werte zwischen 0 und 1 normalisiert (vgl. Abbildung 43):

$$(V_j)_{norm} = \frac{V_j - V_{min}}{V_{max} - V_{min}} \qquad [71]$$

Die Vulnerabilität gegenüber indirekten Schäden in der Industrie ist in Regionen wie beispielsweise den kreisfreien Städten Stuttgart, Mannheim und Ulm, die sich sowohl durch eine hohe strukturelle Vulnerabilität SV_j als auch durch eine hohe Exposition auszeichnen besonders stark ausgeprägt. Zudem zeichnen sich besonders der Landkreis Rastatt und die kreisfreien Städte Baden-Baden und Karlsruhe durch eine hohe industrielle Vulnerabilität V_j aus. Während in diesen Regionen aufgrund der geringeren Industriedichte die Exposition nur schwach bis mäßig stark ausgeprägt ist, trägt hier wegen der Ansiedelung besonders vulnerabler Industriesektoren (z. B. Energieversorgung (E), Mineralölverarbeitung (DF), chemische Industrie (DG), Fahrzeugbau (DM)) besonders die strukturelle Vulnerabilität SV_j zur regionalen Vulnerabilität V_j bei.

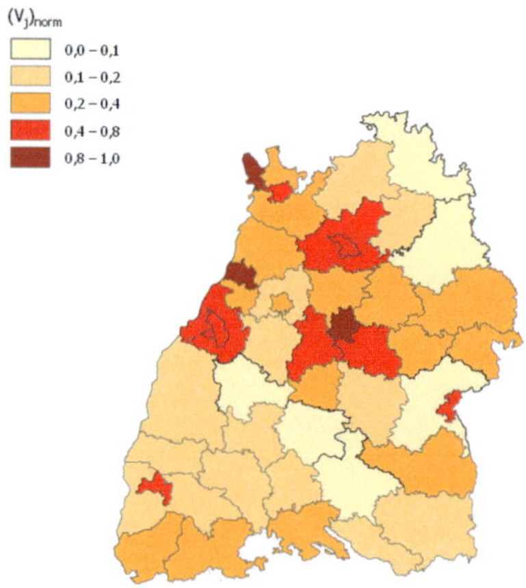

Abbildung 43:Regionale industrielle Vulnerabilität V_j der Landkreise in Baden-Württemberg

Der Beitrag der strukturellen Vulnerabilität SV_j zur regionalen Vulnerabilität V_j ist auch in einigen weniger vulnerablen Regionen verhältnismäßig groß. So bekommen beispielsweise die Landkreise Waldshut und Breisgau-Hochschwarzwald sowie der Neckar-Odenwaldkreis trotz einer geringen Industriedichte (<1150 €/km²) Vulnerabilitätswerte von 0,12 bis 0,23 zugewiesen. Im Gegensatz hierzu trägt in den Landkreisen Böblingen und Heilbronn besonders die stark ausgeprägte Exposition E_j zur regionalen Vulnerabilität V_j bei.

In Abbildung 44 ist für die Regionen mit der höchsten regionalen Vulnerabilität V_j die normierte strukturelle Vulnerabilität SV_j dargestellt. Die Balken verdeutlichen den jeweiligen Beitrag der sektorspezifischen Vulnerabilität SSV_i der in den Regionen angesiedelten Industriesektoren i. Sowohl in der Stadt Karlsruhe als auch in der Stadt Mannheim wird die strukturelle Vulnerabilität SV_j dadurch beeinflusst, dass die vulnerablen Industriesektoren Energieversorgung (E), Mineralölverarbeitung (DF) und chemische Industrie (DG) in diesen beiden Regionen in besonders großem Umfang angesiedelt sind. In den kreisfreien Städten Stuttgart und Heilbronn sowie im Landkreis Rastatt liefert die sektorspezifische Vulnerabilität des Wirtschaftsunterabschnitts Fahrzeugbau (DM) den jeweils größten Beitrag zur strukturellen Vulnerabilität SV_j. Sowohl in Baden-Baden als auch in Ulm trägt besonders der hohe Anteil der chemischen Industrie (DG), des Fahrzeugbaus (DM) und der Energieversorgung (E) sowie die stark ausgeprägte sektorspezifische Vulnerabilität dieser Sektoren zur strukturellen Vulnerabilität SV_j bei.

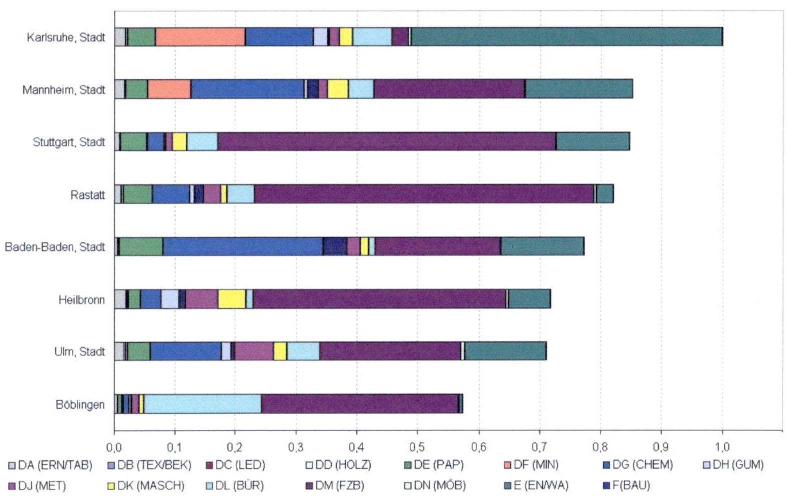

Abbildung 44: Strukturelle Vulnerabilität SV_j der Regionen mit den höchsten regionalen Vulnerabilitäten V_j

Eine solche kombinierte Betrachtung der strukturellen Vulnerabilität SV_j und der Beiträge der sektorspezifischen Vulnerabilität der verschiedenen Industriesektoren liefert im Gegensatz zur reinen Betrachtung der regionalen Vulnerabilitätswerte zusätzliche Informationen für die Entscheidungsunterstützung (vgl. Kap. 4.4.3).

6.8 Zusammenfassung und Diskussion des Anwendungsbeispiels

Im Anwendungsbeispiel wurde das entwickelte Indikatorenmodell zur Analyse der industriellen Vulnerabilität gegenüber indirekten Schäden bei Naturrisiken eingesetzt. Um indirekte Schäden (durch primäre und sekundäre Betriebsunterbrechungen) zu reduzieren, ist es aufgrund der immer komplexer werdenden Vernetzung der Industrieunternehmen und der zentralen gesellschaftlichen Bedeutung der industriellen Produktion notwendig, Risikopräventions- und Risikobewältigungsmaßnahmen auch auf übergeordneter Ebene zu implementieren (z. B. Behörden, Verbände) (Dastous et al., 2008). Zentrale Entscheidungen des Risikomanagements können hier beispielsweise die Verteilung von Ressourcen, die prioritäre Versorgung einzelner Bereiche sowie die Zuteilung von Finanzhilfen betreffen (Webb et al., 1999). Da bei externen Risiken das Ausmaß und die Intensität der Gefährdung meist gar nicht oder nur in sehr begrenztem Umfang beeinflusst werden können, stellt gerade auf räumlicher Ebene die Analyse und Reduzierung der Vulnerabilität einen wichtigen Bestandteil des Risikomanagements dar.

Im Anwendungsbeispiel wurde als Ausgangsbasis für die Bestimmung der räumlichen industriellen Vulnerabilität in einem ersten Schritt die Vulnerabilität verschiedener Industriesektoren untersucht. Die Ergebnisse des Anwendungsbeispiels veranschaulichen die transparente und prozessorientierte Vorgehensweise der entwickelten Methodik. Durch den zweistufigen Aufbau der Methodik ist es möglich, auch bei der räumlichen Vulnerabilitätsanalyse industriespezifische Vulnerabilitätsfaktoren und Wechselwirkungen zwischen verschiedenen Risikoarten zu berücksichtigen.

Aufgrund der Komplexität der industriellen Vulnerabilität ist es jedoch auch auf Ebene der Industriesektoren nicht möglich, *alle* Fragilitäts- und Resilienzfaktoren zu berücksichtigen. Um eine möglichst hohe Reproduzierbarkeit zu gewährleisten, wurden im Anwendungsbeispiel die ausgewählten Indikatoren über Daten der amtlichen Statistik bestimmt. Aufgrund der begrenzten Datenverfügbarkeit konnten einige der ausgewählten Indikatoren nicht direkt bestimmt werden, sondern mussten über die Kombination mehrere Informationen ermittelt werden. Diese zusätzlichen Berechnungsschritte sind mit verschiedensten Annahmen verbunden, wodurch die indikatorenbasierte Vulnerabilitätsanalyse mit weiteren Unsicherheiten behaftet sein kann. Ebenfalls aufgrund der begrenzten Datenverfügbarkeit konnten einige Vulnerabilitätsfaktoren im Anwendungsbeispiel gar nicht berücksichtigt werden, obwohl diese für die industrielle Vulnerabilität eine wichtige Rolle spielen. Beispielsweise wurde der Aspekt der Lagerhalterung im Rahmen des Anwendungsbeispiels nicht explizit berücksichtigt, obwohl dieser aufgrund der zunehmenden Verschlankung der Produktionssysteme (z. B. Outsourcing, JIT) die Anfälligkeit der Industrie gegenüber Supply Chain Unterbrechungen maßgeblich beeinflusst. Da jedoch davon ausgegangen werden kann, dass Industriesektoren mit einem hohen *Anteil firmeninterner Lieferungen* über größere Lagerkapazitäten als Industriesektoren mit geringer firmeninterner Weiterverarbeitung verfügen und dass bei hohen *spezifischen Materialkosten* meist geringere Lagerbestände vorgehalten werden, wurde im vorgestellten Anwendungsbeispiel der Lagehaltungsaspekt über diese Indikatoren zumindest in Teilen indirekt mit berücksichtigt.

Bei der Vulnerabilitätsanalyse über das entwickelte Indikatorenmodell wurden lediglich industriespezifische Vulnerabilitätsfaktoren berücksichtigt. Faktoren, die die Vulnerabilität auf übergeordneter Ebene beeinflussen und z. B. räumlich wirksam werden, wurden über die beschriebene Methodik nicht in die regionale Vulnerabilitätsanalyse integriert. Faktoren, die zwar die regionale industrielle Vulnerabilität beeinflussen aber nicht berücksichtigt wurden, sind beispielsweise die Art der wirtschaftlichen Verflechtung der Unternehmen einer Region (z. B. globale vs. lokale Wirtschaftsbeziehungen), der Zustand des regionalen Notfallmanagements (z. B. Risikobewusstsein der Mitarbeiter) oder aber auch die in einer Region gültigen rechtlichen Rahmenbedingungen (Gall, 2007; Rose und Lim, 2002; Dahlhammer und Tierney, 1996). Zudem können weitere Charakteristika der regionalen Wirtschaftsstruktur die regionale industrielle Fragilität oder Resilienz verstärken bzw. abschwächen. Beispielsweise kann man davon ausgehen, dass Regionen mit vielen großen Unternehmen weniger anfällig für ökonomische Schäden durch Betriebsunterbrechungen in der Industrie sind als Regionen, in denen hauptsächlich mittlere und kleine Unternehmen angesiedelt sind. Gründe hierfür sind die (meist) höhere organisatorische und finanzielle

Flexibilität sowie das ausgeprägtere Risikobewusstsein größer Unternehmen[14] (Yoshida und Deyle, 2005).

Alle in das Modell integrierten Indikatoren wurden als generische Vulnerabilitätsfaktoren zur Abbildung der Vulnerabilität gegenüber *verschiedenen* Arten von Naturgefahren (Hochwasser, Sturm, Erdbeben) ausgewählt. Dass die Vulnerabilität und damit auch die Fragilitäts- und Resilienzfaktoren teilweise auch von der Art der Gefährdung abhängen kann, wurde daher im Anwendungsbeispiel nicht explizit berücksichtigt (Bohle, 2001; Chambers, 1989). Da bei der Entstehung von indirekten Schäden unabhängig von der Art der ursprünglichen Gefährdung sehr ähnliche Mechanismen ablaufen (z. B. Unterbrechung von Materialströmen), sind bei der Betrachtung von indirekten Effekten gefährdungsspezifische Vulnerabilitätsfaktoren von geringerer Bedeutung, so dass auch über ein generisches Modell die zentralen Vulnerabilitätsfaktoren erfasst werden. Die Bedeutung der einzelnen Vulnerabilitätsfaktoren kann jedoch je nach Art der Gefährdung variieren (Schneiderbauer, 2007). Dies sollte beispielsweise über die Anpassung der Gewichtungsfaktoren an die jeweilige Art der Gefährdung bei der indikatorenbasierten Vulnerabilitätsanalyse berücksichtigt werden (Cutter et al., 2010a).

Die Ergebnisse zur sektorspezifischen Vulnerabilität im Anwendungsbeispiel zeigen, dass bei externen Risiken die Industriesektoren „Energieversorgung“ (WZ 40(EN)), „Kokereien, Mineralölverarbeitung etc.“ (WZ 23 (MIN)) und „Herstellung von Kraftwagen“ (WZ (34 (KZB)) besonders anfällig gegenüber Betriebsunterbrechungen sind. Eine Analyse der Beiträge der einzelnen Vulnerabilitätsdimensionen zur sektorspezifischen Vulnerabilität verdeutlicht, dass in vielen Industriesektoren besonders die Abhängigkeit von kritischen Infrastrukturen sowie die Abhängigkeit von Supply Chain Prozessen maßgeblich zur indirekten Schadensanfälligkeit beitragen. In einigen personalintensiven Branchen wie beispielsweise bei der „Herstellung von Kraftwagen“ (WZ (34 (KZB)) trägt jedoch auch die ausgeprägte Personalabhängigkeit entscheidend zur Fragilität dieser Sektoren bei. Während Vulnerabilitätsfaktoren, die die Supply Chain Abhängigkeit beeinflussen, meist nur auf Unternehmensebene verändert werden können, können Entscheidungen und Maßnahmen auf übergeordneter Ebene sowohl die Sicherheit von Infrastruktursystemen (z. B. über Kooperationen mit Betreibern kritischer Infrastrukturen) als auch die allgemeine Situation der Mit-

[14] Aktiengesellschaften sind beispielsweise durch das KONTRAG zur Umsetzung eines operativen Risikomanagements gesetzlich verpflichtet. Des Weiteren fallen beispielsweise Unternehmen, in denen Gefahrstoffe zum Einsatz kommen erst bei der Verarbeitung von festgelegten Mindestmengen unter die Störfallverordnung (12. Verordnung zur Durchführung des Bundes-Immissionsschutzgesetz)

arbeiter (z. B. durch Unterstützung im privaten Bereich, Vorhalten von Transportmöglichkeiten, Organisation der Versorgung etc.) entscheidend beeinflussen. Diese Ergebnisse unterstreichen, dass zur Begrenzung industrieller Schäden durch externe Risiken neben Maßnahmen auf Unternehmensebene gerade Risikomanagementprozesse auf übergeordneter Ebene (z. B. durch Behörden) von zentraler Bedeutung sind. Des Weiteren verdeutlicht die Relevanz dieser Vulnerabilitätsdimensionen den begrenzten Nutzen von herkömmlichen Betriebsunterbrechungsversicherungen zur Bewältigung externer Risikoeffekte. Über herkömmliche Betriebsunterbrechungsversicherungen werden lediglich Produktions-ausfälle, die durch Anlagenausfälle und Personalfehler verursacht werden, abgedeckt. Die Ergebnisse des Anwendungsbeispiels zeigen aber, dass in komplexen Produktionssystemen gerade bei externen Risiken Betriebsunterbrechungen häufig über andere Mechanismen (z. B. Supply Chain Unterbrechungen oder Infrastrukturausfälle) hervorgerufen werden.

Wie die statistischen Analysen der Indikatorenwerte des Anwendungsbeispiels zeigen, existieren zwischen den gewählten Indikatoren moderate statistische Abhängigkeiten, die im Wesentlichen zu einer leichten Überbewertung der *Infrastrukturabhängigkeit* führen können. Um neben den statistischen Abhängigkeiten auch kausale Wechselwirkungen zu berücksichtigen, wurde für das Anwendungsbeispiel eine dreistufige DEMATEL-Analyse durchgeführt. Die Integration der Ergebnisse über Gewichtungskorrekturfaktoren ermöglicht es, auch die indirekte Beeinflussung der einzelnen Indikatoren untereinander, die von Experten bei der Festlegung von Bedeutungsgewichten nicht vollständig erfasst werden können, bei der indikatorenbasierten Vulnerabilitätsanalyse zu berücksichtigen. Im Anwendungsbeispiel wurde daher besonders die Gewichtung der Indikatoren zur Abbildung der *Elektrizitäts-, Wasser- und Lieferabhängigkeit* reduziert, da diese gemäß der kausalen Abhängigkeitsanalyse die stärksten direkten und indirekten Wechselwirkungen mit den anderen Indikatoren des Modells aufweisen.

Zur Quantifizierung von Unsicherheiten wurden im Anwendungsbeispiel verschiedene Sensitivitätsanalysen für die indikatorenbasierte Ermittlung der sektorspezifischen Vulnerabilität durchgeführt. Wie die Ergebnisse der Sensitivitätsanalyse erkennen lassen, liefert das Indikatorenmodell besonders im Bereich hoher Vulnerabilitäten robuste Ergebnisse. Die analysierten Szenarios machen aber auch deutlich, dass Parameterunsicherheiten (z. B. Festlegung von Gewichtungsfaktoren) die Ergebnisse der Vulnerabilitätsanalyse in begrenztem Umfang beeinflussen und die Auswirkung von Modellunsicherheiten (z. B. durch die

Auswahl der Berechnungsmethoden für *Spezifische Indikatoren* und der Aggregationsmethode) auf die Ergebnisse stärker ausgeprägt ist. Aufgrund des Einflusses von Parameter- und Modellunsicherheiten ist es notwendig, die sektorspezifischen Ergebnisse des hierarchischen Indikatorenmodells in transparenter Form darzustellen. Zur Erhöhung der Transparenz sollten zudem Modellparameter wie Gewichtungsfaktoren oder Vulnerabilitätswertfunktionen über partizipatorische Methoden identifiziert werden, die den Entscheidungsträger im Risikomanagement direkt in die methodische Ausgestaltung des Indikatorenmodells einbeziehen. Hierdurch wird neben der Transparenz der Methodik auch das Verständnis für das Indikatorenmodell und die Auswirkung der verschiedenen Unsicherheiten erhöht (French und Niculae, 2005).

Für die Verwendung des Indikatorenmodells im Risikomanagement können besonders aus der Sensitivitätsanalyse bezüglich der Aggregationsmethode wichtige Rückschlüsse gezogen werden. Durch die Verwendung der multiplikativen Aggregationsmethode kommt es im Anwendungsbeispiel besonders im Bereich der mittleren und niedrigen Vulnerabilität zu Abweichungen vom Referenzszenario. Dies bestätigt, dass bei der linearen Aggregation die Kompensation zwischen den Indikatoren größer ist und hier stark ausgeprägte Fragilitätsindikatoren durch hohe Resilienzindikatoren (bzw. schwach ausgeprägte Fragilitätsindikatoren) ausgeglichen werden können (Zhou et al., 2010). Da Resilienzmechanismen und Redundanzen besonders bei kleineren Ereignissen oder in einer späteren Phase des Notfallmanagements wirksam werden (Rose, 2007; Webb et al., 2002; Tierney und Dahlhamer, 1997), zeigen die Ergebnisse, dass die Verwendung linearer Aggregation zur Bewertung der Vulnerabilität eher bei kleinräumigeren Ereignissen oder bei der Betrachtung von langfristigen Aspekten sinnvoll erscheint. Bei der Betrachtung der Vulnerabilität gegenüber extremen bzw. weiträumigen Ereignissen und zur Analyse kurzfristiger Vulnerabilitätsaspekte kann hingegen die Verwendung der multiplikativen Aggregation zur Zusammenfassung der Indikatoren zweckmäßig sein.

Im Anwendungsbeispiel wurden die sektorspezifischen Vulnerabilitäten mit der industriellen Struktur und der industriellen Exposition der Landkreise in Baden-Württemberg verknüpft und so die regionale industrielle Vulnerabilität gegenüber indirekten Schäden in relativer Form ermittelt. Im Risikomanagement auf übergeordneter Ebene ermöglicht die vergleichende Betrachtung verschiedener Landkreise hinsichtlich ihrer Gesamtvulnerabilität eine erste Priorisierung der Regionen hinsichtlich des indirekten industriellen Schadenspotenzials. Ausgehend hiervon können vor allem allgemeine Entscheidungen des Risiko- und Krisenmanagements getroffen werden. Die Analyse der regionalen Gesamtvulnerabilität kann so beispielsweise dazu dienen, besonders vulnerable Regionen zu identifizieren und in diesen vertiefende oder auch unternehmensspezifische Risikoanalysen als Ausgangspunkt für die Implementierung weiterer Bewältigungsmaßnahmen durchzuführen (im Anwendungsbeispiel z. B. kreisfreie Stadt Karlsruhe, Landkreis Rastatt etc.). Des Weiteren empfiehlt es sich im Rahmen des Risikomanagements in Regionen mit einer hohen Vulnerabilität, die Kooperation zwischen der Industrie und den staatlichen Katastrophenschutzeinrichtungen weiter zu verstärken und beispielsweise Krisenpläne miteinander abzustimmen (Hiete et al., 2010b).

Um auf räumlicher Ebene problemspezifische Handlungsempfehlungen identifizieren zu können, ist es aber auch sinnvoll, die Beiträge der verschiedenen Industriesektoren zur strukturellen Vulnerabilität und die Zusammensetzung der sektorspezifischen Vulnerabilität der Industriesektoren kombiniert zu betrachten. Die integrierte Betrachtung der verschiedenen Analyseebenen ermöglicht die Identifizierung zentraler Vulnerabilitätsdimensionen und kritischer Einflussfaktoren, so dass auf Basis dieser Erkenntnisse spezifische Maßnahmen zur Reduzierung der industriellen Vulnerabilität abgeleitet werden können. So wird bei einer Analyse der regionalen und der sektorspezifischen Ergebnisse des Anwendungsbeispiels deutlich, dass in den kreisfreien Städten Mannheim, Karlsruhe und Baden-Baden die Industriesektoren „Herstellung von chemischen Erzeugnissen“ (DG) und „Mineralölverarbeitung“ (DF), die eine besonders hohe Verwundbarkeit gegenüber Infrastrukturausfällen aufweisen, einen Anteil von 27 % bis 37 % an der strukturellen Gesamtvulnerabilität ausmachen. Um in Regionen wie diesen die Vulnerabilität gegenüber indirekten Effekten in der Industrie – und damit das regionale Schadenspotenzial – zu senken, sollten also von administrativer Seite besonders Maßnahmen zur Reduzierung der Infrastrukturabhängigkeit (z. B. Ausarbeitung alternativer Versorgungskonzepte, Sicherung und Ausbau von Infrastruktursystemen) realisiert werden.

Zur Verteilung der sektorspezifischen Vulnerabilitätswerte auf die räumliche Ebene wurden im Anwendungsbeispiel Daten der amtlichen Statistik eingesetzt. Aufgrund der begrenzten Datenverfügbarkeit müssen hier z. B. zur Abschätzung der sektorspezifischen Bruttowertschöpfung auf Landkreisebene Annahmen getroffen werden. Hierdurch können die regionalisierten Vulnerabilitätsergebnisse mit zusätzlichen Unsicherheiten behaftet sein. Im begrenzten Rahmen des Anwendungsbeispiels wurden hinsichtlich der eingesetzten Regionalisierungsmethode keine Sensitivitätsanalysen durchgeführt. Dies wäre zur Steigerung der

Transparenz der Methode jedoch durchaus sinnvoll. Aufgrund der begrenzten Datenverfügbarkeit war zudem die Regionalisierung auf eine detailliertere räumliche Ebene (z. B. Gemeindeebene) nicht möglich. Um eine weiter disaggregierte Bestimmung der räumlichen Vulnerabilität zu ermöglichen und so zusätzliche Informationen für das regionale industrielle Risikomanagement zu generieren, können bei entsprechender Datenverfügbarkeit, aufgrund der offenen Struktur der zweistufigen Methode, räumlich höher aufgelöste Daten jedoch problemlos in die indikatorenbasierte Vulnerabilitätsanalyse integriert werden.

Kapitel 7

Schlussfolgerungen und Ausblick

Industrieunternehmen und vernetzte Produktionssysteme sind einer Vielzahl von Risiken ausgesetzt, die sich sowohl in den Ursachen als auch in den Auswirkungen unterscheiden. So können beispielsweise technische Störungen an den Produktionsanlagen, menschliches Versagen und Personalausfälle aber auch externe Ereignisse, wie Naturkatastrophen, Terroranschläge, Infrastrukturausfälle und Supply Chain Unterbrechungen, negative Auswirkungen auf die industrielle Produktion haben (Wybo, 2006). Gerade externe Risiken führen in Industrieunternehmen häufig zu schwerwiegenden ökonomischen und ökologischen Konsequenzen. Hierbei spielen neben direkten Schäden an Gebäuden, Anlagen und Materialien besonders indirekte Schäden durch Betriebsunterbrechungen eine entscheidende Rolle.

Im Rahmen einer umfassenden Risikoanalyse müssen diese indirekten Schäden mit berücksichtigt werden. Da die monetäre Erfassung der indirekten Schäden meist kaum möglich ist und bei externen Risiken sowohl die Risikoursache als auch die Intensität der Gefährdung kaum beeinflusst werden können, stellt die Kenntnis der Vulnerabilität als intrinsische Seite des Risikos eine wichtige Voraussetzung für das industrielle Risikomanagement dar. Die Vulnerabilität gegenüber indirekten Schäden wird aufgrund der Komplexität industrieller Produktionssysteme von verschiedenen Faktoren beeinflusst und kann nicht direkt gemessen werden. Zur Operationalisierung der Vulnerabilität gegenüber indirekten Schäden sind aufgrund der komplexitätsreduzierenden und transparenten Herangehensweise hierarchische Indikatorenmodelle besonders geeignet.

Da aufgrund der weitreichenden Auswirkungen der indirekten Schäden in der Industrie, Risikopräventions- und Risikobewältigungsmaßnahmen auch auf übergeordneter Ebene (z. B. von Behörden) implementiert werden müssen, stellt die Kenntnis der räumlichen industriellen Vulnerabilität eine wichtige Voraussetzung für ein umfassendes Risikomanagement dar.

Im Rahmen der vorliegenden Arbeit wurde daher eine Methodik zur Analyse der räumlichen Vulnerabilität gegenüber indirekten industriellen Schäden bei Naturkatastrophen entwickelt. Ausgangsbasis für die Bestimmung der regionalen Vulnerabilität ist hierbei die Analyse der Vulnerabilität von Industriesektoren mittels eines hierarchischen Indikatorenmodells.

Im Folgenden werden die zentralen Erkenntnisse bezüglich der industriellen Vulnerabilität gegenüber indirekten Schäden zusammengefasst und es wird erläutert, welche Implikationen sich hieraus für das industrielle Risikomanagement ergeben. Des Weiteren wird beleuchtet wie der indikatorenbasierte Ansatz zur Vulnerabilitätsanalyse methodisch weiterentwickelt und auf andere Fragestellungen des industriellen Risikomanagements übertragen werden kann.

7.1 Schlussfolgerungen zu industriellen Risiken und zur Vulnerabilitätsanalyse

Die Risikosituation von Industrieunternehmen hat sich in der jüngeren Vergangenheit stark gewandelt und es ist davon auszugehen, dass in Zukunft gerade externe industrielle Risiken weiter zunehmen werden (Steffen et al., 1999). Die Ursache hierfür liegt in verschiedenen Entwicklungen. Hierzu zählen zum Beispiel die Einführung von Rationalisierungsmaßnahmen in Industrieunternehmen und die schnelle technologische Entwicklung der Produktionssysteme sowie die zunehmende Internationalisierung der Märkte und der Klimawandel. Während die technologische Entwicklung aufgrund der damit verbundenen zunehmenden Komplexität der Produktionssysteme und Rationalisierungsmaßnahmen in Industrieunternehmen (z. B. Outsourcing, Single-Sourcing und JIT-Produktion) zu einer erhöhten Vulnerabilität der Unternehmen führen, werden durch den Klimawandel und die steigende Globalisierung vor allem Art, Ausmaß und Häufigkeit von externen Risikoursachen verändert.

Den verschiedenen externen Risiken ist gemein, dass es sich um seltene, kaum vorhersehbare aber plötzlich eintretende Ereignisse handelt, die in der industriellen Produktion mit schwerwiegenden ökonomischen und ökologischen Folgen verbunden sein können. Ziel des industriellen Risikomanagements ist es, diese Risiken durch angemessene Präventions- und Bewältigungsmaßnahmen zu reduzieren und das Ausmaß der potenziellen Konsequenzen zu verringern (Geldermann et al., 2009).

Das industrielle Risikomanagement ist hierbei von einer Vielzahl von Entscheidungen geprägt. Hierzu zählen vor allem Entscheidungen bezüglich der Auswahl und der Implementierung von Risikopräventions- und Risikominderungsmaßnahmen, in deren Rahmen beispielsweise Art, Zeitpunkt, Umfang und Finanzierung potenzieller Maßnahmen bestimmt werden müssen (Leitch, 2010). Aufgrund der weitreichenden Auswirkungen industrieller Risiken und deren Wechselwirkungen mit Mensch, Umwelt und technischen Systemen (z. B. Infrastruktursystemen) und angesichts der zentralen gesamtwirtschaftlichen Bedeutung der Industrie ist es notwendig, neben einem Risikomanagement auf Unternehmensebene auch Risikominderungsmaßnahmen auf räumlicher bzw. übergeordneter Ebene (z. B. auf Ebene der Behörden) zu implementieren. Hierbei müssen im Rahmen eines ebenenübergreifenden Risikomanagementprozesses häufig verschiedene Akteure und Experten mit unterschiedlichen Präferenzen und Einschätzungen in den Entscheidungsprozess integriert werden.

Im Rahmen eines Risikomanagementprozesses dient die Risikobewertung der Quantifizierung der Risikoauswirkungen sowie der Bestimmung der Eintrittswahrscheinlichkeiten von Risiken. Da die Implementierung von Risikopräventions- und Risikominderungsmaßnahmen maßgeblich von der Art und dem Ausmaß der Risikoauswirkungen abhängt, kommt der Risikobewertung im industriellen Risikomanagement eine entscheidende Bedeutung zu.

Um im Rahmen des industriellen Risikomanagements eine angemessene Risikobewertung zu ermöglichen, ist es wichtig, dass die zur Bewertung eingesetzten Methoden sowohl an die Betrachtungsebene des Risikomanagements als auch an die untersuchten Risikoarten angepasst werden. Da bei der Entscheidungsfindung im Risikomanagement neben ökonomischen Kriterien auch soziale und ökologische Aspekte eine wichtige Rolle spielen, müssen zudem bei der Bewertung externer Risiken häufig entgegengesetzte Kriterien berücksichtigt werden. Wie die Analyse der Auswirkungen von externen Risiken in der industriellen Produktion gezeigt hat, müssen bei der Bewertung von externen industriellen

Risiken besonders indirekte Effekte (z. B. durch Betriebsunterbrechungen) mit in die Analyse der potenziellen Konsequenzen einbezogen werden.

Aufgrund der zunehmenden Komplexität industrieller Produktionssysteme ist es bei der Analyse von indirekten Schäden notwendig, sowohl die ökonomischen Interdependenzen zwischen verschiedenen Industrieunternehmen und -sektoren als auch die Wechselwirkungen mit anderen Systemen (z. B. Infrastruktursystemen) zu berücksichtigen. Im Rahmen der Risikobewertung stellen daher die monetäre Quantifizierung der möglichen Konsequenzen und die Bestimmung der dazugehörigen Eintrittswahrscheinlichkeiten eine große Herausforderung dar. In der sozial- und naturwissenschaftlichen Risikoforschung findet zur Bewertung komplexer Risiken häufig das Konzept der Vulnerabilität Verwendung. In der vorliegenden Arbeit wurde dieses auf das industrielle Risikomanagement übertragen und die Vulnerabilitätsanalyse als Teil der Risikoanalyse vorgestellt. Die Vulnerabilität bildet unter Einfluss verschiedener Abhängigkeitsdimensionen (Abhängigkeit von Betriebsmitteln, Personalabhängigkeit, Infrastrukturabhängigkeit, Abhängigkeit von Supply Chain Prozessen) die Anfälligkeit von Industriesektoren gegenüber indirekten Schäden bei externen Risiken ab.

7.2 Schlussfolgerungen zur indikatorenbasierten Methodik zur Vulnerabilitätsanalyse

Aufgrund der komplexen Auswirkungsmechanismen indirekter Risikoeffekte wird die industrielle Vulnerabilität gegenüber indirekten Schäden von diversen Fragilitäts- und Resilienzfaktoren beeinflusst und kann weder auf Ebene der Industrieunternehmen und -sektoren noch auf räumlicher Ebene direkt quantifiziert werden.

In der vorliegenden Arbeit wurde daher zur Quantifizierung der regionalen industriellen Vulnerabilität eine indikatorenbasierte Methodik entwickelt. Um auch auf räumlicher Ebene die ökonomische Verflechtung von Industrieunternehmen sowie die komplexen Wechselwirkungen industrieller Produktionssystem mit technischen Systemen zu berücksichtigen, wurde eine prozessorientierte Herangehensweise gewählt. Hierzu wurde in einem ersten Schritt die industrielle Vulnerabilität über ein hierarchisches Indikatorenmodell operationalisiert, in dem verschiedene industriespezifische Fragilitäts- und Resilienzfaktoren berücksichtigt werden. Des Weiteren wurde eine Regionalisierungsmethode entwickelt, mittels derer aus den sektorspezifischen Vulnerabilitätsindizes die industrielle Vulnerabilität auf regionaler Ebene ermittelt werden kann.

Die indikatorenbasierte Methodik hat den Vorteil, dass hierbei alle relevanten quantitativen und qualitativen Vulnerabilitätsfaktoren auf übersichtliche Art und Weise erfasst werden können, insgesamt aber auch eine Komplexitätsreduktion erreicht wird. Hierdurch wird das Verständnis für das vielschichtige Zusammenspiel von Fragilitäts- und Resilienzfaktoren erhöht und eine Vergleichbarkeit des indirekten Schadenspotenzials (z. B. von verschiedenen Regionen) ermöglicht.

Eine kritische Betrachtung indikatorenbasierter Ansätze zur Vulnerabilitätsanalyse zeigt jedoch, dass aufgrund einiger methodischer und inhaltlicher Schwächen die indikatorenbasierte Herangehensweise auch mit Nachteilen verbunden sein kann. So besteht bei der Abbildung der industriellen Vulnerabilität über hierarchisch strukturierte Indikatoren die Gefahr, dass wichtige Vulnerabilitätsdimensionen (z. B. aufgrund der begrenzten Datenverfügbarkeit) nicht berücksichtigt werden und so eine zu starke Vereinfachung vorgenommen wird.

Des Weiteren kann die Subjektivität einzelner Schritte bei der Entwicklung von hierarchischen Indikatorenmodellen (z. B. Festlegung der Indikatorengewichtung, Berechnung der Indikatorenwerte, Auswahl der Aggregationsmethode) zu verschiedenen Arten von Unsicherheiten führen. Um die Robustheit der indikatorenbasierten Vulnerabilitätsanalyse zu prüfen und die verschiedenen Arten von Unsicherheiten zu quantifizieren, wurden im Rahmen der Arbeit verschiedene Möglichkeiten zur Sensitivitätsanalyse in Indikatorenmodellen aufgezeigt.

Da aufgrund der Komplexität der industriellen Vulnerabilität bei der Festlegung von Indikatorengewichten (Bedeutungsgewichten) die Wechselwirkungen zwischen den einzelnen Indikatoren nicht vollständig erfasst werden können, können zudem (kausale) Abhängigkeiten zwischen den einzelnen Indikatoren des Indikatorenmodells zu unrobusten und verzerrten Modellergebnissen führen. Um diese Abhängigkeiten im Rahmen der indikatorenbasierten Vulnerabilitätsanalyse zu erfassen und im Indikatorenmodell zu berücksichtigen, wurden in der vorliegenden Arbeit expertenbasierte Methoden (DEMATEL-Analyse und Fuzzy-DEMATEL-Analyse) weiterentwickelt und zur Abhängigkeitsanalyse eingesetzt. Hierdurch war es möglich, die mit den Abhängigkeiten verbundene Über- bzw. Untergewichtung einzelner Vulnerabilitätsdimensionen über Gewichtungskorrekturfaktoren auszugleichen.

Obwohl die Ansätze zur Sensitivitäts- und Abhängigkeitsanalyse für die indikatorenbasierten Vulnerabilitätsanalyse weiterentwickelt und anhand eines spezifischen Anwendungsbeispiels aufgezeigt wurden, können die präsentierten Methoden auch auf andere Indikatorenmodelle, die zur Operationalisierung komplexer Größen eingesetzt werden, übertragen werden.

Da es sich bei der indikatorenbasierten Vulnerabilitätsanalyse um eine komparative Analysemethode handelt, sollten Ergebnisse generell nicht als objektive „Ideallösung" dargestellt werden. Vielmehr ist es wichtig auf Basis der Vulnerabilitätsindizes sowohl sektorspezifische als auch räumliche Stärken und Schwächen zu identifizieren und hieraus Ansatzpunkte für detailiertere Risikoanalysen abzuleiten.

7.3 Ausblick

Aufgrund des fortschreitenden Klimawandels, der zunehmenden Komplexität von industriellen Wertschöpfungsnetzen und der steigenden Anfälligkeit von Infrastruktursystemen werden externe Risiken in der industriellen Produktion zukünftig weiter zunehmen (Kremers, 2002). Um die mit diesen Risiken verbundenen Auswirkungen zu reduzieren, wird daher das industrielle Risikomanagement – und hierbei besonders die Bewertung von Risiken – weiter an Bedeutung gewinnen (Purdy, 2010). Zentrale Aufgabe wird hierbei die disziplin- und ebenenübergreifende Betrachtung der externen Risken sein. Der entwickelte Ansatz zur indikatorenbasierten Vulnerabilitätsanalyse stellt eine geeignete Ausgangsbasis für ein integrierte Bewertung von Naturrisiken dar, wirft aber gleichzeitig eine Reihe weiterer Forschungsfragen auf. Entwicklungspotenziale der indikatorenbasierten Methodik betreffen beispielsweise:

- die methodische Weiterentwicklung des indikatorenbasierten Ansatzes
- die Integration des indikatorenbasierten Ansatzes in die Schadensanalyse bei Naturrisiken
- die Übertragung und Anpassung der indikatorenbasierten Methode auf die Unternehmensebene

Welche Forschungsfragen in diesen Bereichen identifiziert werden können und wie diese im Detail aussehen, wird im Folgenden erläutert.

7.3.1 Methodische Weiterentwicklungen des indikatorenbasierten Ansatzes

Um für die Anwendung des Indikatorenmodells im regionalen Risikomanagement die Genauigkeit der sektorspezifischen Vulnerabilitätswerte zu erhöhen, kann die Erweiterung des Modells um verschiedene Abhängigkeitsdimensionen bzw. die Ergänzung einzelner Indikatoren sinnvoll sein.

Um die Vulnerabilität gegenüber dem Ausfall verschiedener Infrastruktursysteme umfassender berücksichtigen zu können, ist es beispielsweise notwendig, die Abhängigkeit der Industriesektoren von weiteren Infrastrukturen in das Indikatorenmodell zu integrieren. Wie durch die Folgen des Ausbruchs des isländischen Vulkans Eyjafjallajökull im Mai 2010 deutlich wurde, können beim Ausfall des internationalen Flugverkehrs in der Industrie schwerwiegende Schäden durch Betriebsunterbrechungen entstehen. Daher wäre es beispielsweise sinnvoll neben der Abgängigkeit der Industriesektoren von Straßen- und Schienenverkehr auch die Abhängigkeit der Industriesektoren vom internationalen Luftverkehr abzubilden. Weitere Abhängigkeiten von Infrastruktursystemen, die bei einer Modellerweiterung (und entsprechender Datenverfügbarkeit) erfasst werden sollten, sind die Abhängigkeit der Industriesektoren von der Gasversorgung sowie die Abhängigkeit von Informations- und Kommunikationssystemen. Um eine verbesserte Abbildung der Lieferabhängigkeit zu gewährleisten, wäre eine Erweiterung des Indikatorenmodells um Indikatoren, die sowohl die Kritikalität der benötigten Materialien als auch Art und Umfang der Lagerhaltung abbilden, wünschenswert. Problematisch wird hierbei jedoch die Abbildung auf Ebene von Industriesektoren sein. Zudem sind zur Abbildung der Nachfrageabhängigkeit weitere Indikatoren denkbar. Innerhalb dieser Abhängigkeitsdimension wäre es beispielsweise zusätzlich zur Konsumentennähe sinnvoll zu erfassen, welche Art von Produkten die verschiedenen Industriesektoren produzieren. Im Hinblick auf die Vulnerabilität kann bezüglich der Art der produzierten Produkte davon ausgegangen werden, dass Sektoren, die Güter der Grundversorgung produzieren (z. B. Nahrungsmittelindustrie), auch im Falle einer Naturkatastrophe weniger von einem Rückgang der Nachfrage betroffen sind als Industriesektoren, in denen Luxusgüter (z B. Schmuck, hochwertige Fahrzeuge) hergestellt werden.

Bei den Indikatoren des entwickelten Indikatorenmodells handelt es sich um generische Indikatoren, die unabhängig von der Art der Gefährdung eingesetzt werden können. Um auch gefährdungsspezifische Aspekte in die industrielle Vulnerabilitätsanalyse integrieren zu können, sollten zukünftige Forschungsarbeiten auf die Identifizierung und Operationalisierung gefährdungsspezifischer Vulnerabilitätsfaktoren abzielen. Im entwickelten Indikatorenmodell kann die unterschiedliche relative Wichtigkeit der einzelnen Indikatoren bei verschiedenen Gefährdungsarten über die Festlegung gefährdungsspezifischer Gewichtungsfaktoren berücksichtigt werden. Zur Festlegung von gefährdungsspezifischen Gewichtungsfaktoren ist die Durchführung von moderierten Experten-Workshops hilfreich.

Die im Rahmen der Arbeit durchgeführten Sensitivitätsanalysen stellen eine gute Grundlage zur Quantifizierung von Unsicherheiten in Indikatorenmodellen dar. Da in den analysierten Szenarios jedoch lediglich einzelne Parameter bzw. Modellkonfigurationen unabhängig voneinander variiert wurden, sollten im Rahmen weiterer indikatorenbasierter Vulnerabilitätsanalysen verschiedene Modellparameter und -konfigurationen simultan variiert werden, um so umfassendere Aussagen über die Robustheit des entwickelten Indikatorenmodells machen zu können. Zur Erstellung von kombinierten Szenarios ist die Monte-Carlo-Simulation geeignet. Problematisch kann hierbei jedoch die Bestimmung der Verteilungsfunktionen der Modellparameter sein. Um nicht nur die Unsicherheiten auf sektorspezifischer Ebene zu erfassen, sollten bei einer methodischen Weiterentwicklung des indikatorenbasierten Ansatzes zudem Sensitivitätsanalysen für Vulnerabilitätsergebnisse auf räumlicher Ebene durchgeführt werden (Raskob et al., 2009). Dies ist insbesondere dann sinnvoll, wenn wie im beschriebenen Anwendungsbeispiel zur Bestimmung der industriellen Struktur der Regionen Abschätzungen getroffen werden müssen.

7.3.2 Integration des indikatorenbasierten Ansatzes in die Schadensanalyse bei Naturrisiken

Um bei der räumlichen Bewertung von Naturrisiken eine umfassende Analyse des Risikos durchführen zu können, kann die entwickelte Methodik zur Bestimmung der industriellen Vulnerabilität gegenüber indirekten Schäden mit anderen Modellen kombiniert werden. Die Ermittlung des Gesamtrisikos einer betrachteten Region, das die sozialen, industriellen ökonomischen und ökologischen Gesamtschäden sowie deren Eintrittswahrscheinlichkeiten umfasst, erfolgt über die Verknüpfung von Vulnerabilitäts- und Gefährdungsanalysen in multidimensionalen Schadensmodellen (vgl. Abbildung 45). Hierbei ist es notwendig, die indirekte industrielle Vulnerabilität mit weiteren direkten und indirekten Vulnerabilitätsdimensionen zu kombinieren. Die so ermittelte Gesamtvulnerabilität einer Region kann dann zur Bestimmung des regionalen Gesamtrisikos mit Gefährdungsszenarios, die Informationen zu Intensität, räumlicher Ausdehnung und Eintrittswahrscheinlichkeit von Naturereignissen umfassen, verschnitten werden.

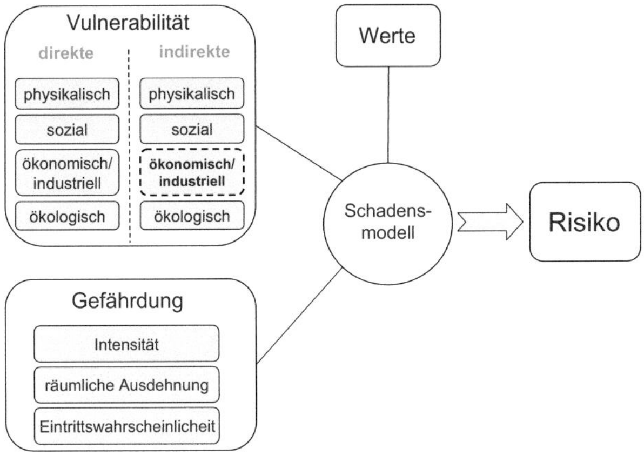

Abbildung 45: Verknüpfung von Vulnerabilitäts- und Gefährdungsmodellen in der raumbezogenen Analyse von Naturrisiken, Einordnung des entwickelten Modells zur Vulnerabilitätsanalyse

Da zur Bewertung von Risikominderungsmaßnahmen über Kosten-Nutzen-Analysen die Kosten der Risikobewältigung in Relation zu den potenziellen Schäden eines Risikos betrachtet werden, sollte die Entwicklung von integrierten Schadensmodellen auf eine monetäre Quantifizierung der Schäden abzielen. Hierzu ist es notwendig, die verschiedenen Vulnerabilitäten quantitativ zu bestimmen und diese mit monetären Werten (z. B. Anlagenwerte, Gebäudewerte, Umsatz) zu verknüpfen.

Zur Planung und Umsetzung von Risikopräventions- und Risikobewältigungsmaßnahmen werden die Informationen bezüglich des räumlichen Risikos auf einer möglichst disaggregierten Ebene (Gemeindeebene, PLZ-Ebene) benötigt. Daher ist es bei der Entwicklung von integrierten Schadensmodellen notwendig, die Ergebnisse aller Teilmodelle in möglichst hoher Auslösung miteinander zu kombinieren. Um die Einsetzbarkeit der entwickelten Methodik im regionalen Risikomanagement weiter zu verbessern und die räumliche Auflösung der indirekten industriellen Vulnerabilität zu erhöhen, sollte daher die zur Regionalisierung der sektorspezifischen Vulnerabilitätsindizes eingesetzte Methode weiterentwickelt werden. Hierbei ist es notwendig, sowohl für die Bestimmung der regionalen industriellen Struktur (IS) als auch für die Bestimmung der regionale industriellen Exposition (E) geeignete Quantifizierungsmethoden zu entwickeln und detailliertere Ausgangsdaten zu identifizieren. Für kleinräumigere Risikoanalysen wäre es beispielsweise möglich, die industrielle Struktur bzw. Exposition auf Basis regionaler Statistiken (z. B. Gewerbekataster, IHK-Daten) oder über empirische Erhebungen (Unternehmensbefragungen) zu ermitteln.

7.3.3 Übertragung des sektorspezifischen Indikatorenmodells auf die Unternehmensebene

Über den im Rahmen der Arbeit entwickelten Ansatz kann die regionale industrielle Vulnerabilität über einen Zwischenschritt, der der Bestimmung der Vulnerabilität von Industriesektoren dient, ermittelt werden. Die Analyse der Vulnerabilität von industriellen Produktionssystemen gegenüber externen Risiken stellt jedoch auch auf der Ebene einzelner Industrieunternehmen einen wichtigen Bestandteil des Risikomanagements dar. Für das Business Continuity Planning, das als Teilbereich des industriellen Risikomanagements der Aufrechterhaltung der Geschäftsprozesse dient, spielt hierbei besonders die Kenntnis der Anfälligkeit der Unternehmen gegenüber primären und sekundären Betriebsunterbrechungen eine entscheidende Rolle.

Im Gegensatz zum Risikomanagement auf übergeordneter Ebene, das eine Reduktion des industriellen Risikos über die Anpassung und Veränderung von Rahmenbedingungen sowie über die Durchführung von allgemeinen Risikominderungsmaßnahmen zum Ziel hat, müssen die Maßnahmen zur Risikobewältigung auf Unternehmensebene sehr stark an die spezifischen Unternehmensbedingungen angepasst werden. Um dies zu gewährleisten, müssen bei der Vulnerabilitätsanalyse auf Unternehmensebene besonders unternehmensspezifische Vulnerabilitätsfaktoren berücksichtigt werden.

Da Indikatorenmodelle eine sehr transparente Methode zur Operationalisierung komplexer Systemeigenschaften darstellen, sind diese auch zur Vulnerabilitätsanalyse auf Unternehmensebene sehr gut geeignet. Hier bieten Indikatorenmodelle zur Vulnerabilitätsanalyse die Möglichkeit Schwachstellen zu identifizieren und so direkt Ansatzpunkte zur Implementierung von Risikopräventions- und Risikobewältigungsmaßnahmen zu definieren.

Das vorgestellte Indikatorenmodell zur Analyse der Vulnerabilität von Industriesektoren stellt eine geeignete Ausgangsbasis für die Entwicklung von Indikatorenmodellen zur Vulnerabilitätsanalyse in Unternehmen dar. Da bei der Entwicklung eine prozessorientierte Herangehensweise gewählt wurde, können die identifizierten Vulnerabilitätsdimensionen im Wesentlichen auf die Unternehmensebene übertragen werden. Hierbei können einige der für die Sektorenebene identifizierten Indikatoren direkt zur Abbildung von unternehmensspezifischen Abhängigkeiten eingesetzt werden (z. B. *spezifischer Elektrizitätsverbrauch,*

Eigenversorgungsgrad Elektrizität, spezifischer Wasserverbrauch). Da die Vulnerabilität auf Unternehmensebene jedoch von anderen Vulnerabilitätsfaktoren beeinflusst wird als die Vulnerabilität auf Sektorenebene, muss zur Operationalisierung einiger Abhängigkeitsdimensionen die Indikatorenauswahl modifiziert und auf die veränderte Betrachtungsebene angepasst werden. Dies ist insbesondere bei der Abbildung der Abhängigkeit von Supply Chain Prozessen der Fall. Auf Unternehmensebene spielen hier z. B. Beschaffungsstrategien, Eigenschaften der Lieferantenbeziehung, aber auch die Kritikalität einzelner Teile sowie die Position des Unternehmens innerhalb der Supply Chain eine wichtige Rolle.

Aufgrund der Heterogenität von Industrieunternehmen und den damit verbundenen Vulnerabilitätsunterschieden ist es insgesamt jedoch nicht möglich, ein für alle Arten von Unternehmen einheitlich gültiges Indikatorenmodell zu entwickeln. Bei der Entwicklung von Indikatorenmodellen zur Analyse der Anfälligkeit einzelner Unternehmen (z. B. gegenüber Betriebsunterbrechungen durch externe Ereignisse) ist es hingegen notwendig, unternehmensspezifische Vulnerabilitätsfaktoren zu identifizieren und diese über geeignete Indikatoren in unternehmensspezifischen Indikatorenmodellen abzubilden.

Zusammenfassung

Aufgrund einer veränderten Gefährdungssituation (z. B. Zunahme der Frequenz und Intensität von Extremwetterereignissen infolge des Klimawandels, zunehmende Vulnerabilität kritischer Infrastrukturen) und der steigenden Komplexität industrieller Produktionssysteme haben externe Risiken in der Industrie an Bedeutung gewonnen. Eine umfassende Bewertung der externen Risiken stellt eine wichtige Grundlage für das industrielle Risikomanagement dar. Sie ermöglicht es, die negativen Konsequenzen externer Risiken zu verringern und Risikobewältigungsmaßnahmen nicht nur in einzelnen Unternehmen, sondern auch auf übergeordneter (z. B. administrativer bzw. räumlicher) Ebene zu implementieren.

Da sich in komplexen Wertschöpfungsnetzen negative Risikoauswirkungen kaskadenartig fortpflanzen können, sollten bei der Bewertung externer Risiken insbesondere indirekte Schäden berücksichtigt werden. Um im Rahmen einer transparenten und strukturierten Risikobewertung verschiedene ökonomische, ökologische und soziale Kriterien einzubeziehen, sollten zudem integrierte Ansätze der Risikobewertung zum Einsatz kommen. Diese vereinen die Herangehensweise verschiedener Disziplinen der Risikoforschung und ermöglichen die gleichzeitige Betrachtung verschiedener Risikoarten.

Ziel der Arbeit war es daher, eine Methode zur Bewertung externer industrieller Risiken zu entwickeln, die der Analyse indirekter Risikoeffekte auf räumlicher Ebene dient und verschiedene Risikoarten einschließlich ihrer Wechselwirkungen berücksichtigt.

Da bei externen Risiken Ursache und Intensität der Gefährdung nur in begrenztem Umfang verändert werden können, wurde methodisch das Konzept der Vulnerabilität, das die Anfälligkeit von Systemen beschreibt, auf das industrielle Risikomanagement übertragen und zur Bewertung von externen Risiken eingesetzt. Um eine Entscheidungsgrundlage für das Risikomanagement auf übergeordneter Ebene zu generieren, wurde für die Analyse der industriellen Vulnerabilität eine räumliche Betrachtungsebene gewählt.

Als Ausgangsbasis für die Entwicklung eines integrierten Ansatzes zur Risikobewertung wurden zunächst verschiedene Risikokonzepte analysiert und Herangehensweisen aus verschiedenen Bereichen der Risikoforschung in einem integrierten Risikokonzept zusammengeführt. Zur Abgrenzung der externen Risiken gegenüber anderen Risikoarten wurden die in der industriellen Produktion auftretenden Risiken klassifiziert und mögliche Wechselwirkungen zwischen verschiedenen Risikoarten aufgezeigt.

Um die Komplexität der industriellen Vulnerabilität abzubilden, wurden Indikatorenmodelle als geeignete Methode zur Operationalisierung der Vulnerabilität identifiziert. In der vorliegenden Arbeit erfolgte die Modellierung der industriellen Vulnerabilität gegenüber indirekten Schäden über vier zentralen Vulnerabilitätsdimensionen. Diese Vulnerabilitätsdimensionen (Anfälligkeit der Industrie gegenüber Anlagenausfällen, Personalausfällen, Infrastrukturausfällen und Supply Chain Unterbrechungen) wurden auf Basis von Auswirkungsanalysen identifiziert und über 16 Indikatoren erfasst. Die einzelnen Indikatoren wurden in einem hierarchisch strukturierten Indikatorenmodell abgebildet und über Methoden der Mehrzielentscheidungsanalyse zu einem sektorspezifischen Vulnerabilitätsindex aggregiert.

Um im Rahmen eines integrierten Bewertungsansatzes auch auf räumlicher Ebene industriespezifische Vulnerabilitätsfaktoren berücksichtigen zu können, wurde die Bewertungsmethode als 2-stufiger Ansatz entwickelt. Im ersten Schritt wurde hierbei das entwickelte Indikatorenmodell zur Vulnerabilitätsanalyse von Industriesektoren herangezogen. Die so ermittelten sektorspezifischen Vulnerabilitätsindizes wurden dann im zweiten Schritt über einen neu entwickelten Regionalisierungsansatz auf die räumliche Ebene übertragen. Da die räumliche Vulnerabilität eine komplexe Funktion aus Fragilität, Resilienz und Exposition darstellt, wurden bei der Entwicklung der Regionalisierungsmethodik die strukturelle Vulnerabilität und die industrielle Exposition einer Region miteinander verknüpft. Die strukturelle Vulnerabilität wurde über die sektorspezifischen Vulnerabilitätsindizes und den relativen Anteil einzelner Industriesektoren in einer Region ermittelt. Die räumliche Verteilung der gesamten Industrie einer Region fließt über die industrielle Exposition in die Regionalisierung mit ein.

In hierarchischen Indikatorenmodellen können sowohl statistische als auch kausale Abhängigkeiten zwischen den Indikatoren zur Über- bzw. Untergewichtung von Vulnerabilitätsdimensionen führen und so die Ergebnisse der Vulnerabilitätsanalyse verzerren. Zur Analyse der Abhängigkeiten zwischen den einzelnen Indikatoren des hierarchischen Indikatorenmodells wurden sowohl statistische Methoden als auch die expertenbasierte DEMATEL-Analyse weiterentwickelt und eingesetzt. Um die Ergebnisse dieser Analysen bei der Modellentwicklung zu berücksichtigen, wurden Methoden entwickelt, die zur Anpassung der Gewichtungsfaktoren eingesetzt wurden.

In hierarchischen Indikatorenmodellen können zudem Modell- und Parameterunsicherheiten zu verzerrten Ergebnissen führen. Während Parameterunsicherheiten beispielsweise mit der Festlegung von Gewichtungsfaktoren verbunden sind, können Modellunsicherheiten durch die Festlegung von Vulnerabilitätswertfunktionen und die Auswahl der Aggregationsmethode entstehen. Um die Robustheit der Ergebnisse bezüglich verschiedener Parameter- und Modellunsicherheiten in Indikatorenmodellen zu untersuchen, wurden verschiedene Methoden zur Sensitivitätsanalyse identifiziert und erläutert.

Die entwickelte indikatorenbasierte Methodik wurde im Rahmen der Arbeit exemplarisch zur räumlichen Analyse der industriellen Vulnerabilität in Baden-Württemberg eingesetzt. Hierzu wurden auf Basis von Daten der amtlichen Statistik die Indikatorenwerte von 23 Industriesektoren bestimmt und zu sektorspezifischen Vulnerabilitätsindizes zusammengefasst. Um im Anwendungsbeispiel die kausalen Einflussbeziehungen zwischen den Indikatoren zu berücksichtigen, wurden auf Basis der Fuzzy-DEMATEL-Analyse ermittelte Gewichtungskorrekturfaktoren zur Anpassung der Indikatorengewichtung eingesetzt. Zur Analyse der Robustheit der sektorspezifischen Vulnerabilitätsindizes wurden für das Anwendungsbeispiel Sensitivitätsanalysen bezüglich der Berechnungsmethode der Indikatorenwerte, der Auswahl der Gewichtungsfaktoren, der Form der Vulnerabilitätswertfunktionen sowie bezüglich der Auswahl der Aggregationsmethode durchgeführt. Die über das Indikatorenmodell bestimmten sektorspezifischen Vulnerabilitätsindizes wurden anschließend mittels der neu entwickelten Regionalisierungsmethodik auf die räumliche Ebene übertragen.

Die Ergebnisse der Vulnerabilitätsanalyse zeigen exemplarisch, dass insbesondere die Anfälligkeit gegenüber Infrastrukturausfällen und die Verwundbarkeit gegenüber Supply Chain Unterbrechungen zur Vulnerabilität der untersuchten Industriesektoren beitragen. Auf räumlicher Ebene variiert die industrielle Vulnerabilität der Landkreise sehr stark. Als Regionen mit besonders vulnerabler Industriestruktur wurden beispielsweise die kreisfreien Städte Karlsruhe, Stuttgart und Mannheim sowie die Landkreise Rastatt, Heilbronn und Böblingen identifiziert. In diesen Regionen ist das industrielle Risikomanagement auf übergeordneter (administrativer) Ebene daher von besonderer Bedeutung.

Mit der entwickelten Methodik steht erstmals ein integrierter Ansatz zur Bewertung externer industrieller Risiken zur Verfügung, der es ermöglicht die räumliche Verteilung der industriellen Vulnerabilität auf Basis industriespezifischer Fragilitäts- und Resilienzfaktoren sowie unter Berücksichtigung von Wechselwirkungen zwischen verschiedenen Risikoarten zu erfassen. Hierdurch können, wie die Ergebnisse des Anwendungsbeispiels verdeutlichen, ausgehend von Daten der amtlichen Statistik Informationen zur relativen Anfälligkeit verschiedener Gebiete oder Industriesektoren für das Risikomanagement von Naturgefahren generiert werden (z. B. Identifizierung von Hochrisikogebieten). Dies stellt eine wichtige Entscheidungsgrundlage z. B. bei der Implementierung von Risikopräventions- und -minderungsmaßnahmen dar. Des Weiteren wurden über den neu entwickelten Ansatz zur Ermittlung von Gewichtungskorrekturfaktoren erstmals die Bedeutungsgewichte von Indikatoren entsprechend der inter- und intradimensionellen Abhängigkeiten angepasst und so Abhängigkeitsstrukturen in die indikatorenbasierte Vulnerabilitätsanalyse integriert.

Literaturverzeichnis

Abbasbandy, S. und Amirfakhrian, M. (2006): The nearest trapezoidal form of a generalized left right fuzzy number, in: *International Journal of Approximate Reasoning*, 43, (2), 166-178.

Adachi, T. und Ellingwood, B.R. (2008): Serviceability of earthquake-damaged water systems: Effects of electrical power availability and power backup systems on system vulnerability, in: *Reliability Engineering & System Safety*, 93, 78-88.

Adger, W.N. (2006): Vulnerability, in: *Global Environmental Change*, 16, (3), 57-63.

Adger, W.N., Brooks, N., Bentham, G., Agnew, M. und Eriksen, S. (2004): New indicators of vulnerability and adaptive capacity, Technical Report 7, Tyndall Center for Climate Change Research, Norwich.

Al-Najjar, B. und Alsyouf, I. (2003): Selecting the most efficient maintenance approach using fuzzy multiple criteria decision making, in: *International Journal of Production Economics*, 84, (1), 85-100.

Alexander, D. (2000): Confronting Catastrophe, Terra Verlag, Hertfordshire.

Alwang, J., Siegel, P.B. und Jorgensen, S.L. (2001): Vulnerability, a View from Different Disciplines, Social Protection Discussion Paper Series, Nr. 115, Social Protection Unit, Human Development Network, Weltbank, Washington D.C.

Amin, M. (2002): Security Challenges for the Electricity Infrastructure, in: *Computer*, 35, (4), 8-10.

Antonioni, G., Bonvicini, S., Spandoni, G. und Cozzani, V. (2009a): Development of a framework for the risk assessment of Na-Tech accidental events, in: *Reliability Engineering and Systems Safety*, 94, 1442-1250.

Antonioni, G., Spandoni, G. und Cozzani, V. (2009b): Application of domino effect quantitative risk assessment to an extended industrial area, in: *Journal of Loss Prevention in the Process Industry*, 22, 614-624.

Arellano, A.L., Nordvik, J.-P. und Ranguelov, B. (2003): In search of a common methodology on damage estimation: from a EU perspective, in: van der Veen, A., Arellano, A.L. und Nordvik, J.-P. (Hrsg.), *In search of a common methodology on damage estimation, Workshop Proceedings*, European Commission, Brüssel, 4-10.

ATC (2002): Seismic Vulnerability and Impact of Disruption of Lifelines in the Conterminous United States, Earthquake Hazard Reduction Series, 58, Applied Technology Council, Washington, D.C.

Azapagic, A. (2000): Indicators of Sustainable Development for Industry: A General Framework, in: *Process Safety and Environmental Protection*, 78, (4), 243-261.

Backhaus, K., Erichson, B., Plinke, W. und Weiber, R. (2000): Multivariate Analysemethoden – Eine anwendungsorientierte Einführung, Springer, Berlin, Heidelberg.

Balducci, P.J., Roop, J.M., Schienbein, L.A., DeSteese, J.G. und Weimar, M.R. (2002): Electrical power interruption cost, estimates for individual industries, sectors and the U.S. economy, Report for the U.S. department of Energy, DE-AC06-76RL01830, Washington, D.C.

Banse, G. und Bechmann, G. (1998): Interdisziplinäre Risikoforschung, Westdeutscher Verlag, Opladen, Wiesbaden.

Barnes, J.C. (2001): A Guide to Business Continuity Planning, John Wiley & Sons, New York.

Basson, L. (2004): Context, Compensation and Uncertainty in Environmental Decision Making, PhD Thesis, Department of Chemical Engineering, University of Sydney, Sidney.

Bedford, T. und Cooke, R.M. (2001): Probabilistic Risk Analysis: Foundations and Methods, Cambridge University Press, Cambridge.

Behnen, T. (2000): Der beschleunigte Meeresspiegelanstieg und seine sozioökonomischen Folgen: Eine Untersuchung der Ursachen, methodischen Ansätze und Konsequenzen unter besonderer Berücksichtigung Deutschland, Hannoversche Geographische Arbeiten, Band 54, Institut für Wirtschafts- und Kulturgeographie. Leibnitz Universität Hannover, Hannover.

Bell, S. und Morse, S. (2008): Sustainability Indicators: Measuring the Immeasurable?, Earthscan, London.

Belton, V. und Stewart, T. (2002): Multiple Criteria Decision Analysis - An integrated approach, Kluwer Academic Press, Boston.

Bendimerad, F.M. (2001b): Modelling and quantification of earthquake risk: application to emerging economies, in: Kleindorfer, P.R. und Sertel, M.R. (Hrsg.), *Mitigation and Financing of Seismic Risks*, Kluwer Academic Press, Boston, 13-39.

Bendimerad, F.M. (2001a): Loss estimation: a powerful tool for risk assessment and mitigation, in: *Soil Dynamics and Earthquake Engineering*, 21, (5), 467-472.

Bendimerad, F.M., Coburn, A., Morrow, G., Johnson, L. und Rahnama, M. (2000): Event Report – Kocaeli, Turkey Earthquake, Risk Management Solutions, Menlo Park.

Benson, C. (2004): Macro-Economic Concepts of Vulnerability: Dynamics, Complexity and Public Policy, in: Frerks, G., Hilhorst, D. und Bankoff, G. (Hrsg.), *Mapping Vulnerability: Disasters, Development and People*, Earthscan, London, 159-173.

Benson, C. und Clay, E. (2003): Disasters, Vulnerability, and the Global Economy, in: Kreimer, A., Arnold, M. und Carlin, A. (Hrsg.), *Building Safer Cities: The Future of Disaster Risk, Disaster Management Series*, Weltbank, Washington, D.C., 3-32.

Bernard, H.R. (2006): Research Methods in Anthropology. Qualitative and Quantitative Approaches, Altamira Press, Oxford.

Bertsch, V. (2008): Uncertainty Handling in Multi-Attribute Decision Support for Industrial Risk Management, Universitätsverlag Karlsruhe, Karlsruhe, online:http://digbib.ubka.uni-karlsruhe.de/volltexte/1000007378.

Bertsch, V., Treitz, M., Geldermann, J. und Rentz, O. (2007): Sensitivity Analyses in Multi-Attribute Decision Support for On-Site Nuclear Emergency and Recovery Management, in: *International Journal of Energy Sector Management*, 1, (4), 342-365.

Birkmann, J. (2006c): Measuring vulnerability to promote disaster-resilience societies: Conceptual Frameworks and definitions, in: Birkmann, J. (Hrsg.), *Measuring Vulner-*

ability to Hazards of Natural Origin - Towards Disaster Resilient Society, UNU Press, Tokyo, 9-54.

Birkmann, J. (2006b): Indicators and criteria for measuring vulnerability: Theoretical basis and requirements, in: Birkmann, J. (Hrsg.), *Measuring Vulnerability to Hazards of Natural Origin - Towards Disaster Resilient Society*, UNU Press, Tokyo, 55-77.

Birkmann, J. (2007): Risk and vulnerability indicators at different scales: Applicability, usefulness and policy implications, in: *Environmental Hazards*, 7, 20-31.

Birkmann, J. (2006a): Indicators and criteria for measuring vulnerability: Theoretical bases and requirements, in: Birkmann, J. (Hrsg.), *Measuring Vulnerability to Hazards of Natural Origin - Towards Disaster Resilient Society*, UNU Press, Tokyo, 55-77.

Birkmann, J. und Wisner, B. (2006): Measuring the Un-Measurable: The Challenges of Vulnerability, SOURCE, Publication Series of UNU-EHS, 5, Bonn.

Bloech, J., Bogaschewsky, R., Buscher, U., Daub, A., Götze, U. und Roland, F. (2008): Einführung in die Produktion, Springer, Berlin, Heidelberg.

Boarnet, M.G. (1996): Business losses, transportation damage and the Northridge earthquake, UCTC-Working Paper, Nr. 341, University of California Transportation Center, University of California, Berkley.

Bockslaff, K. (1999): Die eventuelle Verpflichtung zur Errichtung eines sicherungstechnischen Risikomanagements durch das KonTraG, in: *Neue Zeitschrift für Versicherung und Recht*, 104-110.

Bogantaj, D. und Bogantaj, M. (2007): Measuring the supply chain risk and vulnerability in frequency and space, in: *International Journal of Production Economics*, 108, 291-301.

Bogardi, J. und Birkmann, J. (2004b): Vulnerability Assessment: The first Step towards sustainable Risk Reduction, in: Mahlzahn, D. und Plapp, T. (Hrsg.), *From Hazard Assessment to Risk Reduction*, Springer, Berlin, Heidelberg, 75-82.

Bogardi, J. und Birkmann, J. (2004a): Vulnerability Assessment: The first Step towards sustainable Risk Reduction, in: Mahlzahn, D. und Plapp, T. (Hrsg.), *From Hazard Assessment to Risk Reduction*, Springer, Berlin, Heidelberg, 75-82.

Bohle, H.-G. (2001): Vulnerability and Criticality: Perspectives from social geography, IHDP Update 2/2001, Newsletter of the International Human Dimensions Programme on Global Environmental Change, Bonn.

Boin, A. und McConell, A. (2007): Preparing Critical Infrastructure Breakdowns: The Limits of Crisis Management and the Need for Resilience, in: *Journal of Contingencies and Crisis Management*, 15, (1), 50-59.

Boisvert, R. (1992): Direct and Indirect Economic Losses from Lifeline Damage, Indirect Economic Consequences of a Catastrophic Earthquake, Final Report, FEMA, Washington, D.C.

Bol, G. (2004): Deskriptive Statistik, Oldenbourg Verlag, München.

Bonano, E.J. (1995): Decision Making under Uncertainty and Risk Assessment, in: Deshotels, E.L. und Zimmerman, R.D. (Hrsg.), *Cost-Effective Risk Assessment for Process Design*, McGraw-Hill, New York.

Bozarth, C.C., Warsing, D.P., Flynn, B.B. und Flynn, E.J. (2009): The impact of supply chain complexity on manufacturing plant performance, in: *Journal of Operation Management*, 27, 78-93.

Bradfielda, R., Burta, G., Cairns, G. und Van Der Heijdena, K. (2005): The origins and evolution of scenario techniques in long range business planning, in: *Futures*, 37, 795-812.

Brookshire, D.S., Chang, S.E., Eeri, M., Cochrane, H., Olson, R.A., Rose, A. und Steenson, J. (1997): Direct and Indirect Economic Losses from Earthquake Damage, in: *Earthquake Spectra*, 13, (4), 638-701.

Brookshire, D.S. und McKee (1992): Other Indirect Costs and Losses from Earthquakes: Issues and Estimation, in: *Indirect Economic Consequences of a Catastrophic Earthquake, Final Report*, FEMA, Washington, D.C.

Brown, G., Caryle, M., Salmerón, J. und Wood, K. (2005): Analyzing the Vulnerability of Critical Infrastructure to Attack, and Planning Defence, in: Greenberg, H.J. und Smith, J.C. (Hrsg.), *Tutorials in Operations Research - Emerging Theory, Methods, and Applications*, Institute for Operations Research and Management Sciences (INFORMS), Hannover, 102-123.

Buck, W. (2004): Monetary evaluation of flood damages, in: Mahlzahn, D. und Plapp, T. (Hrsg.), *Disasters and Society - From Hazard Assessment to Risk Reduction*, Berlin, 123-127.

Burger, A. und Burchart, A. (2002): Risikocontrolling, Wissenschaftsverlag Oldenbourg, München.

Burke, T.A. (2009): Science and decisions – Advancing Risk Assessment, Committee on Improving Risk Analysis Approaches, National Research Council (NRC), National Academic Press, Washington, D.C.

Cardona, O.D. (2005): Indicators for disaster risk and risk management – Main Technical Report, IDB/IDEA Program of Indicators for Disaster Risk Management, Institute of Environmental Studies, University of Colombia, Manizales.

Cardona, O.D. (2004): The Need for Rethinking the Concepts of Vulnerability and Risk from a Holistic Perspective: A Necessary Review and Criticism for Effective Risk Management., in: Bankoff, G., Frerks, G. und Hilhorst, D. (Hrsg.), *Mapping Vulnerability, Disasters, Development, and People*, Earthscan, London, 37-51.

Cardona, O.D., Hurtado, J.E., Moreno, A.M., Chardon, A.C. und Cardona, G.J. (2004): Results of the System of Indicators, Applications on Twelve Countries of the Americas, Programme on Information and Indicators for Risk Management, IADBECLAC-IDEA, Institute of Environmental Studies, University of Colombia, Manizales.

Cash, D.W. und Moser, S.C. (2000): Linking global and local scales: designing dynamic assessment and management processes, in: *Global Environmental Change*, 10, (2), 109-120.

Cavinato, J.L. (2004): Supply Chain Logistics Risks – from the Back Room to the Board Room, in: *International Journal of Physical Distribution and Logistics Management*, 34, 383-387.

Chambers, R. (1989): Editorial Introduction: Vulnerability, Coping, Policy, in: *IDS Bulletin*, 20, (2), 1-7.

Chan, F.T.S. und Kumar, N. (2007): Global supplier development considering risk factors using fuzzy extended AHP-based approach, in: *Omega*, 35, (4), 417-431.

Chang, S.E. (2000): Disasters and transport systems: loss, recovery, and competition at the port of Kobe after the 1998 earthquake, in: *Journal of Transport Geography*, 8, 53-65.

Chang, S.E. und Falit-Baiamonte, A. (2003): Disaster vulnerability of businesses in the 2001 Nisqually earthquake, in: *Environmental Hazards,* 4, 59-71.

Chang, S.E., McDaniels, T.L., Mikawoz, J. und Peterson, K. (2007): Infrastructure failure interdependencies in extreme events: power outage consequences in the 1998 ice storm, in: *Natural Hazards*, 41, 337-358.

Chang, S.E., Rose, A., Shinozuka, M. und Tierney, K.J. (2001): Modeling earthquake impact on urban lifeline systems: Advances and integration in loss estimation, in: Spencer, B.F. und Hu, Y.X. (Hrsg.), *Earthquake Engineering Frontiers in the New Millennium*, Swets und Zeitlinger, Lisse, 195-201.

Chang, S.E., Seligson, H.A. und Eguchi, R.T. (1996): Estimation of the Economic Impact of Multiple Lifeline Disruption, in: *NCEER Bulletin*, April 1996, 1-6.

Chang, S.E., Svekla, W.D. und Shinozuka, M. (2002): Linking infrastructure and urban economy: simulation of water-disruption impacts in earthquakes, in: *Environment and Planning: Planning and Design*, 29, 281-301.

Chang, Y.H. und Yeh, C.H. (1998): Decision support for bus operations under uncertainty: A fuzzy expert system approach, in: *Omega*, 26, (3), 367-380.

Chen, S. und Hwang, C. (1992): Fuzzy Multiple Attribute Decision Making: Methods and Applications, Springer, Berlin, Heidelberg.

Chernobai, A.S., Rachev, S.T. und Fabozzi, F.J. (2007): Operational Risk: A Guide to Basel II Capital Requirements, Models, and Analysis, Willey & Sons, London.

Cho, S., Gordon, P., Moor, J., Richardson, H., Shinozuka, M. und Chang, S.E. (2001): Integration Transportation Network and Regional Economic Models to Estimate the Cost of a Large Urban Earthquake, in: *Journal of regional Science*, 41, 39-65.

Christopher, M. (2005): Logistics and supply chain management: creating value-adding networks, Financial Times Series, Prentice Hall, Harlow.

Christopher, M. und Lee, H. (2004): Mitigating supply chain risk through improved confidence, in: *International Journal of Physical Distribution and Logistics Management*, 34, (5), 388-396.

Christopher, M. und Peck, H. (2004a): The five principles of supply chain resilience, in: *Logistics Europe*, 6, 16-21.

Christopher, M. und Peck, H. (2004b): Building the Resilient Supply Chain, in: *The International Journal of Logistics Management*, 15, (2), 1-13.

Clemen, R.T. (2001): Making hard Decisions with Decision Tools, Duxbury Thomson Learning, Pacific Grove.

Clifton, A. und Ericson, I.I. (1999): Fault Tree Analysis - A History, in: *Proceedings of the 17th International System Safety Conference, Orlando, Florida*, 1-9.

Cochrane, H. (1997): Economic Impacts of a Midwestern Earthquake, in: *NCEER Bulletin*, 11, (1), 1-5.

Cochrane, H. (2004): Economic Loss: Myth and Measurement, in: *Disaster Prevention and Management*, 13, (4), 290-296.

Colijn, F., Hamann, M., Reese, S. und Rohr, T. (2000): Wertermittlung für die potenziell sturmflutgefährdeten Gebiete an den Küsten Schleswig-Holsteins, Ministerium für Ländliche Räume, Landesplanung, Landwirtschaft und Tourismus des Landes Schleswig-Holstein, online: www.uni-kiel.de/ftzwest/ag4/PROJEKT/Txtlinks/test.htm.

Conrad, S.H., LeClaire, R.J., O'Reilly, G.P. und Uzunalioglu, H. (2006): Critical National Infrastructure Reliability Modelling and Analysis, in: *Bell Labs Technical Journal*, 11, (3), 57-71.

Cox, D., Fitzpatrick, R., Fletcher, A., Gore, S., Spiegelhalter, D. und Jones, D. (1992): Quality of life assessment: can we keep it simple?, in: *Journal of the Royal Statistical Society*, 155, (3), 353-393.

Craighead, C.W., Blackhurst, J., Rungutusantaham, M.J. und Handfield, R.B. (1997): The Severity of Supply Chain Disruptions: Design Characteristics and Mitigation Capabilities, in: *Decision Science*, 38, (1), 131-156.

Crawley, F., Preston, M. und Tyler, B. (2000): HAZOP: guide to best practice; guidelines to the best practice for the process and chemical industries, Rugby: Institution of Chemical Engineers, Warwickshire.

Crichton, D. (1999): The Risk Triangle, in: Ingleton, J. (Hrsg.), *Natural Disaster Management*, Tudor Rose, London, 102-103.

Crome, G. (1812): Der Boden und sein Verhältniß zu den Gewächsen in vorzüglicher Hinsicht auf die Landwirtschaft, Dissertation, Hannover.

Cruz, A.M. und Okada, N. (2008a): Consideration of natural hazards in the design and risk management of industrial facilities, in: *Natural Hazards*, 44, (2), 213-227.

Cruz, A.M. und Okada, N. (2008b): Methodology for preliminary assessment of NATECH risk in urban areas, in: *Natural Hazards*, 46, (2), 199-220.

Cureton, E.E. und D'Agostino, R.B. (1993): Factor analysis – An applied approach, IEA Psychology Press, IEA Psychology Press, Hove, East Sussex.

Cutter, S.L., Burton, Ch.G. und Emrich, C. (2010a): Disaster Resilience Indicators for Benchmarking Basline Conditions, in: *Journal of Homeland Security and Emergency Management*, 7, (1), 1-21.

Cutter, S.L. (2001): A Research Agenda for Vulnerability Science and Environmental Hazards, in: *Update IDHP, Newsletter of the International Human Dimensions Programme on Global Environmental Change*, Nr. 2/2001, Artikel Nr. 3.

Cutter, S.L. (2003): The Vulnerability of Science and the Science of Vulnerability, in: *Annals of the Association of American Geographers*, 93, (1), 1-12.

Cutter, S.L., Boruff, B.J. und Shirley, W.L. (2003): Social Vulnerability to Environmental Hazadards, in: *Social Science Quarterly*, 84, (2), 242-261.

Cutter, S.L., Burton, Ch.G. und Emrich, C. (2010b): Disaster Resilience Indicators for Benchmarking Baseline Conditions, in: *Journal of Homeland Security and Emergency Management*, 7, (1), 1-22.

Cutter, S.L. und Emrich, C. (2005): Are natural hazards and disaster losses in the U.S. increasing?, in: *Hazards*, 86, (41), 381-388.

Dahlhammer, J.M. und Tierney, K.J. (1996): Rebounding from disruptive Events: Business Recovery following the Northridge Earthquake, in: *Proceedings of the Annual Meeting of the North Central Sociological Association, Cincinatti*, online: http://dspace.udel.edu:8080/dspace/bitstream/19716/650/1/PP242.pdf.

Dali, V., Dialynas, S. und Megaloconomos, S. (2001): Interruption Cost Analysis for the Electrical Power Customers in Greece, in: *Proceedings of the Congrés International des Réseaux Électriques de Distribution 2001*, Amsterdam, 35-44.

Dastous, P.-A., Nikiema, J. und Megaloconomos, S. (2008): Risk management: All stakeholder must do their part, in: *Journal of Loss Prevention in the Process Industries*, 21, 367-373.

de Bruijn, K. (2005): Resilience and Food risk management, a system approach applied to lowland rivers, PhD Thesis, Delft University Press, Delft.

de Nooij, M., Bijovoet, C. und Koopmans, C. (2003): The demand for supply security, in: *Proceedings of the Research Symposium European Electricity Markets*, Den Haag.

Debreu, G. (1960): Topological methods in cardinal utility theory, in: Arrow, K.J., Karlin, S. und Suppes, P. (Hrsg.), *Mathematical Methods in Social Sciences*, Stanford University Press, Stanford.

Dienst, F. (1924): Die wildwachsende Flora als Indikator für Bodenbonitierung, Dissertation, Friedberg i. H.

Dilley, M., Chen, R.S., Deichmann, U., Lerner-Lam, A.L. und Arnold, M. (2005): Natural Disaster Hotspots, A Global Risk Analysis, Weltbank, Washington, D.C.

Dong, M. und Chen, F.F. (2007): Quantitative robustness index design for supply chain networks, in: Jung, H., Chen, F.F. und Jeong, B. (Hrsg.), *Trends in Supply Chain Design and Management*, Springer, Berlin, Heidelberg, 369-391.

Dunteman, G.H. (1989): Principal Component Analysis, Thousand Oaks, Quantitative Applications in the Social Sciences Series, Nr. 69, Sage Pubications.

Durukal, M., Erdik, M. und Uchkan, E. (2008): Earthquake risk to industry in Istanbul and its management, in: *Natural Hazards*, 44, 199-212.

Dutta, D., Herath, S. und Musiake, K. (2001): Direct flood damage modelling towards urban flood risk management, ICUS/INCEDE Report, International Centre for Urban Safety Engineering, Tokyo.

Dytczak, M. und Ginda, G. (2008): Classification of building repair policy choice criteria, in: *Proceedings of the 20th EUORO-Mini Conference "Continuous Optimization and Knowledge-Based Technologies", Neringa, Litauen*, 353-357.

Eberhard, O. (2002): Gefährdungsanalysen mit FMEA, Expert Verlag, Renningen.

Ebert, U. und Welsch, H. (2004): Meaningful environmental indicies: A social choice approach, in: *Journal of Environmental Economics and Management*, 47, 270-283.

Eggemann, G. und Konradt, Th. (2000): Risikomanagement nach KonTRaG aus dem Blickwinkel des Wirtschaftsprüfers, in: *Betriebs-Berater*, 503-509.

Einarsson, S. und Rausand, M. (1998): An Approach to Vulnerability Analysis of Complex Industrial, in: *Risk Analysis*, 18, (5), 535-546.

Ellinger, T. und Haupt, R. (1996): Produktions- und Kostentheorie, Schäffer-Poeschel Verlag, Stuttgart.

Ellson, R., Millimann, J. und Roberts, R. (1984): Measuring the Regional Economic Effects of Earthquakes and Earthquake Prediction, in: *Journal of regional Science*, 24, 559-579.

Elmer, F., Seifert, I., Kreibich, H. und Thieken, A. (2010): A Delphi method expert survey to derive standards for flood damage data collection, in: *Risk Analysis*, 30, (1), 107-124.

EMA (2002): Disaster Loss Assessment Guideline, Emergency Management Australia, Illycroft Ltd., Brisbane.

Empacher, C. und Wehling, P. (1999): Indikatoren sozialer Nachhaltigkeit: Grundlagen und Konkretisierungen, ISOE Diskussions Papiere, Institut für Sozio-Ökologische Forschung (ISOE), Frankfurt am Main.

Engelhardt-Nowitzki, C. und Zsiffkovits, H.E. (2006): Complexity-Induced Supply Chain Risk - Interdependencies between Supply Chain Risk and Complexity Management, in: Kersten, W. und Blecker, Th. (Hrsg.), *Managing Risks in Supply Chains – How to Build Reliable Collaboration in Logistics,* Erich Schmidt Verlag, Berlin, 37-56.

Enke, D.L., Tirasirichai, Ch. und Luna, R. (2008): Estimation of Earthquake Loss due to Bridge Damage in the St. Louis Metropolitan Area: Indirect Losses, in: *Natural Hazards Review*, 9, (1), 12-19.

Erdik, M. und Durukal, E. (2003): Damage to and Vulnerability of Industry in the 1999 Kocaeli, Turkey Earthquake, in: Kreimer, A., Arnold, M. und Carlin, A. (Hrsg.), *Building Safer Cities: The Future of Disaster Risk, Disaster Management Series,* Weltbank, Washington, D.C., 289-292.

Esty, D.C., Levy, M.A., Srebotnjak, T. und de Sherbinin, A. (2005): 2005 Environmental sustainability index: Benchmarking national environmental stewardship, Yale Center for Environmental Law & Policy, Conecticut.

European Environment Agency (2004): Impacts of Europe's changing climate, EEA, Copenhagen.

Farazmand, A. (2001): Introduction: Crisis and Emergency Management, in: Farazmand, A. (Hrsg.), *Handbook of Crisis and Emergency Management*, Marcel Dekker, Inc., New York, Basel, 1-10.

Farny, D. (1996): Risikomanagement in der Produktion, in: Kern, W. (Hrsg.), *Handwörterbuch der Produktionswirtschaft*, Stuttgart, 1798-1806.

Farrell, A.E., Zeriffi, H. und Dowlatabadi, H. (2004): Energy infrastructure and security, in: *Annual Review of Environment and Resources*, 29, 421-469.

FEMA (2003): Multi-hazard Loss Estimation Methodology, HAZUS-MH MR3, Federal Emergency Management Agency (FEMA), Washington, D.C.

Fischer, R. (2007): Basel II: Umsetzung; die aktuellen Texte zum Recht Kreditwesengesetz (KWG) ; Groß- und Millionenkreditverordnung (GroMiKV) mit Anlagen ; Solvabilitätsverordnung (SolvV) mit Anlagen ; Liquiditätsverordnung (LiqV) mit Anlagen, Beck, München.

Flaherty, C. (2007): 3D tactics: an advanced warfare concept in critical infrastructure protection, in: *International Journal of Emergency Management,* 4, (1), 33-44.

Flascha, G. (1980): Indikatoren und Indizes der Umwelt, Dissertation, Philipps-Universität Marburg, Marburg.

Fontela, E. und Gabus, A. (1976): The DEMATEL Observer, DEMATEL Report 1976, Battelle Geneva Research Center, Genf.

Freeman, P.K., Martin, L.A., Mechler, R., Warner, K. und Hausmann, P. (2002): Catastrophes and Development; Integrating Natural Catastrophes into Development Planning, Working Papers Series, 4, Weltbank, Washington, D.C.

French, S. (1995): Uncertainty and imprecision: Modelling and Analysis, in: *Journal of the Operational Research Society*, 46, 70-79.

French, S. (2003): Modelling, making inferences and making decisions: the roles of sensitivity analysis, in: *TOP*, 11, (2), 229-251.

French, S., Bartzis, J., Ehrhardt, J., Morrey, J.M., Papamichail, N., Sinkko, K. und Sohier, A. (2000): RODOS: Decision support for nuclear emergencies, in: Zanakis, S.H., Doukidis, G. und Zopounidis, G. (Hrsg.), *Recent Developments and Applications in Decision Making*, Kluwer Academic Publishers, Dordrecht, 379-394.

French, S. und Niculae, C. (2005): Believe in the Model: Mishandle the Emergency, in: *Journal of Homeland Security and Emergency Management*, 2, (1), 1-16.

Freudenberg, M. (2003): Composite Indicators of Country Performance - A critical Assessment, OECD Science, Technology and Industry Working Papers, 2003/16, DSTI/DOC(2003)16-JT00153477, OECD Publishing, Paris.

Friedland, C.J. (2009): Residential building damage from hurricane storm surge: proposed methodologies to describe, assess and model building damage, Dissertation, Louisiana State University, Baton Rouge, online: http://etd.lsu.edu/docs/available/etd-04152009-092337/unrestricted/Friedland_dis.pdf.

Funtowicz, S.O. und Ravetz, J.R. (1990): Uncertainty and Quality in Science for Policy, Kluwer Academic Publishers, Dordrecht.

Gall, M. (2007): Indices of social vulnerability to natural hazards: a comparative evaluation, PhD Thesis, University of South Carolina, Columbia City.

Gallopín, G.C. (2006): Linkages between vulnerability, resilience and adaptive capacity, in: *Global Environmental Change*, 16, (3), 293-303.

Gallopín, G.C. (1997): Indicators and their Use: Information for Decision Making - Introduction, in: Moldan, B. und Billharz, S. (Hrsg.), *SCOPE 58, Sustainability Indicators: Report of the Project on Indicators of Sustainable Development*, Wiley & Sons, Paris, London, 1-109.

Geldermann, J., Bertsch, V., Treitz, M., French, S., Papamichail, N. und Hämäläinen, P.H. (2009): Multi-criteria Decision Support and Evaluation of Strategies for Nuclear Remediation Management, in: *OMEGA - The International Journal of Management Science*, 37, (1), 238-251.

Geldermann, J., Merz, M., Bertsch, V., Hiete, M., Rentz, O., Seifert, I., Thieken, A.H., Borst, D. und Werner, U. (2008): The reference installation approach for the estimation of industrial assets at risk, in: *European Journal of Industrial Engineering*, 2, (1), 73-93.

Geldermann, J. und Rentz, O. (2004): The reference installation approach for the techno-economic assessment of emission abatement options and the determination of BAT according to the IPPC-directive, in: *Journal of Cleaner Production*, 12, 389-402.

Geldermann, J., Treitz, M., Bertsch, V. und Rentz, O. (2005): Moderated Decision Support and Countermeasure Planning for off-site Emergency Management, in: Loulou, R., Waaub, J.-P. und Zaccour, G. (Hrsg.), *Energy and Environment: Modelling and Analysis*, Springer, Berlin, Heidelberg, 63-80.

Gewalt, M., Klaus, J., Peerbolte, E.B., Pflüger, W., Schmidtke, R.F. und Verhage, L. (1996): Economic Assessment of Flood Hazards, Regional Scale Analysis-Decision Support System (RSA-DSS), EUROflood Report, Technical Annex 8, London.

Ghajar, R.F. und Billinton, R. (2006): Economic costs of power interruptions: a consistent model and methodology, in: *Electrical Power and Energy Systems*, 28, 29-35.

Gheorghe, A.V., Mock, R. und Kröger, W. (2000): Risk assessment of regional systems, in: *Reliability Engineering & System Safety*, 70, 141-156.

Gheorghe, A.V. und Vamanu, D.V. (2004a): Complexity induced vulnerability, in: *International Journal of Critical Infrastructures*, 1, (1), 76-84.

Gheorghe, A.V. und Vamanu, D.V. (2004b): Decision support systems for risk mappin: viewing the risk form the hazards perspective, in: *Journal of Hazardous Materials*, 111, (1-3), 45-55.

Gleißner, W. (2001a): Mehr Wert durch optimierte Risikobewältigung, in: *Zeitschrift für Versicherungswesen*, 172-175.

Gleißner, W. (2001b): Ratschläge für ein leistungsfähiges Risiko-Management: Eine Checkliste, in: Gleißner, W. und Meier, G. (Hrsg.), *Wertorientiertes Risiko-Management für Industrie und Handel*, Betriebswirtschaftlicher Verlag Dr. Th. Gabler, Wiesbaden, 253-266.

Gordon, P., Richardson, H. und Davis, B. (1998): Transport-Related Impacts of the Northridge Earthquake, in: *Journal of Transportation and Statistics*, 1, 22-36.

Götze, U. und Mikus, B. (2001): Risikomanagement mit Instrumenten der strategischen Unternehmensführung, in: Götze, U., Henselmann, K. und Mikus, B. (Hrsg.), *Risikomanagement*, Physica Verlag, Heidelberg, 385-412.

Granger, K., Jones, T., Leiba, M. und Scott, G. (1999): Community risk in cairns: A multi-hazard risk assessment, asgo (australian geological survey organisation), Cities Project, Department of Industry, Science and Resources, Australia.

Green, C.H., Parker, D.J. und Tunstall, S. (2000): Assessment of flood control and management options, WCD Thematic Review, World Commission on Dams (WCD), Kapstadt.

Green, C.H. und van der Veen, A. (2007): Indirect Economic damage: concepts and guideline, in: Wallington, 95-105.

Green, C.H., van der Veen, A., Wierstra, E. und Pening-Rowsell, E.C. (1994): Vulnerability Refined: Analysing Full Flood Impact, in: Penning-Rowsell, E.C. und Fordham, M. (Hrsg.), *Floods Across Europe. Hazard Assessment, Modelling and Management*, Middlesex University Press, London, 32-68.

Grünthal, G., Thieken, A.H., Schwarz, J., Radtke, K.S., Smolka, A. und Merz, B. (2006): Comparative risk assessment for the City of Cologne – storms, floods, earthquakes, in: *Natural Hazards*, 38, 21-44.

Grupp, H. und Mogee, M.E. (2004): Indicators for national science and technology policy: how robust are composite indicators?, in: *Research Policy*, 33, 1373-1384.

Gundel, S. und Mülli, S. (2009): Unternehmenssicherheit, Wissenschaftsverlag Oldenbourg, München.

Gutenberg, E. (1983): Grundlagen der Betriebswirtschaftslehre - Band 1: Die Produktion, Springer, Berlin, Heidelberg.

Haaren, B. (2008): Konzeption, Modellierung und Simulation eines Supply-Chain-Risiko-Managements, Dissertation, Technische Universität Dortmund, online: https://eldorado.tu-dortmund.de/bitstream/2003/26072/3/Haaren Dissertation. pdf.

Haas, D. (2000): Risikomanagement in Verkehrsunternehmen, in: Dörner, D., Horváth, P. und Kagermann, H. (Hrsg.), *Praxis des Risikomanagements: Grundlagen, Kategorien, branchenspezifische und strukturelle Aspekte*, Schäffer-Poeschel Verlag, Stuttgart, 589-622.

Hahn, D. (1987): Risiko-Management – Stand und Entwicklungstendenzen, in: *Zeitschrift für Führung und Organisation*, 137-150.

Hahn, H. (2003): Indicators and Other Instruments for Local Risk Management for Communities and Local Governments, Gesellschaft für Technische Zusammenarbeit GmbH (GTZ), Eschborn.

Hall, J.W., Dawson, R.J., Sayers, P.B., Rosu, C., Chatterton, J.B. und Deakin, R. (2003): A Methodology for National-Scale Flood Risk Assessment, in: *Water and Maritime Engineering*, (156), 235-247.

Hall, J.W. und Meadowcroft, I.C. (2003): Integrated Flood risk management in England und Wales, in: *Natural Hazards Review*, 4, (3), 126-135.

Haller, M. (1986): Risikomanagement – Eckpunkte eine integrierten Konzepts, in: Jacob, H. (Hrsg.), *Risikomanagement, Schriften zur Unternehmensführung, Bnd.33*, Betriebswirtschaftlicher Verlag Dr. Th. Gabler, Wiesbaden, 7-43.

Hallikas, J., Karvonen, I., Pulkkinen, U., Viroainen, V.-M. und Tuominen, M. (2004): Risk management process in supplier networks, in: *International Journal of Production Economics*, 90, 47-58.

Hallikas, J., Viroainen, V.-M. und Tuominen, M. (2002): Risk analysis and assessment in networks environments: A didactic case study, in: *International Journal of Production Economics*, 78, 45-55.

Harland, Ch., Brenchley, R. und Walker, H. (2003): Risk in supply networks, in: *Journal of Purchasing and Supply Management*, 9, 51-62.

Härterich, S. (1987): Management von industriellen Produktions- und Produktrisiken, Dissertation, Universität Mannheim, Verlag Versicherungswirtschaft, Karlsruhe.

Hartung, J. und Elpelt, B. (1994): Multivariante Statistik - Lehr- und Handbuch der angewandten Statistik, Wissenschaftsverlag Oldenbourg, München.

Hawley, Ch. (2004): Hazardous Materials Incidents, Thomson Delmar Learning, New York.

Heinze, W. und Kullmann, S. (2002): Risikomanagement in einem diversifizierten Bergbau- und Technologiekonzern, in: Hölscher, R. und Elfgen, R. (Hrsg.), *Herausforderung Risikomanagement - Identifikation, Bewertung und Steuerung industrieller Risiken*, Betriebswirtschaftlicher Verlag Dr. Th. Gabler, Wiesbaden, 127-142.

Heller, S. (2006): Managing industrial risk - Having a tested and proven system to prevent and assess risk, in: *Journal of Hazardous Materials*, 130, 58-63.

Hellström, T. (2007): Critical infrastructure and systemic vulnerability: Towards a planning framework, in: *Safety Science*, 45, 415-430.

Helm, P. (1996): Integrated risk management for natural and technological disasters, in: *Tephra*, 15, (1), 4-13.

Helten, E., Bittl, A. und Liebwein, P. (2000): Versicherung von Risiken, in: Dörner, D., Horváth, P. und Kagermann, H. (Hrsg.), *Praxis des Risikomanagements: Grundlagen, Kategorien, branchenspezifische und strukturelle Aspekte*, Schäffer-Poeschel Verlag, Stuttgart, 153-191.

Helten, E. und Hartung, T. (2002): Instrumente und Modelle zur Bewertung industrieller Risiken, in: Hölscher, R. und Elfgen, R. (Hrsg.), *Herausforderung Risikomanagement; Identifikation, Bewertung und Steuerung industrieller Risiken*, Betriebswirtschaftlicher Verlag Dr. Th. Gabler, Wiesbaden, 255-271.

Helton, J.C. (1993): Uncertainty and sensitivity analysis techniques for use in performance assessment for radioactive waste disposal, in: *Reliability Engineering & System Safety*, 42, (2/3), 327-367.

Hermans, E. und Van den Bossche, F. (2009): Uncertainty assessment of the road safety index, in: *Reliability Engineering & System Safety*, 94, 1220-1228.

Herrera, F., Herrera-Viedma, E. und Martinez, L. (2000): A fusion approach for managing multi-granularity linguistic term sets in decision making, in: *Fuzzy sets and Systems*, 114, 43-58.

Hiete, M. und Merz, M. (2009): An Indicator Framework to Assess the Vulnerability of Industrial Sectors against Indirect Disaster Losses, in: *Proceedings of the Interna-*

tional Conference on Information Systems for Crisis Response and Management (IS-CRAM) 2009, Paper Nr. 131.

Hiete, M., Merz, M., Comes, T. und Schultmann, F. (2010a): Trapezoidal Fuzzy DEMATEL method for developing an indicator framework for indirect industrial disaster vulnerability assessment, in: *OR-Spectrum*, (eingereicht).

Hiete, M., Merz, M., Trinks, Ch., Grambs, W. und Thiede, T. (2010b): Krisenhandbuch Stromausfall Baden Württemberg, Innenministerium Baden-Württemberg, Bundesamt für Bevölkerungsschutz und Katastrophenhilfe (BBK), Stuttgart, Bonn.

Hiles, A. und Barnes, P. (2001): The definitive handbook of business continuity management, Wiley & Sons, Chichester.

Hodgson, M.E. und Cutter, S.L. (2001): Mapping and spatial analysis of hazardscape, in: Cutter, S.L. (Hrsg.), *America Hazardscapes - The Regionalization of Hazards and Disasters*, Joseph Henry Press, Washington D.C., 37-59.

Hoffmann, G. und Neumann, Th. (2009): Management innerer Risiken – Rechtsgrundlagen und praxisorientierte Durchführungshilfe für ein internes, kosten-optimiertes, effizientes Risikomanagement, VDE Verlag, Berlin.

Holling, C.S. (1973): Resilience and stability of ecological systems, in: *Annual Review of Ecological Systems*, 4, 1-23.

Holling, C.S. (1996): Engineering resilience versus ecological resilience, in: Schulze, P. (Hrsg.), *Engineering Within Ecological Constraints*, National Academic Science, Washington D.C., 31-44.

Holmgren, A.J. (2007): A Framework for Vulnerability Assessment of Electric Power Systems, in: Murray, A.T. und Grubesic, T.H. (Hrsg.), *Critical Infrastructure – Reliability and Vulnerability*, Springer, Berlin, Heidelberg, 1-8.

Hölscher, R. (1999): Gestaltungsformen und Instrumente des industriellen Risikomanagements, in: Schierenbeck, H. (Hrsg.), *Risk Controlling in der Praxis: Rechtliche Rahmenbedingungen und geschäftspolitische Konzeptionen in Banken, Versicherungen und Industrie*, Schäffer-Poeschel, Stuttgart, 297-363.

Hölscher, R. (1987): Risikokosten-Management in Kreditinstituten, Ein integratives Modell zur Messung und ertragsorientierten Steuerung der bankbetrieblichen Erfolgsrisiken, Schriftenreihe des Instituts für Kreditwesen der Wilhelms-Universität Münster, Band 36, Institut für Kreditwesen der Wilhelms-Universität Münster, Frankfurt am Main.

Hölscher, R. (2002): Von der Versicherung zur integrativen Risikobewältigung: Die Konzeption eines modernen Risikomanagements, in: Hölscher, R. und Elfgen, R. (Hrsg.), *Herausforderung Risikomanagement: Identifikation, Bewertung und Steuerung industrieller Risiken*, Betriebswirtschaftlicher Verlag Dr. Th.Gabler, Wiesbaden, 5-31.

Horváth, P. und Gleich, R. (2000): Controlling als Teil des Risikomanagements, in: Dörner, D., Horváth, P. und Kagermann, H. (Hrsg.), *Praxis des Risikomanagements: Grundlagen, Kategorien, branchenspezifische und strukturelle Aspekte*, Schäffer-Poeschel, Stuttgart, 99-126.

Hossini, V. (2008): The Role of Vulnerability in Risk Management - Summary of the Third PhD Block Course, Working Paper, 8/2008, UNU Institute for Environment and Human Security (UNU-EHS), Bonn.

Hsu, J.Y., Chang, P.-L. und Chen, T.Y. (1994): Various methods for estimating power outage costs – some implications and results in Taiwan, in: *Energy Policy*, 22, (1), 69-74.

Huggins, R. (2003): Creating a UK-competitive index: regional and local benchmarking, in: *Regional Studies*, 37, 89-96.

IKSR (2001): Atlas der Überschwemmungsgefährdung und möglichen Schäden bei Extremhochwasser am Rhein, Internationale Kommission zum Schutze des Rheins (IKSR), Koblenz.

Imboden, C. (1983): Risikohandhabung: ein entscheidungsbezogenes Verfahren, Schriftenreihe Prüfen und Entscheiden, Bd. 9, Betriebswirtschaftliches Institut der Universität Bern, Stuttgart, Bern.

Jäger, T.-H. (2002): System von Indikatioren für eine nachhaltige Entwicklung in Hessen, Dissertation, Johann-Wolfgang-Goethe Universität, Frankfurt am Main.

Jordan, A. und Lorenzoni, I. (2000): Co-evolutionary Approach to Climate Change Impact Assessment: A Scenario-Based Study in the UK, Norwich, Centre for Social and Economic Research on the Global Environment, University of East Anglia, Norwich.

Jüttner, U. (2005): Supply chain risk management – understanding the business requirements from a practitioner perspective, in: *The International Journal of Logistics Management*, 16, (1), 120-141.

Jüttner, U., Peck, H. und Christopher, M. (2003): Supply Chain Risk: Outlining an Agenda for Future Research, in: *International Journal of Logistics: Research an Applications*, 6, (4), 197-210.

Kaegi, M., Mock, R., Ziegler, R. und Nibali, R. (2006): Information Systems' Risk Analysis by Agent-based Modelling of Business Processes, in: *Proceedings of the European Safety and Reliability Conference 2006 (ESREL 2006)*, Taylor & Francis, London, 2277-2284.

Kaiser, H.F. und Rice, J. (1974): Little Jiffy, Mark IV., in: *Educational and Psychological Measurement*, 34, 111-117.

Kajüter, P. (2007): Risikomanagement in der Supply Chain: Ökonomische, regulatorische und konzeptionelle Grundlagen, in: Vahrenkamp, R. und Siepermann, S. (Hrsg.), *Risikomanagement in Supply Chains*, Erich Schmidt Verlag, Berlin, Heidelberg, 13-28.

Kang, S.M. (2002): A sensitivity analysis of the Korean composite environmental index, in: *Ecological Economics*, 43, 159-174.

Kann, A. und Weyant, J.P. (2000): Approaches for performing Uncertainty Analysis in Large-scale Energy/Economic Policy Models, in: *Environmental Modelling and Assessment,* 5, (1), 29-46.

Kaplan, S. und Garrick, J. (2006): On the quantitative definition of Risk, in: *Risk Analysis*, 1, (1), 11-27.

Karimi, I., Butenweg, C. und Toll, B. (2005): Vulnerability assessment of industrial facilities, in: Topping, B.H.V. (Hrsg.), *Proceedings of the Tenth International Conference on Civil, Structural and Environmental Engineering Computing*, Paper 34, Civil-Comp Press, Stirling.

Karl, H. und Klemmer, P. (1990): Einbeziehung von Umweltinidkatoren in die Regionalpolitik, Schriftenreihe des Rheinisch-Wesfälischen Instituts für Wirtschaftsforschung, 50, Druck & Humblot, Berlin.

Karl, T.R. und Trenberth, K.E. (2003): Viewpoint: Modern Global Climate Change, in: *Science*, 302, (5651), 1719-1723.

Kates, R.W. und Kasperson, J.X. (1983): Comparative risk analysis of technological hazards (A Review), in: *Proceedings of the National Academic Society*, 80, 7027-7038.

Keeney, R.L. und Raiffa, H. (1976): Decisions with multiple objectives: Preferences and value tradeoffs, John Wiley & Sons, New York.

Keitsch, D. (2000): Risikomanagement, Schäffer-Poeschel, Stuttgart.

Kelly, P.M. und Adger, W.N. (2000): Theory and practice in assessing vulnerability to climate change and facilitating adaptation, in: *Climatic Change*, 47, (4), 325-352.

Kersten, W., Held, T., Meyer, C. und Hohrath, P. (2007): Komplexitäts- und Risikomanagement als Methodenbausteine des Supply Chain Managements, in: Hausladen, I. und Mauch, C. (Hrsg.), *Management am Puls der Zeit*, Transfer-Centrum-Verlag, München, 1159-1181.

Kersten, W. und Hohrath, P. (2007): Risiko-Management in internationalen Supply Chains, in: *Proceedings des 24. Deutschen Logistik-Kongress, Berlin*, 166-167.

Kiese, M. und Leineweber, B. (2001): Risiko einer Küstenregion bei Klimaänderung. Ökonomische Bewertung und räumliche Modellierung des Schadenspotenzials in der Unterweserregion, Nr. 25, Hannoversche Geographische Arbeitsmaterialien, Hannover.

Kircher, C.A., Holmes, W., Kustu, A. und Nassar, N. (1997): Building damage and loss, Earthquake Spectra, in: *Special Volume on Loss Estimation*, 13, (4), 663-682.

Kirchsteiger, C. (2000): Availability of community level information on industrial risks in the EU, in: *TransIChemE*, 78, (B), 81-90.

Kirkwood, C.W. (1997): An overview of methods on applied decision analysis, in: *Interfaces*, 22, (6), 28-39.

Kleindorfer, P.R. (2002): Industrial ecology and risk analysis, in: Ayres, L. und Ayres, R. (Hrsg.), *A Handbook of Industrial Ecology*, Edward Elgar Publishing Limited, Massachusetts, 467-475.

Kleindorfer, P.R. und Saad, H.G. (2005): Managing Disruption Risks in Supply Chains, in: *Production and Operations Management*, 14, (1), 53-68.

Kleindorfer, P.R. und Wassenhove, L.N. (2004): Managing risk in global supply chains, in: Gatignon, H., Kimberly, J.R. und Gunter, R.E. (Hrsg.), *The INSEAD-Wharton Alliance on Globalizing*, Cambridge University Press, Cambridge, 288-305.

Kleinknecht, A., van Montfort, K. und Bouwer, E. (2002): The non trivial choice between innovation indicators, in: *Economic Innovation and New Technologies*, 11, 109-121.

Klir, G. und Folger, T. (1988): Fuzzy Sets, Uncertainty and Information, Prentice Hall, New Jersey.

Knemeyer, A.M., Zinn, W. und Eroglu, C. (2009): Proactive planning for catastrophic events in supply chains, in: *Journal of Operations Management*, 27, 141-153.

Knight, F.H. (1921): Risk, Uncertainty and Profit, Century Press, New York.

Kok, M., Huizinga, H.J., Vrouwenfelder, A.C.W.M. und Barendregt, A. (2004): Standard Method 2004. Damage and Casualties caused by Flooding, Client - Highway and Hydraulic Engineering Department, Delft.

Kommission der Europäischen Gemeinschaft (2005): Grünbuch über ein Programm für den Schutz kritischer Infrastrukturen, Brüssel.

Koskolos, N.C., Megaloconomos, S.M. und Dialynas, E.N. (1998): Assessment of power interruption costs for the industrial customers in Greece, in: *IEEE Proceedings, Athen, 14. -16. Oktober*, 761-766.

Kraftfahrt Bundesamt (2008): Verkehrsaufkommen im Jahr 2008 nach Güterabteilungen, in: *Verkehr deutscher Lastkraftfahrzeuge - Verkehrsaufkommen, Eigenschaften der Ladung*, Kraftfahrt Bundesamt (KFB), Flensburg.

Kremers, M. (2002): Risikoübernahme in Industrieunternehmen, Der Value-at-risk als Steuerungsgröße für das industrielle Risikomanagement, dargestellt am Beispiel des Investitionsrisikos, Finanzmanagement, Bd. 7, Verlag Wissenschaft & Praxis, Sternenfels.

Kummer, S., Grün, O. und Jammernegg, W. (2006): Grundzüge der Beschaffung, Produktion und Logistik, Pearson Studium, München.

Kunreuther, H. (2003): Interdependent Disaster Risks: The Need for Public-Private Partnerships, in: Kreimer, A., Arnold, M. und Carlin, A. (Hrsg.), *Building Safer Cities: The Future of Disaster Risk, Disaster Management Series*, Weltbank, Washington D.C., 3-32.

Kupsch, P.U. (1973): Das Risiko im Entscheidungsprozess, Die Betriebswirtschaft in Forschung und Praxis, Schriftenreihe, Bd. 14, Betriebswirtschaftlicher Verlag Dr. Th. Gabler, Wiesbaden.

Laux, H. (2005): Entscheidungstheorie, Springer, Berlin, Heidelberg.

LeClair, R.J. und O´Reilly, S. (2005): und (2005): Leveraging a High Fidelity Switched Network Model to Inform System Dynamics Model of the Telecommunications Infrastructure, in: *Proceedings of the 23rd International Systems Dynamic Conference, 17-21 Juli 2005, Boston*, online: http://www.systemdynamics.org/conferences/2005/proceed/papers/LECLA308.pdf.

Lehtonen, M. und Lemström, B. (1994): Comparison of the methods for assessing the cutomers' outage costs, in: *IEEE Catalogoue*, 95TH8130, 1-6.

Leitch, M. (2010): ISO 31000:2009 - The New International Standard on Risk Management, in: *Risk Analysis*, 30, 887-892.

Leontief, W. (1986): Input-Output Economics, Oxford University Press, Oxford, New York.

Leyer, I. und Wesche, K. (2007): Multivariate Statistik in der Ökologie, Springer, Berlin, Heidelberg.

Li, C. und Tzeng, G. (2009): Identification of a threshold value for the DEMATEL-Method using the maximum mean de-entropy algorithm to find critical services by a semiconductor intellectual property mall, in: *Expert Systems with Applications*, 36, 9891-9898.

Lin, C.L. und Tzeng, G.-H. (2009): A value-created system of science (technology) park by using DEMATEL, in: *Expert Systems with Applications*, 36, (6), 9683-9697.

Lin, C.-J. und Wu, W.-W. (2008): A causal analytical method for group decision-making under fuzzy environment, in: *Expert Systems with Application*, 34, (1), 205-213.

Linkov, I. und Ramadan, A.B. (2004): Comapartive Risk Assessment and Environmental Decision making, Nato Science series, Earth and Environmental Sciences, 38, Kluwer Academic Publishers, Dordrecht.

Liou, J.J.H., Yen, L. und Tzeng, G.H. (2008): Building an effective safety management system for airlines, in: *Journal of Air Transport Management*, 14, 20-26.

Little, R.G. (2002): Controlling Cascading Failure: Understanding the Vulnerabilities of Interconnected Infrastructures, in: *Journal of Urban Technology*, 9, (1), 109-123.

Lockamy III, A. und McCormack, K. (2010): Analysing risks in supply networks to facilitate outsourcing decisions, in: *International Journal of Production research*, 48, (2), 593-611.

Lonergan, S.C., Langeweg, F. und Hilderink, H. (2001): What do indicators indicate?, in: Redclift, M. und Page, E. (Hrsg.), *Environmental Change and Security*, Edgar Elgar Publishing, London.

Long, M.H. (1997): Business Interruption Risk Assessment: A Multi-Disciplinary Approach, in: *Disaster Recovery Journal*, online: http://www.drj.com/new2dr/w3_029.htm.

Lück, W., Henke, M. und Gaenslen, P. (2002): Die Interne Revision und das Interne Überwachungssystem vor dem Hintergrund eines integrierten Risikomanagements, in: Hölscher, R. und Elfgen, R. (Hrsg.), *Herausforderung Risikomanagement; Identifikation, Bewertung und Steuerung industrieller Risiken*, Betriebswirtschaftlicher Verlag Dr. Th. Gabler, Wiesbaden, 225-238.

Luiijf, E.A.M. und Klaver, H.A. (2006): Protection of the Dutch critical infrastructures, in: *International Journal of Critical Infrastructures*, 2, (2/3), 201-214.

Makowski, M. (2006): Structured Modeling for Copingwith Uncertainty in Complex Problems, in: Marti, K., Ermoliev, Y., Makowski, M. und Plug, G. (Hrsg.), *Coping with Uncertainty – Modeling and Policy Issues*, Springer, Berlin, Heidelberg.

Manly, B. (1994): Multivariante statistical Methods, Chapman & Hall, London.

Marans, R. und Strüpel, B. (1976): The Role of Subjective Indicators In an Environmental Indicator System, in: *Proceedings of the Conference on Environmental Indicators, State of the Art in Industrialised Countries, Dezember 1997, Berlin.*

Martin, K. (2001): Auswirkungen des KonTraG auf das Risk Management, Vorsprung der Versicherer - externe Berater mit dem Blick von außen, in: *Versicherungswirtschaft 2001*, 1460-1464.

Mateos, A. und Jimenez, A. (2009): A trapezoidal fuzzy Numbers-Based approach for aggregating group preferences and ranking decision alternatives in MCDM. In: Evolutionary Multi-Criterion Optimization, in: *Computer Science*, 5467/2009, 365-379.

McManus, D.J. und Carr, H.H. (2001): Risk and Need for Business Continuity Planning, in: Doughty, K. (Hrsg.), *Business Continuity Planning: Protecting your Organization's Life*, Auerbach, Boca Raton, 3-10.

Mendonca, D., Lee, E.E. und Wallace, W.A. (2004): Impact of the 2001 World Trade Center Attack on Critical Interdependent Infrastructures, in: *Proceedings of the 2004 IEEE international conference on "systems, man & cybernetics"*, Den Haag.

Merz, B. (2006): Hochwasserrisiken, Grenzen und Möglichkeiten der Risikoabschätzung, Schweizerbart`sche Verlagsbuchhandlung, Stuttgart.

Merz, B., Kreibich, H., Thieken, A. und Schmidke, R. (2004): Estimating uncertainty of direct monetary flood damage to buildings, in: *Natural Hazards and Earth System Science*, 4, 153-163.

Merz, M., Bertsch, V., Rentz, O. und Geldermann, J. (2007a): Assessment of Industrial Asset Values at Risk, in: *Proceedings of the 4th International Conference on Information Systems for Crisis Response and Management (ISCRAM) 2007*, Delft.

Merz, M., Hiete, M. und Bertsch, V. (2009): Multicriteria decision support for business continuity planning in the event of critical infrastructure disruptions, in: *International Journal of Critical Infrastructures*, 5, (1/2), 156-174.

Merz, M., Hiete, M., Bertsch, V. und Rentz, O. (2007b): Decision support for managing interruptions in industrial supply chains, in: *Proceedings des 8. Forums Katastrophenvorsorge - Katastrophenvorsorge im Klimawandel, Oktober 2007*, Bonn.

Merz, M., Hiete, M. und Schultmann, F. (2010): An indicator framework for the assessment of the indirect disaster vulnerability of industrial production systems, in: *Proceedings of the International Conference on Disaster Risk Reduction (IDRC), May 2010, Davos*, Paper Nr. 131.

Messner, F. und Green, C. (2007): Fundamental issues in the economic evaluation of flood damage, in: Messner, F., Penning-Rowsell, E., Green, C.H., Meyer, V., Tunstall, S. und van der Veen, A. (Hrsg.), *Evaluating flood damages: guidance and recommendations on principles and methods, FLOODsite Report, T09-06-01*, Wallington, 95-105.

Messner, F. und Meyer, V. (2005): Flood damage, vulnerability and risk perception – challenges for flood damage research, in: Schanze, J., Zeman, E. und Marsalek, J. (Hrsg.), *Flood Risk Management – Hazards, Vulnerability and Mitigation Measures, Nato Science Series*, Springer, Berlin, Heidelberg, 149-168.

Messner, F., Penning-Rowsell, E., Green, C.H., Meyer, V., Tunstall, S. und van der Veen, A. (2007): Evaluating flood damages: guidance and recommendations on principles and methods, Integrated Flood Risk Analysis and Management Methodologies, FLOODsite Report, T09-06-01, Wallington.

Meyer, V. (2005): Methoden der Sturmflut-Schadenspotentialanalyse an der deutschen Nordseeküste, UFZ-Umweltforschungszentrum, Leipzig - Halle.

Meyer, V. und Messner, F. (2006): Guidelines for direct, tangible flood damage evaluation, Guidelines for Socio-economic Flood Damage Evaluation, FLOODsite Report, T9-06-01, Wallington.

Meyer, V. und Messner, F. (2007): Guidelines for direct, tangible flood damage evaluation, in: Messner, F., Penning-Rowsell, E., Green, C.H., Meyer, V., Tunstall, S. und van der Veen, A. (Hrsg.), *Evaluating flood damages: guidance and recommendations on principles and methods*, Wallington, 22-73.

Michaels, B. (1999): Risiko und Risikomanagement als Forschungsgegenstand und als Aufgabe des Unternehmens, in: *Zeitschrift für die gesamte Versicherungswissenschaft*, 233-254.

Mikus, B. (2001): Risiken und Risikomanagement: ein Überblick, in: Götze, U., Henselmann, K. und Mikus, B. (Hrsg.), *Risikomanagement*, Physica Verlag, Heidelberg, 3-28.

Milbrath, L.W. und Sahr, R.C. (1975): Perception of Environmental Quality, in: *Social Indicators Research*, 1, (4), 397-438.

Mili, L., Qui, Q. und Phadke, A.G. (2004): Risk management of catastrophic failures in electric power systems, in: *International Journal of Critical Infrastructures*, 1, (1), 38-63.

Miller, R.E. und Blair, P.D. (1985): Input-Output Analysis: Foundations and Extensions, Englewood Cliffs, Prentice Hall.

Min, H.-S., Beyeler, W., Brown, Th., Son, Y.J. und Jones, A.T. (2007): Toward modelling and simulation of critical national infrastructure interdependencies, in: *IIE Transactions*, 39, 57-71.

Mitchell, J. (1989): Hazards research, in: *Geography in America*, 1989, 410-421.

Mock, R. (2001): Moderne Methoden der Risikobewertung komplexer Systeme, in: *ETH-Publikation, DISP 144*, 39-44, online: http://www.nsl.ethz.ch/index.php/en/content/download/365-2315/file.

Mock, R., Kaegi, M. und Hechelmann, B. (2005): Risk Assessment of Computer Networks by Means of Business Process Modelling (TEHOSS 2005), in: *Proceedings of the IEEE International Conference on Technologies for Homeland Security and Safety, TEHOSS 2005, September 28-30, 2005, Gdansk.*

Morgan, M.G. und Henrion, M. (2000): Uncertainty: A Guide to Dealing with Uncertainty in Quantitative Risk and Policy Analysis, Cambridge University Press, New York.

Moteff, J. (2005): Risk Management and Critical Infrastructure Protection: Assessing, Integration, and Managing Threats, Vulnerabilities and Consequences, CRS Report for Congress, RL32561, Congress Research Service, Washington D.C.

Moteff, J. und Parfomak, P. (2004): Critical Infrastructure and Key assets: Definition and Identification, CRS Report for Congress, RL32631, Congress Research Service, Washington D.C.

Muldur, G. (2001): Technical annex on structural indicators. Two composite indicators to assess the progress of member states in their transition towards a knowledge based economy, DG Research (Europäische Kommission), Brüssel.

Münchner Rückversicherungs-Gesellschaft (2009): Topics Geo Naturkatastrophen 2008 - Analysen, Bewertungen, Positionen, München, online: http://www.munichre.com/publications/302-06021_de.pdf.

Munda, G. (2005): Measuring sustainability: A multi-criterion framework, in: *Environment, Development and Sustainability*, 7, 117-134.

Munda, G. und Nardo, M. (2009): Non-compensatory/nonlinear composite indicators for ranking countries: a defensible setting, in: *Applied Economics*, 41, (12), 1512-1523.

Munda, G., Nardo, M., Saisana, M. und Srebotnjak, T. (2009): Measuring uncertainties in composite indicators of sustainability, in: *International Journal of Environmental Technology and Management*, 11, (1/2/3), 7-26.

MURL (2000): Hochwasserschadenspotenziale am Rhein in Nordrhein-Westfalen, Abschlussbericht, Ministerium für Umwelt,Raumordnung und Landwirtschaft des Landes Nordrhein-Westfalen, Düsseldorf.

Murray, A.T. und Grubesic, T.H. (2007): Overview of reliability and vulnerability in critical infrastructure, in: Murray, A.T. und Grubesic, T.H. (Hrsg.), *Critical Infrastructure - Reliability and Vulnerability*, Springer, Berlin, Heidelberg, 1-8.

Murray, R.C. und Sapone, D.R. (1987): The effects of earthquakes and industrial facilities and implications for nuclear power plant design, ASCE, New York.

Mustajoki, J.R., Hämäläinen, P.H. und Lindstedt, M.R.K. (2006): Using intervals for Global Sensitivity and Worst Case Analyses in Multiattribute Value Trees, in: *European Journal of Operational Research*, 174, (278), 292.

Myres, K.N. (1993): Total Contingency Planning for Disasters: Managing Risk, Minimizing Loss, Ensuring Business Continuity, John Wiley & Sons, New York, Chichester.

Narasimham, R. und Talluri, S. (2009): Perspectives on risk management in supply chains, in: *Journal of Operations Management*, 27, 114-118.

Nardo, M., Saisana, M., Saltelli, A. und Tarantola, S. (2005a): Tools for Composite Indicator Building, Report, EUR 221682 EN, Joint Research Center, Ispra.

Nardo, M., Saltelli, A., Saltelli, A., Tarantola, M. und Giovanni, E. (2005b): Handbook on Constructing Composite Indicators: Methodology and User Guide, OECD Statistics Working Paper, TD/DOC(2005)3-JT00188147, OECD Publishing, Paris.

Naujoks, U. (2003): Notfallplanung in einer globalisierten Bank, in: Wieczorek, M., Naujoks, U. und Bartlett, B. (Hrsg.), *Business Continuity*, Springer, Berlin. Heidelberg, 109-127.

Nicolett, G., Scarpeta, S. und Boylaud, O. (2000): Summary indicators of market regulation with an extension to employment protection legislation, OECD Economic Department Working Papers, 226 ECO/WKP (99)18, Paris, online: http://www.oecdilibrary.org/docserver/download/fulltext/5lgsjhvj846b.pdf?expires=1

270025165&id=0000&accname=Universitaet+Karlsruhe&checksum=BE36C0D8799 6E0075993F8D330CA7EA0.pdf.

Nolan, D. (2008): Safety and security review fort he process industries: application of HAZOP, PHA and what-if reviews, William Andrew, Norwich.

Noll, H. und Zapf, W. (1994): Social indicators research: Societal monitoring and social reporting, in: Borg, I. (Hrsg.), *Trends and Perspecticves in empirical social research*, De Gruyter Verlag, Berlin, 1-16.

Norrman, A. und Jansson, U. (2004): Ericsson's proactive supply chain risk management approach after a serious sub-supplier accident, in: *International Journal of Physical Distribution & Logistics Management*, 34, (5), 434-456.

Norrman, A. und Lindroth, R. (2004): Categorization of supply chain risk and risk management, in: Brindley, C. (Hrsg.), *Supply Chain Risk*, Ashgate, Aldershot, Burlington, 14-27.

Nottmeyer, J. (2002): Morphologische Betrachtungen zum Thema Risiko, Zuverlässigkeit und Sicherheit, in: Pastors, M.P.M. (Hrsg.), *Risiken des Unternehmens – vorbeugen und meistern*, Rainer Hampp Verlag, München, 27-66.

NRC (1996): Understanding Risk: Informing Decisions in a Democratic Society, Commission on Risk Assessment, National Research Council, The National Academic Press, Washington, D.C.

NRC (1999): The Impacts of Natural Disasters: A Framework for Loss Estimation, National Research Council, The National Academic Press, Washington D.C.

NRC (2008): Incident data 2000, National Research Council, U.S. National Response Center, Washington D.C.

O'Hagan, A. und Oakley, J.E. (2004): Probability is perfect, but we can't elicit it perfectly, in: *Reliability Engineering & System Safety*, 85, (1-3), 239-248.

O'Rourke, T.D. (2007): Critical Infrastructure, Interdependencies, and Resilience, in: *The Bridge*, Spring 07, New Zealand Centre for Advanced Engineering, 22-29.

Oh, E.H., Deshmukh, A. und Hastak, M. (2010): Disaster impact analysis based on inter-relationship of critical infrastructure and associated industries, in: *International Journal of Disaster Resilience in the Built Environment*, 1, (1), 25-49.

Okuyama, Y. (2009): Critical Review of Methodologies on Disaster Impact Estimation, Background Paper for Assessment on the Economics of Disaster Risk Reduction, The Global Facility for Disaster Research and Recovery (GFDRR), Weltbank, Genf.

Okuyama, Y. (2003): Economics of Natural Disasters: A Critical Review, Research Paper 2003-12, West Virginia University, Morgatown.

Okuyama, Y. (2007): Economic Modeling for Disaster Impact Analysis: Past, Present and Future, in: *Economic systems research*, 19, (2), 115-124.

Olson, D.L. und Wu, D.D. (2010): A review of enterprise risk management in supply chains, in: *Kybernetes*, 39, (5), 694-706.

Opricovic, S. und Tzeng, G. (2003): Defuzzification within a multi-criteria decision model, in: *International Journal of Uncertain Fuzziness Knowledge-Based Systems*, 11, (5), 635-652.

Oussalah, M. (2002): On the compatibility between defuzzification and fuzzy arithmetic operations, in: *Fuzzy sets and Systems*, 128, (2), 247-260.

Parfomak, P.W. (2007): Vulnerability of Concentrated Critical Infrastructure: Background and Policy Options, CRS Report for Congress, Nr. RL33206, Washington D.C.

Parker, D.J., Green, C.H. und Thompson, P.M. (1987): Urban flood protection benefits: a project appraisal guide (The Red Manual), Gower Technical Press, Aldershot.

Pateiro Fernández, J. (2008): Nachhaltigkeit im Bergbau: Indikatoren und Beurteilungssystem, Dissertation RWTH Aachen, Fakultät für Georessourcen und Materialtechnik, online: http://deposit.d-nb.de/cgi-bin/dokserv?idn=990723992.

Paton, D., Smith, L. und Violanti, J. (2000): Disaster response: risk, vulnerability and resilience, in: *Disaster Prevention and Management*, 9, (3), 173-179.

Peck, H. (2005): Drivers of supply chain vulnerability: An integrated framework, in: *International Journal of Physical Distribution and Logistics Management*, 35, (4), 210-232.

Peck, H. (2007): Interesting Times, Cranfield Center for Logistics, online: http://www.som.cranfield.ac.uk/som/dinamic-content/research/lscm/downloads/freighttransportreview.pdf.

Pederson, P., Dudenhoeffer, D., Hartley, S. und Permann, M. (2006): Critical Infrastructure Interdependency Modelling: A Survey of U.S. and International Research, Idaho National Laboratory (INL) Report, INL/EXT-06-11464, Energy National Laboratory, Idaho Falls,Washington, D.C.

Pelling, M. (2003): The Vulnerability of Cities: Social Resilience an Natural Disasters, Earthscan, London.

Penning-Rowsell, E. und Chatterton, J.B. (1977): The benefits of flood alleviation: a manual of assessment techniques (The blue manual), Gower Technical Press, Aldershot.

Penning-Rowsell, E., Johnson, C., Tunstall, S., Tapsell, S., Morris, J., Chatterton, J., Coker, A. und Green, C. (2003): The Benefits of flood and coastal defence: techniques and data for 2003, Flood Hazard Research Centre, Middlesex University, Middlesex University Press, Aldershot.

Penning-Rowsell, E., Johnson, C., Tunstall, S., Tapsell, S., Morris, J., Chatterton, J. und Green, C. (2005): The Benefits of Flood and Costal Risk Management: A Handbook of Assessment Techniques, Middlesex University Press, London.

Perrow, C. (1999): Normal Accidents, Living with High Risk Technologies, University Press, Princeton.

Pfohl, H.-C. (2002): Risiko- und Chancenmanagement in der Supply Chain, Erich-Schmidt-Verlag, Berlin.

Philipp, F. (1967): Risiko und Risikopolitik, Poeschel Verlag, Stuttgart.

Pikul, R. (1974): Development of Environmental Indices, in: Pratt, J.-W. (Hrsg.), *Statistical and Mathematical Aspects of Pollution Problems*, Decker, New York.

Plapp, S.T. (2004): Wahrnehmung von Risiken aus Naturkatastrophen: Eine empirische Untersuchung in sechs gefährdeten Gebieten Süd- und Westdeutschlands, Karlsruher Reihe II, Risikoforschung und Versicherungsmanagement, Bd. 2, Verlag Versicherungswirtschaft, Karlsruhe.

Plate, E. (2001): Die Bewältigung zukünftiger Naturkatastrophen, in: Linneweber, V. (Hrsg.), *Zukünftige Bedrohung durch (anthropogene) Naturkatastrophen*, Schriften des DKKV (Deutsches Komitee für Katastrophenvorsorge), Bnd. 22, Bonn, 88-97.

Purdy, G. (2010): ISO 31000:2009 - Setting a New Standard for Risk Management, in: *Risk Analysis*, 30, (6), 881-886.

Raskob, W., Bertsch, V. und Gering, F. (2009): Approaches to visualisation of uncertainties to decision makers in an operational Decision Support System, in: Landgren, J. und Jul, S. (Hrsg.), *Proceedings of the 6th International ISCRAM Conference – Gothenburg, Sweden, May 2009*, Nr. 159.

Reese, S. (2003): Die Vulnerabilität des schleswig-holsteinischen Küstenraumes durch Sturmfluten. Fallstudien von der Nord- und Ostseeküste, Berichte aus dem Forschungs- und Technologiezentrum Westküste, Bd. 30, Universität Kiel, Kiel.

Reese, S., Markau, H.-J. und Sterr, H. (2003): Mikroskalige Evaluation der Risiken in überflutungsgefährdeten Küstenniederungen (MERK), Abschlussbericht, Kiel.

Reich, U.-P. und Stahmer, K. (1983): Gesamtwirtschaftliche Wohlfahrtsmessung und Umweltqualität. Beiträge zur Weiterentwicklung der volkswirtschaftlichen Gesamtrechnungen, Frankfurt am Main.

Reuters (2010): Fehlende Teile: Vulkanasche zwingt BMW zum Produktionsstopp, Pressemeldung vom 20.04.2010.

Rinaldi, S.M., Peerenboom, J.P. und Kelly, T.K. (2001): Identifying, understanding, and analysing critical infrastructure interdependencies, in: *IEEE Control Systems Magazine*, 11-25.

Robert, B. (2004): A method for the study of cascading effects within lifeline networks, in: *International Journal of Critical Infrastructures*, 1, (1), 86-99.

Robert, B., De Calan, R. und Morabito, L. (2008): Modelling interdependencies among critical infrastructures, in: *International Journal of Critical Infrastructures*, 4, (4), 392-408.

Rogler, S. (2002): Risikomanagement im Industriebetrieb, Analyse von Beschaffungs-Produktions- und Absatzrisiken, Neue Betriebswirtschaftliche Forschung, Bd. 296, Deutscher Universitäts-Verlag, Wiesbaden.

Rose, A. (2007): Economic resilience to natural and man-made disasters: Multidisciplinary origins and contextual dimensions, in: *Environmental Hazards*, 7, 383-398.

Rose, A. (2009): A Framework for Analyzing the Total Economic Impacts of Terrorist Attacks and Natural Disasters, in: *Journal of Homeland Security and Emergency Management*, 6, (1), 1-27.

Rose, A. (2004b): Defining and measuring economic resilience to disasters, in: *Disaster Prevention and Management*, 13, (4), 307-314.

Rose, A. (2004a): Economic Principles, Issues, and Research Priorities in Hazard Loss Estimation, in: Okuyame, Y. und Chang, S.E. (Hrsg.), *Modeling Spatial and Economic Impacts of Disasters*, Springer, Berlin, Heidelberg, 13-36.

Rose, A. und Benavides, J. (1999): Optimal Allocation of Electricity After Major Earthquakes: Market Mechanisms Versus Rationing, in: Lawrence, K. (Hrsg.), *Advances in Mathematical Programming*, JAI Press, Greenwich.

Rose, A., Benavides, J., Chang, S.E., Szczesniak, P. und Lim, D. (1997): The regional impact of an earthquake: direct and indirect effects of electricity lifeline disruptions, in: *Journal of regional Science*, 37, (3), 437-458.

Rose, A. und Guha, G. (2004): Computable Equilibrum Modeling of Electric Utility Lifeline Losses from Earthquakes, in: Okuyame, Y. und Chang, S.E. (Hrsg.), *Modeling Spatial and Economic Impacts of Disasters*, Springer, Berlin, Heidelberg, 13-36.

Rose, A. und Liao, S.-Y. (2005): Modeling the economic resilience to disasters: a computable general equilibrium analysis of water disruptions, in: *Journal of regional Science*, 45, (1), 75-112.

Rose, A. und Lim, D. (2002): Business interruption losses from natural hazards: conceptual and methodological issues in the case of the Northridge earthquake, in: *Environmental Hazards*, 4, 1-14.

Rose, A., Oladosu, G. und Liao, S.-Y. (2007): Business Interruption Impacts of a Terrorist Attack on the Electric Power System of Los-Angeles: Customer Resilience to a Total Blackout, in: *Risk Analysis*, 27, (3), 513-531.

Rosenkranz, F. und Missler-Behr, M. (2005): Unternehmensrisiken erkennen und managen – Einführung in die quantitative Planung, Springer, Berlin, Heidelberg.

Rothengatter, W. und Schaffer, A. (2008): Makro kompakt, Physica-Verlag, Heidelberg.

Runyan, R.C. (2006): Small Businesses in the Face of Crisis: Identifying Barriers to Recovery from Natural Disaster, in: *Journal of Contingencies and Crisis Management*, 14, (1), 12-26.

Saaty, T.L. (1980): The Analytic Hierachy Process, McGraw Hill, New York.

Saisana, M., Nardo, M. und Saltelli, A. (2005a): 2005 ESI Sensitivity Analysis, 2005 Environmental Sustainability Index Report, Yale Center for Environmental Law and Policy, New Haven, online: www.yale.edu/esi.

Saisana, M. und Saltelli, A. (2008): Sensitivity Analysis of the 2008 Environmental Performance Index, JRC Scientific and Technical Reports, EUR 23485 EN 2008, Joint Research Center (European Commission), Brüssel.

Saisana, M., Saltelli, A. und Tarantola, S. (2005b): Uncertainty and sensitivity analysis techniques as tools fort he quality assessment of composite indicators, in: *Journal of the Royal Statistical Society*, 168, (2), 307-323.

Saisana, M. und Tarantola, S. (2002): State-of-the-art report on current methodologies and practices for composite indicator development, JRC Report, EUR 20408 EN, Joint Research Centre, Ispra.

Saltelli, A., Ratto, M., Andres, T., Campolongo, F., Caribani, J., Gatelli, D., Saisana, M. und Tarantola, S. (2009): Global Sensitivity Analysis – The Primer, Wiley & Sons, Chichester.

Salzano, E., Agreda, A.G., Di Carluccio, A. und Frabbrocino, G. (2009): Risk assessment and early warning systems for industrial facilities in seismic zones, in: *Reliability Engineering and System Safety*, 94, 1577-1584.

Sauerwein, E. und Thurner, M. (1998): Der Risikomanagementprozess im Überblick, in: Hinterhuber, H., Sauerwein, E. und Fohler-Norek, Ch. (Hrsg.), *Betriebliches Risikomanagement*, Verlag Österreich, Wien, 19-39.

Sayers, P.B., Hall, J.W. und Meadowcroft, I.C. (2002): Towards risk-based flood hazardmanagement in the UK, in: *Proceedings of the of ICE, Civil Engineering, May 2002*, 150, 36-42.

Schaffer, A. (2002): Ecological input-output analysis : 'ECOLIO' - a model for conventional and ecological key sector analyses in Germany, Karlsruher Beiträge zur wirtschaftspolitischen Forschung, Bnd. 13, Nomos-Verlags-Gesellschaft, Baden-Baden.

Schierenbeck, H. (2001): Ertragsorientiertes Bankmanagement, Band 1: Grundlagen, Marktzinsmethode und Rentabilitätscontrolling, Betriebswirtschaftlicher Verlag Dr. Th. Gabler, Wiesbaden.

Schierenbeck, H. und Lister, M. (2002): Risikomanagement im Rahmen der wertorientierten Unternehmenssteuerung, in: Hölscher, R. und Elfgen, R. (Hrsg.), *Herausforderung Risikomanagement; Identifikation, Bewertung und Steuerung industrieller Risiken*, Betriebswirtschaftlicher Verlag Dr. Th. Gabler, Wiesbaden, 181-203.

Schlittgen, R. (2009): Multivariante Statistik, Wissenschaftsverlag Oldenbourg, München.

Schmidtlein, M.C., Deutsch, R.C., Piegorsch, W.W. und Cutter, S.L. (2008): Sensitivity Analysis of the Social Vulnerability Index, in: *Risk Analysis*, 4, 1099-1114.

Schmitz, W. (2004): Analytical Approach for Critical Infrastructure Protection, in: Malzahn, D. und Plapp, T. (Hrsg.), *Disasters and Society – From Hazard Assessment to Risk Reduction*, Logos Verlag, Berlin, 349-361.

Schnaars, S. und Ziamou, P.L. (2001): The Essentials of Scenario Writing, in: *Business Horizons*, July 01.

Schneiderbauer, S. (2007): Risk and Vulnerability to Natural Disasters – from Broad View to Focused Perspective, Dissertation, Freie Universität Berlin, Berlin.

Schneiderbauer, S. und Ehrlich, D. (2004): Risk, Hazard And People's Vulnerability to Natural Hazards, A Review of Definitions, Concepts and Data, JRC Report, EUR21410 EN 40, European Commission, Joint Research Centre, Ispra.

Schoemaker, P.J.H. (1995): Scenario Planning: A Tool for Strategic Thinking, in: *Sloan Management Review*, Winter 1995, (36), 25-40.

Schoenherr, T., Tummala, R.V.M. und Harrison, Th.P. (2008): Assessing supply chain risks with the analytic hierarchy process: Providing decision support for the offshoring decision by a US manufacturing company, in: *Journal of Purchasing and Supply Management*, 14, 100-111.

Seifert, I. (2009): Risikomanagement von Unternehmen bei Hochwasser, Dissertation, Universität Karlsruhe (TH), Karlsruhe, online: http://digbib.ubka.uni-karlsruhe.de/volltexte/documents/461643.

Seifert, I., Thieken, T.H., Merz, M., Borst, D. und Werner, U. (2009): Estimation of industrial and commercial asset values for hazard risk assessment, in: *Natural Hazards*, 52, (2), 453-479.

Seyed-Hosseini, S.M., Safaei, N. und Asgharpour, M.J. (2006): Reprioritization of failures in a system failure mode and effects analysis by decision making trial and evaluation laboratory technique, in: *Reliability Engineering & System Safety*, 91, (8), 872-881.

Sheffi, Y. und Rice, J.B.Jr. (2005): A Supply Chain View of the Resilient Enterprise, in: *MIT Sloan Management Review*, 47, (1), 41-48.

Shih, K.-H., Liu, Y.-T., Jones, C. und Lin, B. (2010): The indicators of human capital for financial institutions, in: *Expert Systems with Applications*, 37, 1503-1509.

Shoven, J. und Whalley, J. (1992): Applying General Equilibrum, Cambridge University Press, New York.

Sing Lee, Th.Y. (2008): Supply Chain Risk Management, in: *International Journal of Decision Sciences*, 1, (1), 98-114.

Smith, K. (1996): Environmental Hazards - Assessing Risk and Reducing Disaster, Routledge, London, New York.

Smith, K. und Petley, D.N. (2009): Environmental Hazards: Assessing Risk and Reducing Disaster, Routledge, London.

Smith, K. und Ward, R. (1998): Floods - Physical Processes and Human Impacts, Wiley & Sons, Chichester.

Stamp, J., Dillinger, J., Young, W. und DePoy, J. (2003): Common vulnerabilities in critical infrastructure control systems, Sandia National Laboratories Report, SAND2003-1772C, New Mexico.

Statistisches Bundesamt (2003): Klassifikation der Wirtschaftszweige - mit Erläuterungen, Wiesbaden.

Statistisches Bundesamt (2007): Stromerzeugungsanlagen 2006 der Betriebe im Bergbau und Verarbeitendem Gewerbe - Elektrizitäts- und Wärmeerzeugung, in: *Fachserie 4, Reihe 6.4 - 2008 Produzierendes Gewerbe - Stromerzeugungsanlagen der Betriebe im Bergbau und im Verarbeitendem Gewerbe*, Wiesbaden.

Statistisches Bundesamt (2008b): Energieverwendung der Betriebe des Verarbeitenden Gewerbes sowie des Bergbaus und der Gewinnung von Steinen und Erden 2006, in: *Statistisches Jahrbuch für die Bundesrepublik Deutschland 2008*, Wiesbaden.

Statistisches Bundesamt (2008c): Kostenstruktur im Produzierenden Gewerbe 2006, in: *Statistisches Jahrbuch für die Bundesrepublik Deutschland 2008*, Wiesbaden.

Statistisches Bundesamt (2009a): Wasseraufkommen nach Wirtschaftszweigen, in: *Fachserie 19, Reihe 2.2 - 2007 Umwelt - Nichtöffentliche Wasserversorgung und Abwasserbeseitigung*, Wiesbaden.

Statistisches Bundesamt (2009d): Input-Output Tabelle 2006 zu Herstellungspreisen - Inländische Produktion, in: *Fachserie 18, Reihe 2 - 2009 Volkswirtschaftliche Gesamtrechnung - Input-Outputrechnung*, Wiesbaden.

Statistisches Bundesamt (2009e): Input-Output Tabelle 2006 zu Herstellungspreisen - Inländische Produktion und Importe, in: *Fachserie 18, Reihe 2 - 2009 Volkswirtschaftliche Gesamtrechnung - Input-Outputrechnung*, Wiesbaden.

Statistisches Bundesamt (2008a): Betriebe und tätige Personen im Verarbeitenden Gewerbe sowie im Bergbau und in der Gewinnung von Steinen und Erden 2006, in: *Statistisches Jahrbuch für die Bundesrepublik Deutschland 2008*, Wiesbaden.

Statistisches Bundesamt (2008d): NST-2007 - Einheitliches Güterverzeichnis für die Verkehrsstatistik - 2007, Wiesbaden.

Statistisches Bundesamt (2008e): Unternehmen, tätige Personen, Umsatz und Investitionen im Produzierenden Gewerbe 2006, in: *Statistisches Jahrbuch für die Bundesrepublik Deutschland 2008*, Wiesbaden.

Statistisches Bundesamt (2009b): Bruttowertschöpfung in jeweiligen Preisen (Tabellen für die Wirtschaftsbereiche), in: *Fachserie 18, Reihe 1.4 - 2008 Volkswirtschaftliche Gesamtrechnung - Inlandproduktberechnung - Detaillierte Jahresergebnisse*, Wiesbaden.

Statistisches Bundesamt (2009c): Güterverkehr der Eisenbahnen im Jahr 2008 - Beförderte Güter, in: *Fachserie 8, Reihe 2 - 2008 Verkehr - Eisenbahnverkehr*, Wiesbaden.

Statistisches Landesamt Baden-Württemberg (2006a): Bruttowertschöpfung in jeweiligen Preisen für Deutschland und Baden-Württemberg, auf Anfrage in elektronischer Form zu erhalten.

Statistisches Landesamt Baden-Württemberg (2006b): Sozialversicherungspflichtig Beschäftigte am Arbeitsort nach Kreisen/kreisfreien Städten, auf Anfrage in elektronischer Form zu erhalten.

Steffen, M., Fitze, R. und Kobler, A. (1999): Risiko-Management - 14 Thesen zur risikobewussten Unternehmensführung, UBS-Outlook, UBS AG, Zürich.

Stock, J. (1933): Kulturversuche mit Aspergillus niger als Indikator für die Düngerbedürftigkeit, in: *Botanisches Archiv, Akademische Verlagsgesellschaft, Leipzig*, 35, (1/2).

Strohmeier, G. (2007): Ganzheitliches Risikomanagement in Industriebetrieben – Grundlagen, Gestaltungsmodell und praktische Anwendung, in: Bauer, U., Biedermann, H. und Wohinz, J.W. (Hrsg.), *Techno-ökonomische Forschung und Praxis*, Deutscher Universitäts-Verlag, Wiesbaden.

Suzuki, K. (2002): Report on Damage to Industrial Facilities in the 1999 Kocaeli Earthquake, Turkey, in: *Journal of Earthquake Engineering*, 6, (2), 275-296.

Svensson, G. (2000): A conceptual framework fort he analysis of vulnerability in supply chains, in: *International Journal of Physical Distribution and Logistics Management*, 30, (9), 731-749.

SwissRe (2009): Natural catastrophes and man-made disasters in 2008: North America and Asia suffer heavy losses, Sigma, 2009 (2), Swiss Reinsurance Company Ltd., Zürich.

Talluri, S., Narasimhan, R. und Nair, A. (2006): Vendor performance with supply risk: A chance-constrained DEA approach, in: *International Journal of Production Economics*, 100, 212-222.

Tamura, H. und Akazawa, K. (2005): Stochastic DEMATEL for structure modeling of a complex problematique for realizing safe, secure and reliable society, in: *Journal of Telecommunications and Information Technology*, 4, 139-146.

Tang, Ch.S. (2006): Perspectives in supply chain risk management, in: *International Journal of Production Economics*, 103, 451-488.

Tansel, B. (1995): Natural and man-made disasters accepting and managing risks, in: *Safety Science*, 20, (1), 91-99.

Thywissen, K. (2006): Components of Risk – A Comparative Glossary, SOURCE, 02/2006, UNU Institute for Environment and Human Security (UNU-EHS), Bonn.

Tierney, K.J. (1994): Business Vulnerability and Disruption: Data from the 1993 Midwest Floods (Draft), Paper presented at the 41st North American Meetings of the Regional Science Association International, Niagara Falls, Ontario, November 16-20, 1994, University of Delaware, Delaware, online: http://dspace.udel.edu:8080/dspace/bitstream/19716/596/1/PP213.pdf.

Tierney, K.J. (1997): Business Impacts of the Northridge Earthquake, in: *Journal of Contingencies and Crisis*, 5, (2), 87-97.

Tierney, K.J. und Dahlhamer, J.M. (1997): Business disruption, preparedness and recovery: lessons from the Northridge earthquake, Paper Nr. 257, Disaster Research Center, University of Delaware, Delaware.

Tierney, K.J. und Dahlhammer, J.M. (1995): Earthquake Vulnerability and Emergency Preparedness among Businesses in Memphis/Shelby County, Tennessee, Preliminary Paper Nr. 233, Disaster Research Center, University of Delaware, Delaware.

Tierney, K.J. und Nigg, J.M. (1995): Business vulnerability to disaster related lifeline disruptions, Paper Nr. 223, Disaster Research Center, University of Delaware, Delaware.

Tixier, J., Dusserre, G., Salvi, O. und Gaston, D. (2002): Review of 62 risk analysis methodologies for industrial plants, in: *Journal of Loss Prevention in the Process Industries*, 15, 291-303.

Treitz, M. (2006): Production Process Design Using Multi-Criteria Analysis, Dissertation, Universitätsverlag Karlsruhe, Karlsruhe.

Trkman, P. und McCormack, K. (2009): Supply Chain risk in turbulent environments - A conceptual model for managing supply network risk, in: *International Journal of Production Economics*, 119, 247-258.

Tsai, W.-H. und Chou, W.-C. (2009): Selecting management systems for sustainable development in SMEs: A novel hybrid model based on DEMATEL, ANP, and ZOGP, in: *Expert Systems with Application*, 36, 1443-1458.

Tseng, M.L. (2009a): A causal and effect decision making model of service quality expectation using grey-fuzzy DEMATEL approach, in: *Expert Systems with Applications*, 36, (4), 7738-7748.

Tseng, M.L. (2009b): Using the extension of DEMATEL to integrate hotel service quality perceptions into a cause–effect model in uncertainty, in: *Expert Systems with Applications*, 36, (4), 9015-9023.

Tunstall, B.L. (1994): Developing and using indicators of sustainable development in Africa: An overview, in: *Proceedings of the workshop on indicators on sustainable development, May 16-18*, Network for Environment and Sustainable Development in Africa (NESDA), Banjul.

Turesson, G. (1932): Die Pflanzenart als Klimaindikator, Ohlsson, Lund.

Turner, B.L., Kasperson, R.E., Matsone, P.A., McCarthy, J.J., Corellg, R.W., Christensene, L., Eckley, N., Kasperson, J.X., Luers, A., Martello, M.L., Polsky, C., Pulsipher, A. und Schiller, A. (2003): A Framework for Vulnerability Analysis in Sustainability Science, in: *Proceedings of the National Academy of Science (PNAS)*, 100, (14), 8074-8079.

Twigg, B.L. (2001): Sustainable Livelihoods and Vulnerability to Disasters, Disaster Management Working Paper, 2/2001, Benfield Greig Hazard Research Centre, London.

Tzeng, G.H., Chiang, C.H. und Li, C.W. (2007): Evaluating intertwined effects in e-learning programs: A novel hybrid MCDM model based on factor analysis and DEMATEL, in: *Expert Systems with Applications*, 32, (4), 1028-1044.

UN/ISDR (2002): Natural Disasters and Sustainable Development: Understanding the links between development, environment and natural disasters, Background Paper No. 5 for the World Summit on Sustainable Development, United Nations International Strategy for Disaster Reduction, Genf.

UN/ISDR (2004): Living with Risk. A Global Review of Disaster Reduction Initiatives, United Nations International Strategy for Disaster Reduction, Genf.

UN/ISDR (2005): Hyogo Framework for Action 2005-2015: Building the Resilience of Nations and Communities to Disasters, United Nations International Strategy for Disaster Reduction, Genf.

UN/ISDR (2008): Indicators of Progress: A Guidance on Measuring the Reduction of Disaster Risks and the Implementation of the Hyogo Framework of Action, United Nations International Strategy for Disaster Reduction, Genf.

UNDP (2004): A Global Report, Reducing Disaster Risk: A Challenge for Development, United Nations Development Program, Genf.

Van Asselt, M. (2000): Perspectives on Uncertainty and Risk – The PRIMA Approach to Decision Support, Kluwer Academic Publishers, Dordrecht.

van der Veen, A. (2003): In search of a common methodology on damage estimation: from the economist's perspective, in: van der Veen, A., Arellano, A.L. und Nordvik, J.-P. (Hrsg.), *In search of a common methodology on damage estimation, Workshop Proceedings*, European Commission, Brüssel, 4-10.

van der Veen, A. und Logtmeijer, C.J.J. (2005): Economic hotspots: visualising vulnerability to flooding, in: *Natural Hazards*, 36, (1/2), 65-80.

van der Veen, A., Steenge, A.E., Bochkarjova, M. und Logtmeijer, C.J.J. (2003): Structural economic effects of large-scale inundation: A simulation of the Krimpen dike breakage, in: van der Veen, A., Arellano, A.L. und Nordvik, J.-P. (Hrsg.), *In search of a common methodology on damage estimation, Workshop Proceedings*, European Commission, Brüssel, 4-10.

Varum, C.A. und Melo, C. (2010): Directions in scenario planning literature – A review of the past decades, in: *Futures*, 42, (4), 355-369.

Viitanen, T. und Haranne, M. (2003): Economic Aspects of Disasters, in: van der Veen, A., Arellano, A.L. und Nordvik, J.-P. (Hrsg.), *In search of a common methodology on damage estimation, Workshop Proceedings*, European Commission, Brüssel, 221-226.

Villagrán de Léon, J.C. (2006a): Vulnerability assessment. The sectoral approach, in: Birkmann, J. (Hrsg.), *Measuring Vulnerability to Hazards of Natural Origin - Towards Disaster Resilient Society*, UNU Press, Tokyo.

Villagrán de Léon, J.C. (2006b): Vulnerability – A Conceptional and Methodological Review, SOURCE, 04/2006, UNU Institute for Environment and Human Security (UNU-EHS), Bonn.

von Altrock, C. (1996): Fuzzy logic and neuro-fuzzy applications in business and finance, Prentice-Hall, New Jersey.

Von Rössing, R. (2005): Betriebliches Kontinuitätsmanagement, mitp Verlag, Bonn.

von Schirnding, Y. (2002): The Nature and Use of Indicators, in: *Health in Sustainable Development Planning: the Role of Indicators*, WHO, Genf, 12-26.

von Winterfeldt, D. und Edwards, W. (1986): Decision Analysis and Behavioral Research, Cambridge University Press, Cambridge.

Wagner, S.M. und Bode, Ch. (2006): An empirical investigation of supply chain vulnerability, in: *Journal of Purchasing and Supply Management*, 12, 301-312.

Wang, X., Li, D., O'brien, C. und Li, Y. (2010): A production planning model to reduce risk and improve operations management, in: *International Journal of Production Economics*, 124, 463-474.

WBGU (2000): World in Transition: Strategies for Managing Global Environmental Risks, Wissenschaftlicher Beirat der Bundesregierung für Globale Umweltveränderungen, Jahresbericht 1998, Springer, Berlin, Heidelberg.

Webb, G.R., Tierney, K.J. und Dalhamer, J.M. (1999): Businesses and disasters: empirical patterns and unanswered questions, Paper Nr. 281, Disaster Research Center, University of Delaware, Delaware.

Webb, G.R., Tierney, K.J. und Dalhamer, J.M. (2002): Predicting long-term business recoverey from disaster: a comparison of the Loma Prieta earthquake and Hurricane Andrew, in: *Environmental Hazards*, 4, 45-58.

Wei, Y.-M., Fan, Y., Lu, C. und Tsai, H.-T. (2004): The assessment of vulnerability to natural disasters in China by using the DEA method, in: *Environmental Impact Assessment Review*, 24, 427-439.

Weichselgartner, J. (2001): Disaster mitigation: the concept of vulnerability revisited, in: *Disaster Prevention and Management*, 10, (2), 85-95.

Werner, D. (2000): Funktionalanalysis, Springer, Berlin, Heidelberg.

Werner, U. (2004): Neuere Entwicklungen in der sozialwissenschaftlichen Risikoforschung, in: Albrecht, P., Lorenz, E. und Rudolph, B. (Hrsg.), *Festschrift für Elmar Helten zum 65. Geburtstag*, Verlag Versicherungswirtschaft, Karlsruhe, 667-691.

Werner, U. und Lechtenbörger, C. (2004): Phänomen Terrorismus. Die institutionelle Bearbeitung dieser Bedrohung in Deutschland, in: *Homeland Security: Das Medium für Innere Sicherheit und Bevölkerungsschutz*, 1, (1/2), 16-22.

West, C.T. und Lenze, D.G. (1994): Modelling the regional Impact of Natural Disaster and recovery: A general Framework and an Application to Hurricane Andrew, in: *International Regional Science review*, 17, 121-150.

West, G.R. (1999): Structural Change in the Queensland Economy: An Interindustry Analysis, in: *Economic Analysis & Policy*, Special Edition May 1999, 28-51.

West, G.R. und Brown, R.P.C. (2003): Structural Change, Intersectoral Linkages And Hollowing-Out in the Taiwanese Economy, 1976-1994, Discussion Paper No 327, School of Economics, University of Queensland.

White, P., Pelling, M., Sen, K., Seddon, D., Russell, S. und Few, R. (2005): Disaster Risk Reduction. A Development Concern, UK Government, Department for International Development (DFID), London.

Wijayatunga, D.C. und Jayalath, M.S. (2008): Economic impact of electricity supply interruptions on the industrial sector of Bangladesh, in: *Energy for Sustainable Development*, 8, (3), 5-12.

Wilches-Chaux, G. (1993): La Vulnerabilidad Global, in: Maskrey, A. (Hrsg.), *Los Desastres no son Naturales*, La Red, Tercer Mundo Editores, Bogota.

Wisner, B. (2002): Who? What? Where? When? In an Emergency: Notes on possible Indicators of Vulnerability and Resilience: By Phase of the Disaster Management Cycle and Social Actor, in: Plate, E. (Hrsg.), *Environment and Human Security, Workshop Bonn, Juli 2002*, UNU Institute for Environment and Human Security (UNU-EHS), Bonn, 7-14.

Wisner, B., Blakie, P., Cannon, T. und Davis, I. (2004): At Risk, Natural hazards, People's Vulnerability and Disasters, Routledge, London.

Wittmann, E. (2000): Risikomanagement in internationalen Konzernen, in: Dörner, D., Horváth, P. und Kagermann, H. (Hrsg.), *Praxis des Risikomanagements: Grundlagen, Kategorien, branchenspezifische und strukturelle Aspekte*, Schäffer-Poeschel Verlag, Stuttgart, 789-820.

Wolf, K. und Runzenheimer, B. (2003): Risikomanagement und KonTraG: Konzeption und Implementierung, Betriebswirtschaftlicher Verlag Dr. Th. Gabler, Wiesbaden.

Wolf, M. (2000): Risikomanagement in der Elektroindustrie, in: Dörner, D., Horváth, P. und Kagermann, H. (Hrsg.), *Praxis des Risikomanagements: Grundlagen, Kategorien, branchenspezifische und strukturelle Aspekte*, Schäffer-Poeschel Verlag, Stuttgart, 541-567.

Wolke, Th. (2008): Risikomanagement, Wissenschaftsverlag Oldenbourg, München.

Wu, D. und Olson, D.L. (2008): A comparison of stochastic dominance and stochastic DEA for vendor evaluation, in: *International Journal of Production research*, 46, (8), 2313-2327.

Wu, H.H., Chen, H.K. und Shieh, J.I. (2010): Evaluating performance criteria of Employment Service Outreach Program personnel by DEMATEL method, in: *Expert Systems with Applications*, 37, (7), 5219-5223.

Wu, T., Blackhurst, J. und Chidambaram, V. (2006): A model for inbound supply risk analysis, in: *Computers in Industry*, 57, (4), 350-365.

Wu, T., Blackhurst, J. und O´Grady, P. (2007): Methodology for supply chain disruption analysis, in: *International Journal of Production research*, 45, (7), 1665-1682.

Wu, W. (2008): Choosing knowledge management strategies by using a combined ANP and DEMATEL approach, in: *Expert Systems with Applications*, 35, (3), 828-835.

Wu, W. und Lee, Y. (2007): Developing global managers' competencies using the fuzzy DEMATEL method, in: *Expert Systems with Applications*, 32, (2), 499-507.

Wybo, J.-L. (2006): Editorial, in: *International Journal of Emergency Management*, 3, (2/3), 99-100.

Xiaohui, W., Xiaobing, Z., Shiji, S. und Cheng, W. (2006): Study on risk analysis of supply chain enterprises, in: *Journal of systems Engineering and Electronics*, 17, (4), 781-787.

Yager, R.R. (2008): Using trapezoids for representing granular objects: Applications to learning and OWA aggregation, in: *Information Sciences*, 178, (2), 363-380.

Yin, S.-A., Lu, C.-N., Liu, E., Huang, Y.-C. und Huang, C.-Y. (2001): Assessment of Interruption Cost to High Tech Industry in Taiwan, in: *Transmission and Distribution Conference and Exposition, 2001 IEEE-Catalogue*, 270-275.

Yoshida, K. und Deyle, R. (2005): Determinants of Small Business Hazard Mitigation, in: *Natural Hazards Review*, 6, (1), 1-12.

Zadeh, L.A. (2008): Is there a need for fuzzy logic?, in: *Information Sciences: an International Journal*, 178, (13), 2751-2779.

Zhang, W.J., Chai, C.-L., Deters, R., Liu, D. und Dyachuk, D. (2008): Social network analysis of the vulnerabilities of interdependent critical infrastructures, in: *International Journal of Critical Infrastructures*, 4, (3), 256-273.

Zhou, P., Ang, B.W. und Poh, K.L. (2006): Comparing aggregating methods for constructing the composite environmental index: An objective measure, in: *Ecological Economics*, 59, 305-311.

Zhou, P., Fan, L.-W. und Zhou, D.-Q. (2010): Data aggregation in constructing composite indicators: A perspective of information loss, in: *Expert Systems with Applications*, 37, (1), 360-365.

Ziegenbein, A. (2007): Supply Chain Risiken - Identifikation, Bewertung und Steuerung, vdf Hochschulverlag, Zürich.

Zografos, K.G., Vasilakis, G.M. und Giannouli, I.M. (2000): Methodological framework for developing decision support systems (DSS) for hazardous materials emergency response, in: *Journal of Hazardous Materials*, 71, 503-521.

Zsidisin, G.A. (2003): A grounded definition of supply risk, in: *Journal of Purchasing and Supply Management*, 9, 217-224.

Zsidisin, G.A., Melnyk, S.A. und Ragatz, G.L. (2005a): An institutional theory perspective of business continuity planning for purchasing and supply management, in: *International Journal of Production research*, 43, (16), 3401-3420.

Zsidisin, G.A., Ragatz, G.L. und Melnyk, S.A. (2003): Effective Practices in Business Continuity Planning for Purchasing and Supply Management, Michigan State University, East Lansing, online: http://citeseerx.ist.psu.edu/viewdoc/download?doi=10.1.1.133.2413&rep=rep1&type=pdf.

Zsidisin, G.A., Ragatz, G.L. und Melnyk, S.A. (2005b): The Dark Side of Supply Chain Management, in: *Supply Chain Management Review*, 16, 46-52.

Anhang A

Daten des Anwendungsbeispiels

A.1 Berechnete Indikatorenwerte Wirtschaftsabteilungen

Tab. A.1.: Indikatorenwerte Wirtschaftsabteilungen (Teil I - I_1-I_8)

WZ 2003	I_1 (AV)	I_2 (PI)	I_3 (SP)	I_4 (EV)	I_5 (EA)	I_6 (E-VE)	I_7 (WV)	I_8 (WA)
WZ 15	0,21	0,49	0,12	0,39	0,90	12,45	0,40	0,70
WZ 16	0,36	0,36	0,73	0,36	0,90	31,69	0,20	0,70
WZ 17	0,31	0,48	0,20	0,41	1,00	2,29	0,33	0,70
WZ 18	0,13	0,44	0,17	0,00	1,00	20,62	0,02	0,70
WZ 19	0,27	0,54	0,06	0,14	1,00	0,00	0,22	0,50
WZ 20	0,16	0,26	0,22	0,48	1,00	30,62	0,17	0,50
WZ 21	0,30	0,39	0,35	0,84	0,55	9,34	0,62	0,45
WZ 22	0,15	0,27	0,34	0,20	0,55	155,70	0,08	0,45
WZ 23	0,53	0,22	0,83	0,92	1,00	76,21	0,68	0,50
WZ 24	0,31	0,32	0,63	0,72	0,90	26,25	0,70	0,80
WZ 25	0,13	0,43	0,29	0,47	1,00	0,00	0,26	0,50
WZ 26	0,23	0,32	0,34	0,54	1,00	1,55	0,32	0,50
WZ 27	0,26	0,40	0,53	0,89	0,95	5,04	0,59	0,85
WZ 28	0,08	0,33	0,30	0,27	0,95	40,49	0,11	0,85
WZ 29	0,07	0,38	0,46	0,17	1,00	0,00	0,08	0,60
WZ 30	0,36	0,32	0,58	0,12	1,00	0,00	0,20	0,90
WZ 31	0,12	0,41	0,51	0,20	1,00	0,00	0,09	0,90
WZ 32	0,28	0,35	0,47	0,36	1,00	0,00	0,35	0,90
WZ 33	0,03	0,26	0,41	0,10	1,00	0,00	0,03	0,90
WZ 34	0,31	0,76	0,65	0,40	1,00	0,00	0,19	0,60
WZ 35	0,20	0,54	0,61	0,26	1,00	0,00	0,23	0,60
WZ 36	0,17	0,40	0,25	0,18	0,95	0,00	0,00	1,00
WZ 37	0,11	0,22	0,31	0,41	0,95	0,00	0,23	1,00
WZ 40	0,78	0,25	1,00	0,51	0,80	47,00	1,00	0,40
WZ 41	0,96	0,10	0,02	0,51	0,80	47,00	0,35	0,40
WZ45	0,01	0,14	0,21	0,35	0,40	0,00	0,16	0,50

Fortsetzung Tab. A.1: Berechnete Indikatorenwerte Wirtschaftsabteilungen (Teil II - I_9-I_{16})

WZ 2003	I_9 (EVW)	I_{11} (TAS)	I_{12} (TAE)	I_{13} (MK)	I_{14} (FIL)	I_{15} (LVI)	I_{16} (NVI)	I_{17} (KN)
WZ 15	69,00	0,41	0,04	0,33	4,41	1,29	0,80	50,23
WZ 16	58,90	0,59	0,10	0,66	0,00	1,05	0,60	66,63
WZ 17	75,30	0,16	0,01	0,20	5,34	1,03	0,86	7,97
WZ 18	75,40	0,18	0,01	0,27	0,00	0,98	0,61	66,18
WZ 19	89,70	0,38	0,01	0,27	0,05	1,00	0,72	37,74
WZ 20	69,90	0,29	0,20	0,23	6,52	1,26	1,21	13,93
WZ 21	96,50	0,31	0,22	0,31	13,99	1,14	1,09	3,93
WZ 22	79,10	0,15	0,09	0,08	0,00	1,09	1,11	33,44
WZ 23	76,90	0,68	0,98	1,00	7,86	0,78	1,16	30,54
WZ 24	78,60	0,32	0,25	0,38	33,58	1,24	1,06	7,71
WZ 25	74,80	0,21	0,17	0,25	2,06	1,05	1,09	2,87
WZ 26	87,80	0,43	0,20	0,16	0,78	1,14	1,17	6,25
WZ 27	90,70	0,29	0,33	0,46	41,08	1,31	1,29	0,34
WZ 28	71,30	0,21	0,25	0,16	0,00	1,06	1,16	12,17
WZ 29	80,40	0,07	0,02	0,25	0,02	1,10	0,78	20,99
WZ 30	75,10	0,12	0,01	0,47	0,00	0,97	0,84	16,18
WZ 31	70,00	0,07	0,01	0,31	0,72	1,12	1,10	9,27
WZ 32	77,70	0,11	0,01	0,45	2,09	0,95	0,75	15,97
WZ 33	75,10	0,07	0,01	0,15	0,00	0,94	0,66	31,42
WZ 34	63,50	0,25	0,16	0,55	10,04	1,29	0,86	19,13
WZ 35	63,30	0,18	0,11	0,32	0,00	1,05	0,76	15,33
WZ 36	73,80	0,17	0,03	0,21	0,00	1,03	0,65	52,28
WZ 37	65,20	0,97	0,76	0,41	0,69	1,35	2,06	0,00
WZ 40	97,27	0,03	0,06	0,64	4,96	1,06	1,16	32,04
WZ 41	98,80	0,01	0,04	0,05	0,00	0,78	1,13	43,55
WZ45	10,00	0,42	0,35	0,01	0,00	1,11	0,77	79,36

A.2 Berechnete Vulnerabilitätswerte Wirtschaftsabteilungen

Tab. A.2: Berechnete Vulnerabilitätswerte Wirtschaftsabteilungen (Teil I - I_1-I_8)

WZ 2003	I_1 (AV)	I_2 (PI)	I_3 (SP)	I_4 (EV)	I_5 (EA)	I_6 (E-VE)	I_7 (WV)	I_8 (WA)
WZ 15	0,21	0,49	0,12	0,39	0,90	0,92	0,40	0,70
WZ 16	0,36	0,36	0,73	0,36	0,90	0,80	0,20	0,70
WZ 17	0,31	0,48	0,20	0,41	1,00	0,99	0,33	0,70
WZ 18	0,13	0,44	0,17	0,00	1,00	0,87	0,02	0,70
WZ 19	0,27	0,54	0,06	0,14	1,00	1,00	0,22	0,50
WZ 20	0,16	0,26	0,22	0,48	1,00	0,80	0,17	0,50
WZ 21	0,30	0,39	0,35	0,85	0,55	0,94	0,62	0,45
WZ 22	0,15	0,27	0,34	0,20	0,55	0,00	0,08	0,45
WZ 23	0,53	0,22	0,83	0,92	1,00	0,51	0,68	0,50
WZ 24	0,31	0,32	0,63	0,72	0,90	0,83	0,70	0,80
WZ 25	0,13	0,43	0,29	0,46	1,00	1,00	0,26	0,50
WZ 26	0,23	0,32	0,34	0,54	1,00	0,99	0,32	0,50
WZ 27	0,26	0,40	0,54	0,89	0,95	0,97	0,59	0,85
WZ 28	0,08	0,33	0,30	0,27	0,95	0,74	0,11	0,85
WZ 29	0,08	0,38	0,46	0,17	1,00	1,00	0,08	0,60
WZ 30	0,36	0,32	0,58	0,12	1,00	1,00	0,20	0,90
WZ 31	0,12	0,41	0,51	0,20	1,00	1,00	0,09	0,90
WZ 32	0,28	0,35	0,47	0,36	1,00	1,00	0,35	0,90
WZ 33	0,03	0,26	0,41	0,10	1,00	1,00	0,03	0,90
WZ 34	0,31	0,76	0,65	0,40	1,00	1,00	0,19	0,60
WZ 35	0,20	0,54	0,61	0,26	1,00	1,00	0,23	0,60
WZ 36	0,17	0,40	0,25	0,18	0,95	1,00	0,00	1,00
WZ 37	0,11	0,22	0,31	0,41	0,95	1,00	0,24	1,00
WZ 40	0,78	0,25	1,00	0,51	0,80	0,70	1,00	0,40
WZ 41	0,96	0,10	0,02	0,51	0,80	0,70	0,35	0,40
WZ45	0,01	0,14	0,21	0,35	0,40	1,00	0,16	0,50

Fortsetzung Tab. A.2: Berechnete Vulnerabilitätswerte Wirtschaftsabteilungen (Teil II - I_9-I_{16})

WZ 2003	I_9 (EVW)	I_{11} (TAS)	I_{12} (TAE)	I_{13} (MK)	I_{14} (FIL)	I_{15} (LVI)	I_{16} (NVI)	I_{17} (KN)
WZ 15	0,31	0,41	0,04	0,33	0,91	0,86	0,16	0,37
WZ 16	0,41	0,59	0,10	0,67	1,00	0,56	0,03	0,17
WZ 17	0,25	0,16	0,01	0,20	0,89	0,54	0,20	0,90
WZ 18	0,25	0,18	0,01	0,27	1,00	0,48	0,04	0,17
WZ 19	0,10	0,38	0,01	0,27	1,00	0,50	0,11	0,53
WZ 20	0,30	0,29	0,20	0,23	0,87	0,83	0,43	0,83
WZ 21	0,04	0,31	0,22	0,31	0,72	0,67	0,35	0,95
WZ 22	0,21	0,15	0,09	0,08	1,00	0,61	0,36	0,58
WZ 23	0,23	0,68	0,98	1,00	0,84	0,22	0,39	0,62
WZ 24	0,21	0,32	0,25	0,38	0,33	0,80	0,33	0,90
WZ 25	0,25	0,21	0,17	0,26	0,96	0,57	0,35	0,96
WZ 26	0,12	0,43	0,20	0,16	0,98	0,68	0,40	0,92
WZ 27	0,09	0,29	0,33	0,46	0,18	0,89	0,48	1,00
WZ 28	0,29	0,21	0,25	0,16	1,00	0,57	0,40	0,85
WZ 29	0,20	0,07	0,02	0,25	1,00	0,62	0,15	0,74
WZ 30	0,25	0,12	0,01	0,47	1,00	0,47	0,19	0,80
WZ 31	0,30	0,07	0,01	0,31	0,99	0,65	0,36	0,88
WZ 32	0,22	0,11	0,01	0,45	0,96	0,44	0,13	0,80
WZ 33	0,25	0,07	0,01	0,15	1,00	0,43	0,07	0,61
WZ 34	0,37	0,25	0,16	0,55	0,80	0,86	0,20	0,76
WZ 35	0,37	0,18	0,11	0,32	1,00	0,57	0,13	0,81
WZ 36	0,26	0,17	0,03	0,21	1,00	0,54	0,07	0,35
WZ 37	0,35	0,97	0,76	0,42	0,99	0,93	0,97	1,00
WZ 40	0,03	0,03	0,06	0,64	0,90	0,57	0,40	0,60
WZ 41	0,01	0,01	0,04	0,05	1,00	0,23	0,37	0,46
WZ45	0,90	0,42	0,35	0,01	1,00	0,64	0,14	0,01

A.3 Berechnete Vulnerabilitätswerte Wirtschaftsunterabschnitte

Tab. A.3.: Berechnete Vulnerabilitätswerte Wirtschaftsunterabschnitte

WZ 2003	I_1 (AV)	I_2 (PI)	I_3 (SP)	I_4 (EV)	I_5 (EA)	I_6 (E-VE)	I_7 (WV)	I_8 (WA)	I_9 (EVW)	I_{11} (TAS)	I_{12} (TAE)	I_{13} (MK)	I_{14} (FIL)	I_{15} (LVI)	I_{16} (NVI)	I_{17} (KN)
DA	0,26	0,48	0,10	0,34	0,90	0,92	0,37	0,38	0,31	0,66	0,05	0,34	0,91	0,79	0,13	0,37
DB	0,31	0,47	0,17	0,27	1,00	0,98	0,25	0,24	0,25	0,25	0,01	0,23	0,94	0,46	0,11	0,62
DC	0,33	0,54	0,01	0,03	1,00	1,00	0,19	0,18	0,10	0,61	0,01	0,27	1,00	0,45	0,09	0,53
DD	0,19	0,26	0,21	0,46	1,00	0,80	0,13	0,10	0,30	0,44	0,21	0,22	0,87	0,79	0,39	0,83
DE	0,25	0,31	0,36	0,58	0,55	0,84	0,46	0,44	0,04	0,46	0,22	0,18	0,87	0,58	0,32	0,72
DF	0,66	0,25	0,95	1,00	1,00	0,51	0,69	0,55	0,29	0,97	1,00	1,00	0,84	0,20	0,35	0,62
DG	0,38	0,35	0,70	0,76	0,90	0,83	0,70	0,68	0,21	0,43	0,25	0,37	0,33	0,81	0,29	0,94
DH	0,16	0,43	0,29	0,44	1,00	1,00	0,22	0,19	0,25	0,30	0,18	0,25	0,96	0,52	0,31	0,96
DI	0,28	0,32	0,36	0,55	1,00	0,99	0,29	0,29	0,12	0,70	0,21	0,15	0,98	0,92	0,36	0,92
DJ	0,16	0,33	0,40	0,59	0,95	0,99	0,40	0,38	0,99	0,32	0,28	0,28	0,46	0,66	0,40	0,93
DK	0,09	0,39	0,50	0,06	1,00	1,00	0,03	0,01	0,10	0,08	0,02	0,25	1,00	0,56	0,12	0,74
DL	0,17	0,36	0,52	0,08	1,00	1,00	0,14	0,08	0,20	0,09	0,01	0,31	0,98	0,47	0,18	0,79
DM	0,35	0,77	0,73	0,30	1,00	1,00	0,16	0,06	0,26	0,29	0,15	0,53	0,82	0,75	0,16	0,77
DN	0,20	0,38	0,25	0,11	0,95	1,00	0,01	0,00	0,34	0,22	0,03	0,24	1,00	0,53	0,13	0,44
E	1,00	0,23	1,00	0,48	0,80	0,70	1,00	1,00	0,27	0,01	0,05	0,61	0,91	0,55	0,37	0,18
F	0,02	0,15	0,20	0,27	0,40	1,00	0,12	0,08	0,90	0,64	0,36	0,01	1,00	0,63	0,11	0,01

Anhang B

Weitere Ergebnisse des Anwendungsbeispiels

B.1 Korrelationskoeffizientenmatrix nach Pearson der Indikatorenwerte

Tab B.1.: Korrelationskoeffizientenmatrix (fett: Korrelationskoeffizienten >0,5)

Indikator	I_1 (AV)	I_2 (PI)	I_3 (SP)	I_4 (EV)	I_5 (EA)	I_6 (EVE)	I_7 (WV)	I_8 (WA)	I_9 (EVW)	I_{11} (TAS)	I_{12} (TAE)	I_{13} (MK)	I_{14} (FIL)	I_{15} (LVI)	I_{16} (NVI)	I_{17} (KN)
I_1 (SAV)	1,00	-0,24	0,28	0,41	-0,05	0,27	**0,63**	-0,41	**0,51**	-0,14	0,02	0,37	0,11	-0,42	0,11	0,06
I_2 (PI)	-0,24	1,00	0,04	-0,19	0,41	-0,37	-0,16	0,10	0,04	-0,12	-0,33	0,14	0,10	0,31	-0,37	-0,17
I_3 (SP)	0,28	0,04	1,00	0,31	0,12	0,14	**0,51**	0,03	0,06	0,04	0,25	**0,77**	0,27	-0,01	0,05	-0,18
I_4 (EV)	0,41	-0,19	0,31	1,00	-0,18	0,12	**0,78**	-0,28	0,26	0,36	**0,59**	0,43	**0,70**	0,18	0,47	-0,37
I_5 (EA)	-0,05	0,41	0,12	-0,18	1,00	-0,40	-0,16	0,42	0,28	-0,03	-0,07	0,31	-0,02	-0,05	-0,05	-0,36
I_6 (EVE)	0,27	-0,37	0,14	0,12	-0,40	1,00	0,14	-0,40	0,18	-0,01	0,19	0,08	-0,03	-0,22	0,18	0,17
I_7 (WV)	**0,63**	-0,16	**0,51**	**0,78**	-0,16	0,14	1,00	-0,32	0,41	0,12	0,32	**0,54**	**0,57**	0,05	0,32	-0,25
I_8 (WA)	-0,41	0,10	0,03	-0,28	0,42	-0,40	-0,32	1,00	-0,15	0,08	-0,02	0,05	0,10	0,19	0,03	-0,17
I_9 (EVW)	**0,51**	0,04	0,06	0,26	0,28	0,18	0,41	-0,15	1,00	-0,30	-0,18	0,14	0,24	-0,19	0,19	-0,44
I_{11} (TAS)	-0,14	-0,12	0,04	0,36	-0,03	-0,01	0,12	0,08	-0,30	1,00	**0,77**	0,38	0,08	0,33	0,47	0,02
I_{12} (TAE)	0,02	-0,33	0,25	**0,59**	-0,07	0,19	0,32	-0,02	-0,18	**0,77**	1,00	0,47	0,24	0,11	**0,63**	-0,18
I_{13} (MK)	0,37	0,14	**0,77**	0,43	0,31	0,08	**0,54**	0,05	0,14	0,38	0,47	1,00	0,26	-0,06	0,10	-0,09
I_{14} (FIL)	0,11	0,10	0,27	**0,70**	-0,02	-0,03	**0,57**	0,10	0,24	0,08	0,24	0,26	1,00	0,45	0,24	-0,38
I_{15} (LVI)	-0,42	0,31	-0,01	0,18	-0,05	-0,22	0,05	0,19	-0,19	0,33	0,11	-0,06	0,45	1,00	0,40	-0,32
I_{16} (NVI)	0,11	-0,37	0,05	0,47	-0,05	0,18	0,32	0,03	0,19	0,47	**0,63**	0,10	0,24	0,40	1,00	**-0,57**
I_{17} (KN)	0,06	-0,17	-0,18	-0,37	-0,36	0,17	-0,25	-0,17	-0,44	0,02	-0,18	-0,09	-0,38	-0,32	**-0,57**	1,00

B.2 DEMATEL-Analyse - Direkte Einflussmatrix

Tab B.2.1: Direkte Einflussmatrix Dimensionen (erstellt auf Basis der Experteneinschätzungen des CEDIM-Workshops)

Indikator	D_1 (BA)	D_2 (PA)	D_3 (I)	D_4 (SCA)
D_1 (BA)	0	1	1	0
D_2 (PA)	0	0	0	0
D_3 (I)	1	0	0	1
D_4 (SCA)	0	0	2	0

Tab B.2.2: Intradimensionelle direkte Einflussmatrix der Dimension Personal (erstellt auf Basis der Experteneinschätzungen des CEDIM-Workshops)

Indikator	I_2 (PI)	I_3 (SP)
I_2 (PI)	0	0
I_3 (SP)	1	0

Tab B.2.3: Intradimensionelle direkte Einflussmatrix der Dimension Infrastruktur (erstellt auf Basis der Experteneinschätzungen des CEDIM-Workshops)

Indikator	I_4 (EV)	I_5 (EA)	I_6 (E-VE)	I_7 (WV)	I_8 (WA)	I_9 (EVW)	I_{11} (STAS)	I_{12} (STAE)
I_4 (EV)	0	4	2	0	0	0	0	0
I_5 (EA)	0	0	3	0	0	0	0	0
I_6 (EVE)	0	1	0	2	0	0	0	0
I_7 (WV)	1	1	0	0	4	2	0	0
I_8 (WA)	0	0	0	0	0	3	0	0
I_9 (EVW)	1	1	0	0	1	0	0	0
I_{11} (TAS)	0	0	0	0	0	0	0	2
I_{12} (TAE)	0	0	0	0	0	0	2	0

Tab B.2.4: Intradimensionelle direkte Einflussmatrix der Dimension Supply Chain (erstellt auf Basis der Experteneinschätzungen des CEDIM-Workshops)

Indikator	I_{13} (MI)	I_{14} (FIL)	I_{15} (LV)	I_{16} (NV)	I_{17} (EN)	I_{13} (MI)
I_{13} (MK)	0	0	2	0	0	0
I_{14} (FIL)	1	0	1	0	0	1
I_{15} (LV)	2	1	0	0	0	2
I_{16} (NVI)	0	0	0	0	0	0
I_{17} (KN)	0	0	0	2	0	0
I_{13} (MK)	0	0	2	0	0	0

B.3 DEMATEL-Analyse – Totale Einflussmatrix $\tilde{T}$ (defuzzyfiziert)

Tab B.3.1: Totale Einflussmatrix Dimensionen

Indikator	D_1 (BA)	D_2 (PA)	D_3 (I)	D_4 (SCA)
D_1 (BA)	0,005	0,065	0,068	0,020
D_2 (PA)	0,015	0,002	0,017	0,015
D_3 (I)	0,065	0,020	0,012	0,065
D_4 (SCA)	0,023	0,018	0,133	0,008

Tab B.3.2: Intradimensionelle totale Einflussmatrix der Vulnerabilitätsdimension Personal

Indikator	I_2 (PI)	I_3 (SP)
I_2 (PI)	0,000	0,013
I_3 (SP)	0,063	0,000

Tab B.3.3: Intradimensionelle totale Einflussmatrix der Vulnerabilitätsdimension Infrastruktur

Indikator	I_4 (EV)	I_5 (EA)	I_6 (E-VE)	I_7 (WV)	I_8 (WA)	I_9 (EVW)	I_{11} (STAS)	I_{12} (STAE)
I_4 (EV)	0,026	0,274	0,198	0,058	0,050	0,053	0,040	0,040
I_5 (EA)	0,036	0,041	0,221	0,055	0,045	0,047	0,034	0,034
I_6 (EVE)	0,042	0,103	0,041	0,150	0,066	0,062	0,035	0,035
I_7 (WV)	0,100	0,126	0,076	0,033	0,273	0,203	0,045	0,045
I_8 (WA)	0,043	0,057	0,047	0,036	0,033	0,219	0,034	0,034
I_9 (EVW)	0,083	0,105	0,060	0,037	0,089	0,037	0,035	0,035
I_{11} (TAS)	0,032	0,043	0,041	0,032	0,037	0,040	0,029	0,144
I_{12} (TAE)	0,032	0,043	0,041	0,032	0,037	0,040	0,144	0,029

Tab B.3.4: Intradimensionelle totale Einflussmatrix der Vulnerabilitätsdimension Supply Chain

Indikator	I_{13} (MI)	I_{14} (FIL)	I_{15} (LV)	I_{16} (NV)	I_{17} (EN)	I_{13} (MI)
I_{13} (MK)	0,020	0,025	0,136	0,021	0,018	0,020
I_{14} (FIL)	0,076	0,007	0,076	0,021	0,018	0,076
I_{15} (LV)	0,139	0,069	0,024	0,022	0,019	0,139
I_{16} (NVI)	0,019	0,016	0,019	0,003	0,015	0,019
I_{17} (KN)	0,022	0,019	0,022	0,131	0,003	0,022
I_{13} (MK)	0,020	0,025	0,136	0,021	0,018	0,020

B.4 DEMATEL-Analyse – P_i- und R_i-Werte der Indikatoren

Tab. B.4.1: P_i - und R_i -Werte der Vulnerabilitätsdimension Personal (normiert)

Indikator i	FuzzyDEMATEL		crispDEMATEL	
	P_i	R_i	P_i	R_i
I_2 (PI)	0,03	0,13	0,00	0,13
I_3 (SP)	0,13	0,03	0,13	0,00

Tab. B.4.2: P_i *- und* R_i *-Werte der Vulnerabilitätsdimension Infrastruktur (normiert)*

Indikator i	FuzzyDEMATEL		crispDEMATEL	
	P_i	R_i	P_i	R_i
I_4 (EV)	0,21	0,08	0,30	0,11
I_5 (EA)	0,12	0,22	0,16	0,33
I_6 (EVE)	0,13	0,20	0,21	0,30
I_7 (WV)	0,27	0,09	0,39	0,13
I_8 (WA)	0,12	0,17	0,14	0,24
I_9 (EVW)	0,11	0,19	0,16	0,27
I_{11} (TAS)	0,08	0,08	0,07	0,07
I_{12} (TAE)	0,08	0,08	0,07	0,07

Tab. B.4.3: P_i *- und* R_i *-Werte der Vulnerabilitätsdimension Supply Chain (normiert)*

Indikator i	FuzzyDEMATEL		crispDEMATEL	
	P_i	R_i	P_i	R_i
I_{13} (MK)	0,12	0,15	0,14	0,19
I_{14} (FIL)	0,11	0,07	0,13	0,07
I_{15} (LV)	0,15	0,15	0,18	0,19
I_{16} (NVI)	0,03	0,11	0,00	0,05
I_{17} (KN)	0,11	0,03	0,05	0,00

B.5 Intradimensionelle Impact-Relation Maps

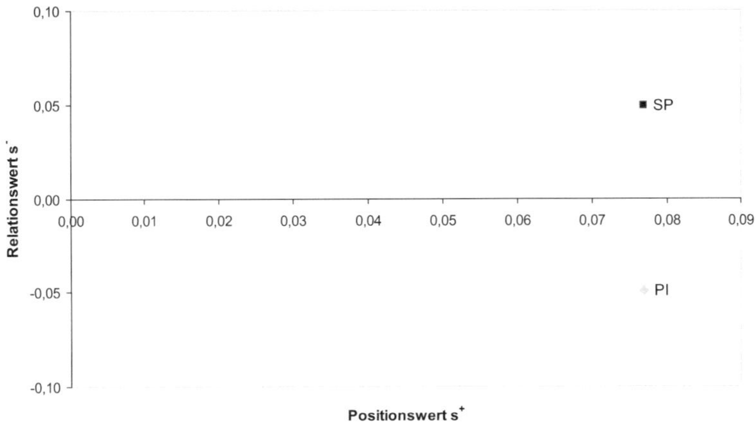

Abb. B.5.1: Impact-Relation Map intradimensionellen Einflüsse der Dimension Personalabhängigkeit (SP = Spezialisierungsgrad Personal, PI = Personalintensität)

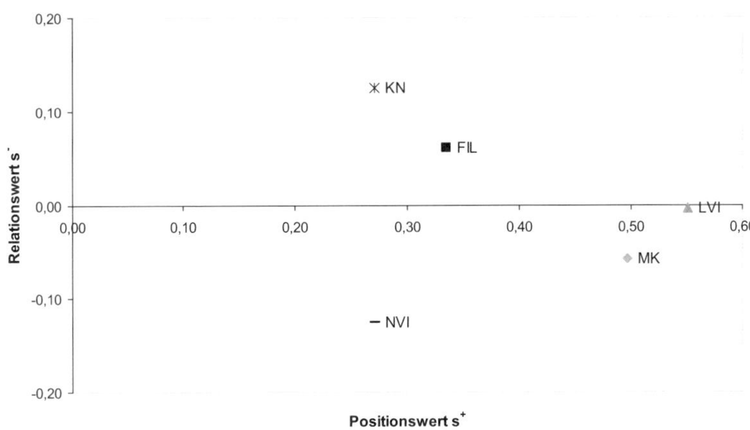

Abb. B.5.2: Impact-Relation Map intradimensionellen Einflüsse der Dimension Supply Chain Abhängigkei (MK = spez. Materialkosten, FIL = Anteil firmeninterner Lieferungen, LVI = lieferseitiger Verflechtungsgrad, NVI =nachfrageseitiger Verflechtungsgrad, KN = Konsumentennähe)

B.6 Sektorspezifische Vulnerabilität der Wirtschaftsunterabschnitte

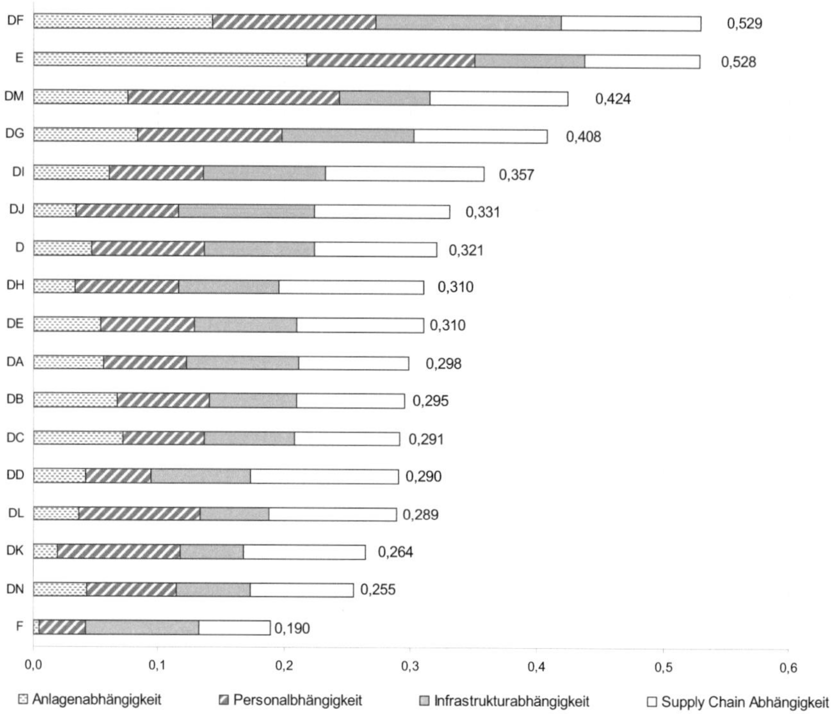

Abb. B.6: Sektorspezifischer Vulnerabilitätsindex der Wirtschaftsunterabschnitte (Datenbasis: sektorspezifische Daten der Wirtschaftsabteilungen in Deutschland, Abkürzungen vgl. Tabelle 15)

B.7 Supply Chain Abhängigkeit der Wirtschaftsabteilungen

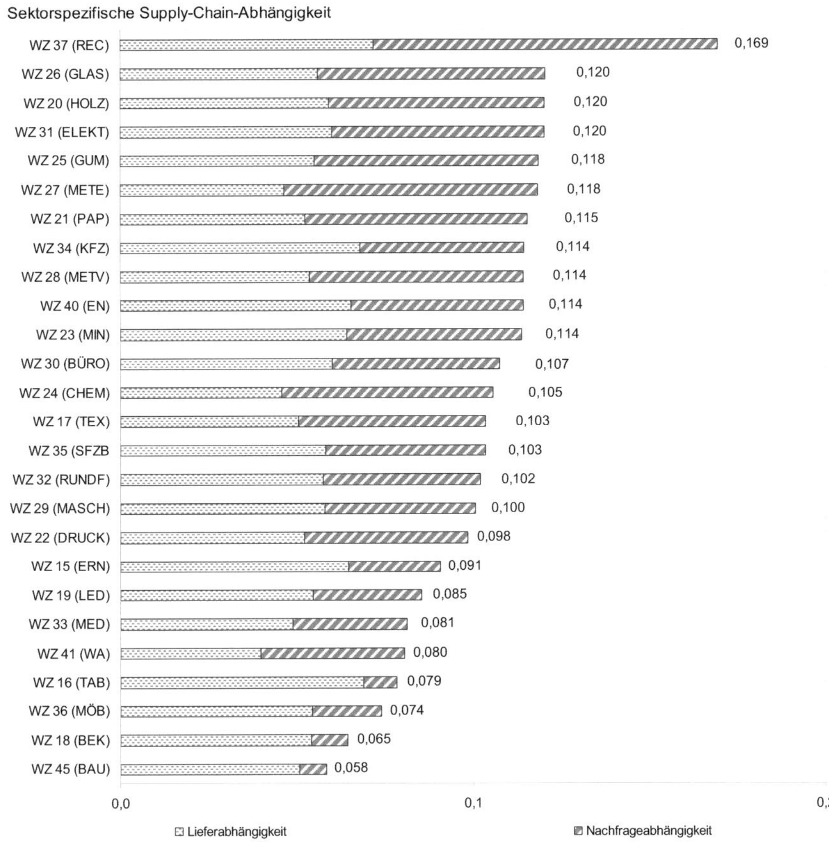

Abb. B.7: Sektorspezifische Verwundbarkeit gegenüber Supply Chain Ausfällen (Datenbasis: sektorspezifische Daten der Wirtschaftsabteilungen in Deutschland, Abkürzungen vgl. Tabelle 15)

B.8 Berechnung der Spezifischen Indikatoren innerhalb der Berechnungsszenarios

Tab B.8: Berechnung der Spezifischen Indikatoren der Berechnungsszenarios BM_1 bis BM_4 (für Abkürzungen vgl. Tabelle 19)

Indikator	BM_1	BM_2	BM_3	BM_4
spezifisches Anlagenvermögen (AV)	$AV_s = \frac{BAV_s}{BWS_s}$	$AV_s = \frac{BAV_s}{BS_s}$	$AV_s = \frac{BAV_s}{BT_s}$	$AV_s = \max\left(\frac{BAV_s}{BWS_s}; \frac{BAV_s}{BT_s}; \frac{BAV_s}{BS_s}\right)$
Personalintensität (PI)	$PI_s = \frac{BS_s}{BWS_s}$	wie BASIS_I	$PI_s = \frac{BS_s}{BT_s}$	$PI_s = \max\left(\frac{BS_s}{BWS_s}; \frac{BS_s}{BT_s}\right)$
spezifischer Elektrizitätsverbrauch (EV)	$EV_s = \frac{AEV_s}{BWS_s}$	$EV_s = \frac{AEV_s}{BS_s}$	$EV_s = \frac{AEV_s}{BT_s}$	$EV_s = \max\left(\frac{AEV_s}{BWS_s}; \frac{AEV_s}{BS_s}; \frac{AEV_s}{BT_s}\right)$
spezifischer Wasserverbrauch (WV)	$WV_s = \frac{EF_s}{BWS_s}$	$WV_s = \frac{EF_s}{BS_s}$	$WV_s = \frac{EF_s}{BT_s}$	$WV_s = \max\left(\frac{EF_s}{BWS_s}; \frac{EF_s}{BS_s}; \frac{EF_s}{BT_s}\right)$
spez. Transportaufkommen Straße (TAS)	$TAS_s = \frac{BLL_s}{BWS_s}$	$TAS_s = \frac{BLL_s}{BS_s}$	$TAS_s = \frac{BLL_s}{BT_s}$	$TAS_s = \max\left(\frac{BLL_s}{BWS_s}; \frac{BLL_s}{BS_s}; \frac{BLL_s}{BT_s}\right)$
spez. Transportaufkommen Schiene (TAE)	$TAE_s = \frac{BLE_s}{BWS_s}$	$TAE_s = \frac{BLE_s}{BS_s}$	$TAE_s = \frac{BLE_s}{BT_s}$	$TAE_s = \max\left(\frac{BLE_s}{BWS_s}; \frac{BLE_s}{BW_s}; \frac{BLE_s}{BT_s}\right)$
spezifische Materialkosten (MK)	$MK_s = \frac{AMK_s}{BWS_s}$	$MK_s = \frac{AMK_s}{BS_s}$	$MK_s = \frac{AMK_s}{BT_s}$	$MK_s = \max\left(\frac{AMK_s}{BWS_s}; \frac{AMK_s}{BS_s}; \frac{AMK_s}{BT_s}\right)$

B.9 Gewichtungsfaktoren der untersuchten Gewichtungsszenarios

Tab.B.9: Gewichtungsfaktoren der im Rahmen der Sensitivitätsanalyse untersuchten Gewichtungsszenarios

Indikator i	Gewichtungsfaktor BASIS_I	Gewichtungsfaktor GW_1	Gewichtungsfaktor GW_2	Gewichtungsfaktor GW_3
I_1 (AV)	0,217	0,063	0,250	0,063
I_2 (PI)	0,118	0,051	0,125	0,063
I_3 (SP)	0,105	0,087	0,125	0,063
I_4 (EV)	0,019	0,068	0,028	0,063
I_5 (EA)	0,021	0,061	0,028	0,063
I_6 (EVE)	0,021	0,035	0,028	0,063
I_7 (WV)	0,018	0,078	0,028	0,063
I_8 (WA)	0,021	0,042	0,028	0,063
I_9 (EVW)	0,021	0,043	0,028	0,063
I_{10} (TAS)	0,033	0,061	0,042	0,063
I_{11} (TAE)	0,033	0,077	0,042	0,063
I_{12} (MK)	0,031	0,118	0,042	0,063
I_{13} (FIL)	0,032	0,051	0,042	0,063
I_{14} (LVI)	0,030	0,053	0,042	0,063
I_{15} (NVI)	0,051	0,066	0,063	0,063
I_{16} (KN)	0,047	0,047	0,063	0,063

B.10 Berechnete Vulnerabilitätswerte der Wirtschaftsabteilungen im Szenario_VF_1

Tab. B.10: Berechnete Vulnerabilitätswerte VF_1 Wirtschaftsabteilungen (I_1-I_8)

WZ 2003	I_1 (AV)	I_2 (PI)	I_3 (SP)	I_4 (EV)	I_5 (EA)	I_6 (E-VE)	I_7 (WV)	I_8 (WA)
WZ 15	0,05	0,18	0,12	0,12	0,90	0,92	0,21	0,70
WZ 16	0,11	0,11	0,73	0,11	0,90	0,80	0,09	0,70
WZ 17	0,08	0,18	0,20	0,13	1,00	0,99	0,16	0,70
WZ 18	0,03	0,15	0,17	0,00	1,00	0,87	0,01	0,70
WZ 19	0,07	0,22	0,06	0,03	1,00	1,00	0,10	0,50
WZ 20	0,03	0,07	0,22	0,17	1,00	0,80	0,07	0,50
WZ 21	0,08	0,12	0,35	0,62	0,55	0,94	0,40	0,45
WZ 22	0,03	0,07	0,34	0,05	0,55	0,00	0,03	0,45
WZ 23	0,21	0,05	0,83	0,78	1,00	0,51	0,48	0,50
WZ 24	0,09	0,09	0,63	0,41	0,90	0,83	0,50	0,80
WZ 25	0,03	0,14	0,29	0,17	1,00	1,00	0,12	0,50
WZ 26	0,05	0,09	0,34	0,22	1,00	0,99	0,16	0,50
WZ 27	0,07	0,13	0,54	0,71	0,95	0,97	0,37	0,85
WZ 28	0,02	0,09	0,30	0,07	0,95	0,74	0,04	0,85
WZ 29	0,01	0,12	0,46	0,04	1,00	1,00	0,03	0,60
WZ 30	0,11	0,09	0,58	0,02	1,00	1,00	0,09	0,90
WZ 31	0,03	0,13	0,51	0,05	1,00	1,00	0,04	0,90
WZ 32	0,07	0,10	0,47	0,11	1,00	1,00	0,17	0,90
WZ 33	0,01	0,06	0,41	0,02	1,00	1,00	0,01	0,90
WZ 34	0,08	0,47	0,65	0,13	1,00	1,00	0,08	0,60
WZ 35	0,05	0,22	0,61	0,07	1,00	1,00	0,10	0,60
WZ 36	0,04	0,12	0,25	0,04	0,95	1,00	0,00	1,00
WZ 37	0,02	0,05	0,31	0,13	0,95	1,00	0,10	1,00
WZ 40	0,51	0,06	1,00	0,20	0,80	0,70	1,00	0,40
WZ 41	0,88	0,02	0,02	0,20	0,80	0,70	0,17	0,40
WZ45	0,00	0,03	0,21	0,10	0,40	1,00	0,07	0,50

Fortsetzung Tab. B.10:Berechnete Vulnerabilitätswerte VF_1 Wirtschaftsabteilungen (- I_9-I_{16})

WZ 2003	I_9 (EVW)	I_{11} (TAS)	I_{12} (TAE)	I_{13} (MK)	I_{14} (FIL)	I_{15} (LVI)	I_{16} (NVI)	I_{17} (KN)
WZ 15	0,69	0,04	0,16	0,71	0,86	0,36	0,14	0,69
WZ 16	0,84	0,10	0,46	1,00	0,56	0,08	0,05	0,84
WZ 17	0,36	0,01	0,09	0,66	0,54	0,42	0,76	0,36
WZ 18	0,40	0,01	0,12	1,00	0,48	0,10	0,05	0,40
WZ 19	0,66	0,01	0,12	1,00	0,50	0,26	0,25	0,66
WZ 20	0,55	0,20	0,10	0,61	0,83	0,71	0,62	0,55
WZ 21	0,58	0,22	0,15	0,34	0,67	0,63	0,88	0,58
WZ 22	0,33	0,09	0,03	1,00	0,61	0,64	0,30	0,33
WZ 23	0,89	0,98	1,00	0,55	0,22	0,67	0,34	0,89
WZ 24	0,59	0,25	0,19	0,06	0,80	0,60	0,77	0,59
WZ 25	0,44	0,17	0,12	0,85	0,57	0,62	0,91	0,44
WZ 26	0,71	0,20	0,07	0,94	0,68	0,68	0,81	0,71
WZ 27	0,56	0,33	0,26	0,02	0,89	0,75	0,99	0,56
WZ 28	0,43	0,25	0,07	1,00	0,57	0,68	0,66	0,43
WZ 29	0,17	0,02	0,12	1,00	0,62	0,33	0,48	0,17
WZ 30	0,27	0,01	0,26	1,00	0,47	0,40	0,57	0,27
WZ 31	0,18	0,01	0,15	0,95	0,65	0,63	0,73	0,18
WZ 32	0,25	0,01	0,25	0,85	0,44	0,29	0,58	0,25
WZ 33	0,18	0,01	0,06	1,00	0,43	0,18	0,33	0,18
WZ 34	0,50	0,16	0,34	0,46	0,86	0,42	0,52	0,50
WZ 35	0,40	0,11	0,15	1,00	0,57	0,30	0,59	0,40
WZ 36	0,38	0,03	0,09	1,00	0,54	0,16	0,13	0,38
WZ 37	0,99	0,76	0,22	0,95	0,93	0,99	1,00	0,99
WZ 40	0,07	0,06	0,43	0,68	0,57	0,68	0,32	0,07
WZ 41	0,01	0,04	0,02	1,00	0,23	0,65	0,20	0,01
WZ45	0,70	0,35	0,00	1,00	0,64	0,32	0,00	0,70

B.11 Ergebnisse der regionalen Vunerabilitätsanalyse in Baden-Württemberg

Tab. B.11: Strukturelle Vulnerabilität SV_j*, Exposition* E_j *und Gesamtvulnerabilität* V_j *der Landkreise in Baden-Württemberg*

Landkreis	SV_j	E_j [€/km²]	V_j
Stuttgart, Stadt	0,53	36383	1,00
Böblingen	0,44	18093	0,67
Esslingen	0,39	8747	0,47
Göppingen	0,33	3760	0,23
Ludwigsburg	0,36	6568	0,37
Rems-Murr-Kreis	0,31	4207	0,21
Heilbronn, Stadt	0,44	12489	0,64
Heilbronn	0,49	3545	0,58
Hohenlohekreis	0,33	1534	0,15
Schwäbisch Hall	0,29	1186	0,05
Main-Tauber-Kreis	0,31	1063	0,09
Heidenheim	0,33	2660	0,21
Ostalbkreis	0,39	2158	0,31
Baden-Baden, Stadt	0,50	4097	0,64
Karlsruhe, Stadt	0,57	14872	1,00
Karlsruhe	0,38	3048	0,33
Rastatt	0,52	4550	0,69
Heidelberg, Stadt	0,44	9613	0,60
Mannheim, Stadt	0,53	28678	0,97
Neckar-Odenwal-Kreis	0,34	1061	0,14
Rhein-Neckar-Kreis	0,36	3248	0,28
Pforzheim, Stadt	0,34	11441	0,37
Calw	0,34	1158	0,15
Enzkreis	0,32	3241	0,20
Freudenstadt	0,30	1485	0,09
Freiburg im Breisgau, Stadt	0,42	7429	0,52
Breisgau-Hochschwarzwald	0,33	1094	0,12

Fortsetzung Tab. B.11: Strukturelle Vulnerabilität SV_j, *Exposition* E_j *und Gesamtvulnerabilität* V_j *der Landkreise in Baden-Württemberg*

Landkreis	SV_j	E_j [€/km^2]	V_j
Emmendingen	0,31	1660	0,12
Ortenaukreis	0,32	2142	0,16
Rottweil	0,33	2119	0,20
Schwarzwald-Baar-Kreis	0,20	1960	0,19
Tuttlingen	0,16	2403	0,18
Konstanz	0,35	2302	0,29
Lörrach	0,38	2500	0,32
Waldshut	0,36	1147	0,23
Reutlingen	0,20	2483	0,20
Tübingen	0,25	2232	0,23
Zollernalbkreis	0,05	1977	0,09
Ulm, Stadt	0,70	12676	0,74
Alb-Donau-Kreis	0,12	1102	0,08
Biberach	0,39	1745	0,29
Bodenseekreis	0,14	3373	0,19
Ravensburg	0,23	1411	0,17
Sigmaringen	0,00	909	0,00